SAMMLUNG GÖSCHEN BAND 1210/1210a

THERMISCHE VERFAHRENSTECHNIK

von

DR. HERBERT BOCK

II

FUNKTION UND BERECHNUNG DER ELEMENTAREN GERÄTE

Mit 54 Abbildungen

WALTER DE GRUYTER & CO.
vormals G. J. Göschen'sche Verlagshandlung · J. Guttentag, Verlagsbuchhandlung · Georg Reimer · Karl J. Trübner · Veit & Comp.
BERLIN 1964

 — Archiv-Nr. 7980648. — Satz und Druck: Hildebrandt & Stephan, Berlin 61. — Printed in Germany.

Inhalt des zweiten Bandes

Funktion und Berechnung der elementaren Geräte

Inhalt des ersten Bandes

Eigenschaften und Verhalten der realen Stoffe

Inhalt des dritten Bandes

Fließbilder, ihre Funktion und ihr Zusammenbau aus Geräten

I. Einführung in den Verfahrenstechnischen Apparatebau

1. Historische Entwicklung und Situation

Auch die Verfahrenstechnik hat sich gemäß dem ursprünglichen Sinn des Wortes Technik aus handwerklichen Kunstfertigkeiten entwickelt. Da aber die wirtschaftlich optimale Betriebsgröße von vielerlei Einflüssen — auch im Laufe der Zeit wechselnden — abhängt, blieben einzelne Gebiete, insbesondere der Verarbeitung landwirtschaftlicher Produkte wie Müllerei, Gerberei, noch bis in die jüngste Vergangenheit handwerklich organisiert, während z. B. die Verhüttung von Erzen schon in frühesten Zeiten zu industriellen Großbetrieben führte. Diese alten Industrien entwickelten mit der im Laufe des letzten Jahrhunderts einsetzenden Verwissenschaftlichung separate akademische Ausbildungsrichtungen, die zu einer gewissen Zersplitterung und Unübersichtlichkeit führten, so daß die Erkenntnis, daß es sich hier um ein eigenständiges und sehr umfassendes Ingenieurgebiet handelt, lange verborgen blieb.

Der Anstoß, die handwerkliche Empirie durch die leistungsfähigeren wissenschaftlichen Entwicklungsmethoden zu ersetzen, ging von der Chemie aus, deren *stofflich* orientierte Gliederung der *chemischen Technologie* daher das älteste Konzept zur Behandlung und Ordnung des Gesamtgebietes wurde. Während der Chemiker seit altersher vor allem in der Pharmazie eine Vielzahl von Produkten mit zahlreichen, hochentwickelten Methoden im Labormaßstab zu erzeugen gewohnt war, erforderte der Übergang zur Großproduktion — z. B. von Düngemitteln — die Zuziehung von Ingenieuren für Konstruktion, Errichtung und Unterhaltung der Anlagen. Schließlich zeigte die mit der Entwicklung von Farbstoffen einsetzende moderne Tendenz, immer neue synthetische Produkte besserer oder überhaupt neuartiger Eigenschaften auf den Markt zu bringen, daß ein laufender Bedarf nicht nur für die Herstellung, sondern die dauernde konstruktive Entwicklung und Verbesserung der Apparate besteht.

Während der Maschinenbau-Ingenieur die konstruktiven Elemente der — gegenüber den *Maschinen* relativ einfachen — *Apparate* schnell beherrschen lernt, fehlen ihm zum Verständnis ihrer Funktion viele Grundlagen, so daß die Auswahl und Gestaltung der besten Lösung oft nicht möglich und die konstruktive Tätigkeit dann auch unbefriedigend ist. Da auf der anderen Seite dem Chemiker zwar ein Verständnis der Funktion, aber keinesfalls Kenntnisse und Interesse an konstruktiven Fragen zugemutet werden kann, ergibt sich als Aufgabengebiet des *Verfahrensingenieurs* dieses Grenzgebiet, das seinen Einsatz einerseits im *Betrieb* der eigentlichen chemischen und allgemein verfahrenstechnischen Produktion, andererseits aber auch in der Geräte- und Verfahrens-*Entwicklung*, in der Anlagen-*Projektierung* sowie in der *Konstruktion* und bis zu einem gewissen Grade auch der *Fertigung* von Geräten ermöglicht.

Als Lehrfach und *Studienrichtung* erhielt das Fachgebiet seine entscheidenden Impulse im Zusammenhang mit den beiden Weltkriegen. Im ersten zwang der Ausfall der Lieferungen der deutschen chemischen Industrie die USA zum schnellen Aufbau einer eigenen Industrie. Methodisch bediente man sich dabei des Konzeptes der *„unit operations"*, das als 2tes im Folgenden noch zu erläutern ist. Aus dem Zusamenhang mit der praktischen Zielsetzung und aus der Organisation des Aufbaues, Betriebe für die Produktion spezieller Einzel-Stoffe zu errichten — deren Chemismus natürlich schnell erlernbar ist auf den Grundlagen der verfahrenstechnischen Ausbildung — ergab sich die Bezeichnung *„Chemical Engineer"* für die neue Studien-Richtung und ihr Einsatz nicht nur für die Projektierung, sondern auch die *Leitung* der Chemie-Betriebe. Demgegenüber wird die Detail-Konstruktion und Fertigung der Geräte meist dem amerikanischen Maschinenbau-Ingenieur übertragen.

In Deutschland hatte der frühzeitige Zusammenschluß fast aller chemischen Betriebe zur I. G. Farbenindustrie eine personelle Aufteilung des Gesamtgebietes auf hunderte von Spezialisten mit sich gebracht. Deren Einarbeitung auf ihre Spezialaufgaben erforderte unabhängig von ihrer ursprünglichen Ausbildung viele Jahre und stellte damals offenbar die beste Lösung dar. Nach dem Ende des 2ten Weltkrieges zwang die politische Teilung und wirtschaftliche Entflechtung der I.G. zu einer Auffüllung der Spezialistenstäbe und einer Neuverteilung der Aufgaben mit breiterer Kompetenz, zugleich gewannen die Apparatebau- und Projektierungs-Firmen an Bedeutung, so daß das Fach der *Verfahrenstechnik* mit seinen weitgehend für vielerlei Aufgaben vorgebildeten Ingenieuren starkes Interesse, Förderung und Aufschwung gewann. Dabei wird in den Chemie-Betrieben an der Zusammenarbeit mit dem Chemiker als Leiter und dem Verzicht auf speziell konstruktive Maschinenbauer festgehalten, so daß sich die praktischen Aufgaben des Verfahrensingenieurs etwas anders als die des chemical engineer abgrenzen.

Der Fortschritt der Entwicklung, insbesondere die während des Krieges in USA forcierte Kern-Technik hat zur Hinzuziehung vieler Physiker und zu einer Durchsetzung physikalisch-grundlagenwissenschaftlicher Begriffe und Methoden geführt, wodurch das Konzept der unit operations teilweise überholt und durch ein physikalisches Konzept zumindest ergänzungsbedürftig erscheint.

Nachdem im 1ten Band dieser Darstellung die Eigenschaften und Zustandsänderungen der *Stoffe* behandelt waren, werden hier im 2ten Band die *Geräte* und die damit *praktisch* durchführbaren Zustandsänderungen beschrieben. Ergänzend zum konstruktiven Apparatebau wird damit etwa der Stoff behandelt, den der Detail-Konstrukteur braucht, während für die Aufgaben der Projektierung und Entwicklung zusätzlich der 3te Band benötigt wird, der die Kombination der Geräte zu wirkungsvoll funktionierenden *Verfahren* behandelt.

2. Das chemische Konzept

Wie aus dem historischen Rückblick ersichtlich, verdankt die Verfahrenstechnik ihre Entwicklung als *Wissenschaft* nicht — wie etwa Elektro- oder Kern-Technik — neuen wissenschaftlich-technischen Entdeckungen und Erfindungen, sondern lediglich der Notwendigkeit, die anschwellende Zahl der Produkt-Stoffe, Geräte und Verfahren überseh- und *lehrbar* zu machen. Die wissenschaftliche Methodik hilft natürlich bei der Beherrschung der Zusammenhänge und Berechnung der Konstruktionsdaten, unabhängig davon bleibt jedoch die Aufgabe, die Gesamtmenge der vorhandenen Erfahrungen so zu ordnen, daß sie für einschlägige Anwendungsfälle greifbar werden. Für diese Ordnung wurden von den Nachbargebieten *Chemie, Maschinenbau* und *Physik* her Konzepte entwickelt, die jeweils den betreffenden Betrachtungsweisen am besten entsprechen. Die beiden älteren haben in umfangreichen *Handbüchern* ihren Niederschlag gefunden. Selbst dort, wo vielleicht die benutzten Grundgedanken den Verfahrensingenieur wenig ansprechen, bilden doch diese Handbücher als Nachschlage-Werke ein wertvolles und sogar unentbehrliches Hilfsmittel. Schon aus diesem Grunde ist es angebracht, sich mit diesen Konzepten zu beschäftigen, um die danach geordneten Erfahrungen finden und verwerten zu können.

Die älteste Systematik ging vom *Stoff* aus. Sie lag bereits der *handwerklichen* Gliederung zugrunde, entspricht jetzt der Gliederung der *Industriegruppen* und

Firmen und ist in den Lehr- und Handbüchern der *chemischen Technologie* ausgearbeitet.

Der stoffliche Gliederungsgesichtspunkt liegt auch dem — allerdings umstrittenen — System der *„unit processes"* zugrunde. Ferner bestehen eine Anzahl Hochschul-Institute mit stofflich abgegrenzter Aufgabenstellung, z. B. Brauereitechnik, Mühlentechnik etc.

Da die Gliederung der chemisch-technologischen Lehrbücher in glücklicher Weise allgemeine chemische Eigenschaften — z. B. Säuren —, signifikante Bestandteile — z. B. Stickstoffverbindungen —, Rohstoffe — z. B. Holz —, Strukturen — z. B. Kunststoffe — oder Anwendungen — z. B. Explosivstoffe — als ordnende, aber einander nicht immer ausschließende Kennzeichen verwendet, wird die Orientierung über einen Stoff unter vielseitigen Gesichtspunkten vermittelt.

Die Handbücher, von denen insbesondere der Ullmann [9] zu nennen ist, geben ausführlich Auskunft über Herstellungsverfahren, Eigenschaften und erforderliche Rohstoffe der technisch wichtigen Produkte. Noch viel mehr als der Chemiker ist der Verfahrensingenieur auf diese Nachschlagewerke angewiesen, wenn er vor die Aufgabe gestellt ist, eine Anlage zur Produktion eines ihm bislang im Regelfalle gänzlich unbekannten Stoffes zu projektieren.

So wertvoll und unentbehrlich die stoffliche Gliederung für den Chemiker und für Nachschlagewerke, Karteien etc. ist, so wenig hilft sie doch zur verfahrenstechnischen Bewältigung. Das läßt sich nicht nur daraus ablesen, daß meist — z. B. beim Ullmann im 1. Band — eine Übersicht über die *Grundverfahren* vorangestellt wird, sondern zeigt sich auch ganz signifikant in der *Bezeichnungsweise*. Die Verfahren werden natürlich primär nach dem *Stoff* bezeichnet, z. B. Soda-Verfahren, da es aber meist mehrere gangbare Wege gibt, benutzt man zur genauen Kennzeichnung den *Namen des Entwicklers*, z. B. Haber-Bosch-

Verfahren. Die Verfahren stehen demzufolge *beziehungslos nebeneinander,* nicht nur dort, wo offensichtlich gänzlich verschiedene Wege beschritten werden, sondern auch dort, wo es sich um relativ geringe, in der später entwickelten Systematik der Verfahren durch routinemäßige Operationen ableitbare Variationen handelt.

Für Lehre und Entwicklung bedeutet das den Nachteil, daß statt weniger Grund- und Variationsprinzipien eine Vielzahl von Verfahren als sozusagen *singuläre* Lösungen zu lernen sind. In der Praxis ist diese Handhabung an unser *Patentrecht* angepaßt, das i. a. nicht den Stoff — das eigentlich neue Entwicklungsergebnis des Chemikers — sondern nur das oder die *Verfahren* zu seiner Herstellung *zu schützen erlaubt.* Psychologisch führt diese, übrigens auch im System der unit operations noch nicht überwundene Beurteilung zu einer Überschätzung des intuitiv-schöpferischen Anteils von Neuentwicklungen und damit auch der Notwendigkeit und des Nutzens der *Geheimhaltung.*

3. Das Ingenieur-Konzept der „unit operations"

Die entscheidende Anregung der neuen Gliederung ging von A. D. Little aus, der 1915 feststellte, daß in allen Produktionen — also Verfahren im Sinne der chemischen Technologie — immer wieder dieselben Grundverfahren als Teilschritte vorkommen, so daß es sehr viel weniger *Grundverfahren* oder *„unit-operations"* gibt, als Gesamtprozesse und Produkte. Es darf hier angemerkt werden, daß die „unit operations" auch *ohne* chemische Reaktionen sinnvolle und vielfach — z. B. in der Lebensmitteltechnologie — praktizierte Kombinationen zu Gesamtverfahren ergeben, daß also insofern die Verfahrenstechnik *umfassender* ist, als die chemische Technologie. Andererseits macht die äquivalente Eingliederung der chemischen Reaktionen, sowohl direkt als mittels des Systems der *„unit* *processes"*, erhebliche Schwierigkeiten, i. a. beschränkt man sich auf die nicht-chemischen Verfahrensschritte und fügt Reaktionen und die zugehörigen Probleme der *Reaktor-Konstruktion* auf der Grundlage der chemisch-technologischen Ausbildung ein.

Das System der *„unit operations"* erhielt seine klassische Form von Brown und Mitarbeitern in dem gleichnamigen Buch [104]. Hauptgliederungsgesichtspunkt ist der *Aggregatzustand*, wobei im wesentlichen fest und fluid unterschieden wird. Das deckt sich etwa mit unserer heutigen Hauptgliederung in *mechanische* und *thermische* Verfahrenstechnik — abgesehen von der neu hinzukommenden *Kern-Verfahrenstechnik* —, hatte damals und in der Zwischenzeit jedoch einen anderen Akzent, den man formal schon aus der wörtlichen Übersetzung als *„Einheits"-Verfahren* ablesen kann.

Der Vorstellung Browns entsprach die *Einheit von Verfahren und Gerät*, die *Gliederung der Verfahren* wurde gleichzeitig als *Gliederung der Geräte bzw. Gerätekombinationen* angesehen. *Konstruktiv* und *apparatebaulich* ist der Einfluß des Aggregatzustandes überwiegend, die Benutzung dieses als Haupt-Gliederungs-Merkmal wird damit verständlich.

Die Brown'sche Gliederung umfaßt 38 Kapitel, wovon 10 allgemeine Gesetzmäßigkeiten wie Wärmeübergang behandeln. Es bleiben also 28 Kapitel entsprechend 28 unit operations in eventuell verschiedener konstruktiver Ausführung.

Der Erfolg der neuen Behandlung für die *Rationalisierung der Ingenieurarbeit* und die Verbesserung der einzelnen Verfahren und Anwendungen war überwältigend. Teilweise ergaben sich doch erst jetzt Ansatzpunkte, um z. B. Erfahrungen aus der Zementindustrie auf die der Pigmentfarben zu übertragen, da erst jetzt gemeinsame Verfahren erkennbar waren. Schon daraus und aus der direkten Anwendung neuer Erfahrungen auf allen möglichen Anwendungsgebieten erklären sich die Fortschritte.

Trotz des praktischen Erfolges kam die *Gliederung* selbst *nie zum systematisch befriedigenden Abschluß*. Geht man von $3^2=9$ Kombinationen von 2 Aggregatzuständen in den gegensätzlichen Aufgaben der *Stofftrennung* und *Stoffvereinigung* aus, so erhält man mit 18 etwa die kleinstmögliche Anzahl der Grundverfahren. Berücksichtigt man die Differenzierungen durch Wärme- und/oder Stoffübergang, extreme Über- oder Unter-Temperaturen und -Drucke — die sich ja *konstruktiv* in signifikanter Weise auswirken — so kommt man schließlich auf über 100 Grundverfahren und ist dann noch nicht einmal sicher, ob die *Systematik vollständig* ist. Die praktisch benutzten Zahlen schwanken zwischen den angegebenen Grenzen.

Im Laufe der Zeit nahm nicht nur die Zahl der einzeln rubrizierten *Grundverfahren*, sondern insbesondere der Anteil der *allgemeinen Kapitel* in den Lehrbüchern immer mehr zu, wobei sich eine eindeutige Zuordnung zwischen beiden als undurchführbar herausstellte. Es ist daher vorauszusehen, daß das System der unit operations in absehbarer Zeit nur noch seine bleibende Bedeutung für die *Ordnung* in *Handbüchern, Karteien* etc. haben wird, während *Lehre* und *Entwicklung* elegantere Wege beschreiten.

So wie das *Ingenieur-Konzept* die *Kopplung* zwischen *Stoff* und *Verfahren* aufhob, den Gesamtprozeß in *Teilschritte* zerlegte und damit die Übersicht verbesserte, wird nun die *Kopplung* zwischen *Gerät* und *Grundverfahren* aufgehoben werden, das Einheitsgerät der unit operation in elementarere *Grundgeräte* zerlegt gedacht und voneinander unabhängig die *Systematik* der elementaren *Geräte* und der *Verfahren* entwickelt.

Wie das Grundverfahren auf verschiedene Stoffe anwendbar gedacht wurde, wird nun das funktionell abstrahierte Verfahren mit verschiedenen Geräten realisierbar vorgestellt, so daß z. B. der Kratzkühler einer Kristallisation und der Flüssigkeits-Kondensator einer Gas-Dampf-Trennung äquivalent werden, der *Aggregatzustand* also nur noch für die *konstruktiven* Möglichkeiten der Geräte, aber nicht mehr für die *funktionellen* der Verfahren eine Rolle spielt.

Es wird sich zeigen, daß damit auch eine Zuordnung der hier im 1ten Band behandelten Grundlagen des stofflichen Verhaltens zu den Geräten bzw. Gerätegruppen möglich würde, die Behandlung beider Teile im Zusammenhang in sich erscheint jedoch zweckmäßiger.

4. Das physikalische Konzept der Fließbilder

Die Verfahrenstechnik hat ganz konkrete Verarbeitungsaufgaben an realen Stoffen zu lösen. Die Physik, die mit „reinen", d. h. sorgfältig von Störungen freigehaltenen Versuchen an einfachen, „idealisierten" Stoffen beginnt, muß erst sehr weit fortgeschritten sein, ehe sie die komplexen Probleme der Verfahrenstechnik angreifen kann. Es ist daher verständlich, daß eine *Systematik auf physikalischen Grundbegriffen*, ein Aufbau der Verfahrenstechnik als Wissenschaft nach dem Vorbild der Physik, nicht beliebig bald und beliebig umfassend gewagt werden konnte. Heute scheint aber jedenfalls für die thermische Verfahrenstechnik diese Systematik durchführbar.

Bei der Behandlung der *irreversiblen Prozesse* hatte sich bereits die *physikalische Definition* ergeben:

Verfahren dienen der Umwandlung konvektiver Energien.

Als Zuständigkeitsbereich der *thermischen Verfahrenstechnik* hatten sich 5 konvektive Energieformen herausgestellt, deren vollständige Tabelle $5 \cdot 5 = 25$ Felder, d. s. 5 Transformationsfelder in der Diagonale und $2 \cdot 10$ symmetrische Umwandlungsfelder zwischen verschiedenen Energieformen liefert. Einige davon werden bereits vom klassischen Maschinenbau bearbeitet.

Da die Realisierung Anlagekosten und bei wirtschaftlich günstigster Auslegung Verluste verursacht, muß die Verfahrenstechnik die vollständigen Möglichkeiten zur allgemeinen *direkten Umwandlung* entwikkeln, während sich die Physik mit der Ausfüllung einer Zeile bzw. Spalte zur Umwandlung in i. a. 2 Schritten begnügen kann.

Neben den oben behandelten vollständig irreversiblen Verfahren interessieren auch alle verbesserten bis zu den im Grenzfall idealisierbaren. Dabei muß jedoch eine wichtige *Auswahlregel* beachtet werden:

In der Verfahrenstechnik dürfen *nur realisierbare Verfahren* behandelt werden. Man erreicht das, indem man die Anlagen nur aus *realen Geräten* aufbaut, also z. B. die Verwendung des isothermen Kompressors wie im Carnot- und van'T Hoff-Prozeß vermeidet. Da es für die realen Geräte Symbole gibt, kann man alle realen Verfahren durch Zusammenschaltung dieser Symbole *in Fließbildern darstellen,* — und *nur* die realen, da es für nicht einsetzbare Geräte auch keine Symbole gibt. Statt der Theorie der Verfahren wird daher im folgenden Band 3 die *Theorie der Fließbilder* entwickelt.

In theoretisch-systematischen Untersuchungen wird vielfach zwischen *geschlossenen „Kreisprozessen"* und *offenen Prozessen* unterschieden. Dieser Gegensatz erweist sich als Scheinproblem, als lediglich 2 Seiten derselben Sache:

In der thermischen Verfahrenstechnik ist das in sich zum Kreis geschlossene Fließbild immer das *Mittel,* der offene Durchsatz von konvektiven Energien jedoch der *Zweck.*

Da das Fließbild jedes Grundverfahrens aus *mehreren* Geräten zusammengesetzt ist, muß notwendig die Systematik der Geräte anders aufgebaut und unabhängig sein von der Systematik der Verfahren. Man kommt zu einem Begriffssystem, in dem in der *Reihe*: Gerät, Verfahrensschritt, Fließbild (d. Grundverfahrens), Übersichtsfließbild (der Produktionsanlage), Betrieb, Werk ... das folgende Glied jeweils als *Kombination* aus vorhergehenden Gliedern aufgebaut und damit die tatsächlich komplexe Struktur der Verfahrenstechnik übersichtlich dargestellt und auf die beiden elementaren Systeme der Geräte und Fließbilder zurückgeführt werden kann.

Die Frage nach der *vollständigen Erfassung aller Fließbilder* führt auf die Frage der *Vertauschbarkeit von Geräten,* durch deren Behandlung wiederum in der Systematik der Geräte sich diese zu Klassen und Gruppen ordnen lassen. Es zeigt sich, daß das in diesem Sinne entscheidende Merkmal des Gerätes die *Zahl seiner Anschlüsse für Stoffströme* ist. Diese werden im Folgenden als *Flansche* bezeichnet, es ergeben sich also 2-, 3-, 4-Flansche etc. Eine kritische Sichtung der „Idealprozesse" der klassischen Thermodynamik zeigt, daß dort im Wesentlichen aus jeder Klasse nur 1 Gerät benutzt wird: als *2-Flansch* leider bevorzugt der *utopische isotherme Kompressor* bzw. Expansionsmaschine, als *3-Flansch die Trennzelle* mit halbdurchlässiger Wand und als *4-Flansch* der *Wärmeübertrager.*

5. Die Fundamental-Gleichungen

Die praktische Arbeit des Verfahrens-Ingenieurs hat K i r k b r i d e in seinem Buch *„Chemical-Engineering Fundamentals"* [109] prägnant auf eine Formel gebracht:

Die *richtige Konstruktion* einer verfahrenstechnischen Anlage ergibt sich — bei gegebenem Fließbild — als *mathematische Auflösung* eines *Systems aus 5 Gleichungsgruppen.* Die Gruppen sind:

1. Stoffbilanzen

Unter Berücksichtigung etwaiger Undichtigkeiten müssen die in eine Apparatur eintretenden Stoffströme diese auch wieder verlassen. Soweit Konzentrations-Änderungen oder chemische Reaktionen beteiligt sind, ist für jede Stoffart eine Bilanzgleichung aufzustellen, andernfalls ist die Massenbilanz oft trivial.

2. Energiebilanzen

Hier sind die Bilanzen aus den nicht-stofflichen *Erhaltungssätzen,* Wärmebilanz und elektrische Strom-Bilanz aufzustellen. Die Unterscheidung der beiden Gruppen ist zweckmäßig, weil es in der 1ten, wie gesagt, bisweilen viele Gleichungen gleicher Art gibt.

Da die Bilanzgleichungen außerhalb der Variations- und Optimierungsmöglichkeiten der 3 folgenden Gruppen bleiben, bilden die aus ihnen ableitbaren Bedingungen — z. B. Pol, Betriebsgerade in der graphischen Lösung von Rektifikationsaufgaben — vielfach die wesentlichste Grundlage des ganzen Rechnungsganges, für manche Aufgaben und Teilfragen liefert ihre Auswertung bereits die Lösung. Mathematisch sind die linearen Gleichungen einfach, dem Chemiker unter der Bezeichnung *stöchiometrische Rechnungen* geläufig, da sie aber im vorangegangenen Band 1 nur ausnahmsweise von Interesse waren, machen sie erfahrungsgemäß dem Anfänger erhebliche Schwierigkeiten, weil er Bedeutung und Tragweite unterschätzt. Es kommt hinzu, daß gerade der Ingenieur die geläufigen Bilanzrechnungen bevorzugt graphisch-geometrisch in den Diagrammen auswertet, so daß ihm die Übung darin in den Fällen fehlt, die wirklich analytisch gelöst werden müssen.

3. Gleichgewichte

Obwohl die technischen Vorgänge immer irreversibel, d. h. mit Differenzen gegen die Gleichgewichte ablaufen, ist deren Berücksichtigung aus zwei Gründen unerläßlich. Einmal ergeben sich die Geschwindigkeiten der nächsten Gruppe proportional dem Abstand vom Gleichgewicht, weiterhin gibt der verlustlose Vorgang im Gleichgewicht die Grenze für die letzte

Gruppe: kleinste Betriebs-, unendliche Anlagekosten.

4. Friktionen

Hier sind die Geschwindigkeitsgleichungen der irreversiblen Vorgänge, praktisch vor allem die linearen Gleichungen der stationären Betriebszustände aufzustellen.

5. Wirtschaftliche Optimierung

Die physikalischen Gleichungsgruppen 1 bis 4 geben i. a. noch ein Kontinuum möglicher Lösungen, die alle voll funktionsfähig sind. Hieraus die schlicht *„richtige"* Lösung auszuwählen gelingt erst durch die zusätzliche Forderung, daß die Anlage *wirtschaftlich optimal* arbeiten soll. Wenn diese Forderung auch implicite bei jeder ingenieurmäßig-technischen Aufgabe gestellt und erfüllt wird, so ist es doch charakteristisch für die Verfahrenstechnik, daß hier die *Kostengleichungen explizite in die Berechnungen des Ingenieurs* eingehen.

Dasselbe trifft zu bei den traditionell im *Maschinenbau* bearbeiteten *Verfahren*, z. B. *Dampf-* und *Kältemaschinen*. Nur dadurch, daß dort für jeden vorkommenden Anwendungsfall bereits viele Erfahrungen vorliegen, kann man dort statt der expliciten Kosten-Gleichungen *„Richtwerte"* benutzen — z. B. 10 grd Temperaturdifferenz bei Kälteanlagen —. Diese Richtwerte sind ursprünglich aus Kostengleichungen ableitbar und müssen der Optimierungsforderung auch dauernd genügen, sie ändern sich aber erfahrungsgemäß im Laufe der Zeit nur wenig, werden jedoch durch neue konstruktive Lösungen und neue Fertigungsverfahren verändert.

Das Ergebnis der Berechnung müssen *Konstruktionsdaten* der einzelnen Geräte sein. Daraus folgt, daß man die Fundamental-Gleichungen *für jedes einzelne Gerät* ansetzen kann und muß. Das bedeutet aber, daß diese ganze Problematik der praktisch-konstruktiven Auslegung zweckmäßig in Verbindung mit der Behandlung der Geräte, d. h. hier im 2ten Band erledigt wird, so daß die Fließbild-Theorie dann wieder stark vereinfacht und idealisiert werden kann.

Bei diesem Vorgehen bildet die 5te Gruppe, die *Kostengleichungen,* eine Schwierigkeit, indem *Nutzen und Verluste* des Gerätes im allgemeinen erst aus dem *Zusammenhang des Fließbildes* abgeleitet und daher zumindest die Betriebskosten erst von dort her angegeben werden können. Nun entspricht es der praktischen Handhabung, daß dem Detail-Konstrukteur, für den ja der vorliegende Teil bestimmt ist, die für die Optimierung notwendigen Angaben zusammen mit der Aufgabe gemacht werden — meist in Form spezieller Richtwerte. Andererseits würde die korrekte Berücksichtigung aller Zusammenhänge auf sehr langwierige Iterationsverfahren führen, es ist also auch von da aus gesehen *arbeitsökonomisch,* die Kostengleichungen aus Idealisierungen abzuleiten, wie es später geschieht, und damit zunächst konkrete Geräte-Daten zu berechnen. Mit diesen können dann in üblichen Kalkulations-Methoden die Ergebnisse kontrolliert und gegebenenfalls die idealisierten primären Annahmen berichtigt werden. Für die folgende Behandlung sind jeweils einfache Beispiele ausgewählt, die den Zusammenhang auch ohne Kenntnis der erst in Bd. 3 erörterten allgemeinen Methoden verständlich machen.

Das *Ergebnis der wirtschaftlichen Optimierung* kann sich in 3 verschiedenen Formen darstellen:

1) Richtiger Wert einer *stetig variablen Größe,* z. B. Übertragungsfläche F eines Wärmeübertragers.

2) Richtiger Wert einer notwendig *ganzzahligen Größe,* z. B. Stufenzahl eines Verdichters, Bödenzahl einer Destillierkolonne etc. Da die Rechnung i. a. gebrochene Zahlen liefert, ist die nächstliegende ganze Zahl zu wählen und evt. eine stetig variable Größe passend zu ändern. Praktisch wird man die immer erforderlichen *Sicherheitszuschläge* in Aufrundungen legen.

3) Es kann sich ergeben, daß ein ganzes Gerät oder eine abzweigbare Teilfunktion eines Gerätes optimal den *Wert Null* annehmen sollte. Die ursprünglich quantitative Optimierung führt dann zu einer *qualitativen Änderung* von *Gerät* und *Fließbild*, die im Folgenden als *Degeneration* bezeichnet wird und einen wichtigen Begriff für die Ordnung der Geräte und Fließbilder abgibt.

6. Die Kostengleichungen

Nachdem im Vorstehenden die große und für die Verfahrenstechnik charakteristische Bedeutung der Kostengleichungen erläutert wurde, dürfte es zweckmäßig sein, die Grundbegriffe, Methoden und Strukturen, die dabei auftreten, kurz zu skizzieren. Zur eingehenderen Unterrichtung sei neben der umfangreichen amerikanischen Literatur auf das bisher einzige deutsche Buch von Kölbel und Schulze. *„Projektierung und Vorkalkulation in der chemischen Industrie"* [126] hingewiesen. Leider löst die Feststellung, daß der Verfahrens-Ingenieur Unterlagen über *Kosten* ebenso objektiv und nüchtern als *Arbeitsmittel* braucht, wie etwa Unterlagen über Stoffwerte, bei uns i. a. noch größtes Mißtrauen der Kaufleute aus.

Erfahrungsgemäß stehen in der Chemischen Industrie die *Rohstoff-Kosten* meist an erster Stelle, so daß der *Ausbeute* eines Verfahrens das größte Gewicht zufällt. Die *Kapital-Kosten* als *Amortisation* rangieren dicht danach, während die *technischen Betriebskosten*, Wasser, Strom, Kohle, Dampf etc. umfassend, meist erst an 4ter Stelle nach den *Personalkosten* kommen.

Ein Abwägen zwischen Kapital- und Personal-Kosten führt zur Optimierung der *Regelungs- und Sicherheits-Automatik*, worauf später einzugehen ist. Die wichtigsten, insbesondere für die Geräteauslegung entscheidenden Abwägungen spielen sich zwischen Rohstoff- und Kapital-, Kapital- und Betriebs-Kosten und vor allem zwischen verschiedenen Kapitalkosten untereinander ab. Die meisten sonstigen Kosten wie *Montage, Reparaturen, Vertrieb, Entwicklung* etc. werden zutreffend als *prozentuale Zuschläge* zu einer der vorgenannten *Haupt-Kosten-Arten* berücksichtigt.

Während nun die anderen Kostenarten laufend anfallen und sogar bei *Schwankungen der Produktion* dieser mehr oder weniger *proportional* bleiben, sind die Kapitalkosten ursprünglich einmalige Kosten. Um sie mit den übrigen vergleichbar zu machen muß man sie auf die Zeiteinheit beziehen. Der einfachste Weg dazu ist die Feststellung der *Rückzahlzeit* (pay out time), die meist einer Dauer von 2 bis 3 Jahren entspricht. Bei ihrer Festlegung ist die physikalische *Lebensdauer* der Geräte, der *Kapitalzins* und das *Risiko* zu berücksichtigen, daß Anlage oder Produkt vor Ablauf der technischen Lebensdauer sich als überholt erweisen. Man kann dabei auch bereits den vom Kapitalgeber erwarteten Gewinn berücksichtigen, soweit man diesen nicht im Zins erfaßt, andererseits kann man die technischen Kalkulationen oft zweckmäßig auf die *Herstell-* oder *Selbst-Kosten* abstellen und damit die stark konjunkturabhängige, rein kaufmännische Preis- und Gewinnentwicklung ausklammern.

Der starke, oft überwiegende Einfluß der Kapitalkosten führt dazu, daß die *billigste Anlage* vielfach exakt oder näherungsweise die richtige Auslegung bedeutet. Eine billigste Anlage ergibt sich z. B. in der Kältetechnik dadurch, daß mit Verkleinerung des Verdampfers die Temperatur und damit der Druck des verdampfenden Kältemittels sinken und demzufolge bei vorgeschriebener Leistung Kompressor und Motor vergrößert werden müssen. Bei dieser Auslegung sind die Energiekosten bereits überhöht, die *wirtschaftlichste Anlage* würde etwas, aber nicht allzuviel von der billigsten in Richtung auf Vergrößerung des Verdampfers abweichen.

Um den *optimalen Wert* eines *Konstruktionsmaßes* oder auch, falls leichter zu handhaben, einer *Betriebs-Kenngröße* zu ermitteln, müßten alle Kosten als Funktion dieser Variablen dargestellt und die Kosten-Summe nach der Variablen differenziert werden. Das erfordert oft erheblichen mathematischen Aufwand, da die betreffenden Funktionen z. B. nur als graphische Darstellungen gegeben und nicht als einfache z. B. Potenzfunktionen darstellbar sind. Dann ist es einfacher, einige Auslegungen *versuchsweise* zu berechnen und die Kosten-Summe graphisch aufzutragen. Durch Interpolation findet man das Minimum schnell und sogar zuverlässiger, als durch eine fragwürdige umfangreiche Rechnung. Erfahrungsgemäß sind die *Kostenminima ziemlich flach,* so daß eine mäßige Genaunigkeit ausreicht, man sogar bisweilen bewußt vom Minimum abweicht, um rechnerisch schwer faßbare Nebenbedingungen zu berücksichtigen.

Die *Kosten von Geräten* und auch ganzen Anlagen trägt man zweckmäßig in *doppelt-logarithmischen Koordinaten* über der kennzeichnenden *Leistungs-* oder *Konstruktionsgröße* auf. Das bedeutet — da man meist annähernd Gerade findet, daß der Preis durch eine *Potenzfunktion* der Variablen darstellbar ist. Für Konstruktionen, bei denen die Vergrößerung auf eine Summierung hinausläuft — z. B. ein Bündelrohr-Wärmeübertrager mit Rohren konstanten Durchmessers — liegt der *Exponent* meist nahe unter 1, für Konstruktionen mit etwa *proportionaler Vergrößerung aller Maße* — z. B. eine Kolbenmaschine — kann man aus der Vorstellung, daß der Preis im wesentlichen durch die Größe der bearbeiteten Flächen, die Leistung aber durch das Volumen bedingt ist, einen *Exponenten* von2/3 herleiten, der tatsächlich für viele Fälle näherungsweise zutrifft.

Für die Abschätzung der tatsächlichen Anlagekosten muß man die *laufende Änderung aller Preise berücksichtigen,* die durch *Indices* ausgedrückt wird. Für die

Optimierung ist die Umrechnung etwa veralteter Preisunterlagen auf den derzeitigen Stand nur dann erforderlich, wenn sich die beteiligten Preise in *verschiedener Progression* geändert haben.

II. Der Wärmeübertrager

1. Fundamentalgleichungen 1 bis 4

Der Wärmeübertrager, auch Wärmeaustauscher (heat exchanger), Wärmetauscher, Recuperator, Temperaturwechsler etc. genannt, ist einer der typischsten und wichtigsten und der einfachste der verfahrenstechnischen Apparate. Bei seiner folgenden Behandlung werden z. T. an Beispielen die Begriffe und Methoden entwickelt, die dann bei den komplizierteren 4-Flanschen ihre volle Nützlichkeit zeigen.

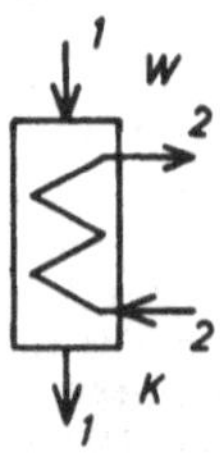

Abb. 1. Fließbild-Symbol des Wärmeübertragers

Der Apparat dient zur *thermischen Kopplung* zwischen *2 Stoffströmen,* die durch *feste Wände* getrennt sind, er hat also 4 Anschlüsse, von denen je zwei zu dem *Strom 1,* der hier als der *Wärme abgebende* angenommen sei, und Strom 2, außerdem bei *Gegenstrom* je 2 zur warmen und kalten Seite des Apparates gehören. Das *Fließbild-Symbol* ist nebenstehend angegeben, für Spezialfälle wie Kondensator etc. sind daneben spezielle Symbole eingeführt.

Konstruktiv werden selten Platten-, meist Bündelrohr- oder Rohrschlangen-Apparate gewählt; für Gas-Wärmeaustausch ist der Kreuz-Gegenströmer vorteilhaft, bei dem das Hochdruck-Gas durch mehrlagig und mehrgängig schraubenförmig gewickelte oder auch etagenweise übereinanderliegende Spiralrohre, das Niederdruckgas parallel der Schraubenachse, also quer zur Rohrrichtung strömt, wobei die Kernzone meist durch ein dickes Kernrohr ausgespart wird. Außer den im Folgenden noch behandelten Spezialfällen entsprechen dem Wärmeübertrager funktionell z. B. auch Herd-, Flamm-, Kanal- und andere Ofen-Typen sowie Gefriertunnel etc.

Es werden zunächst die 4 physikalischen Fundamentalgleichungen aufgestellt und die 5-te der wirtschaftlichen Optimierung dann an typischen Beispielen erläutert.

1) *Massenbilanzen:* Da die beiden Leitungsstränge dicht vorausgesetzt sind, ist der Ansatz trivial, Komplikationen ergeben sich erst, wenn kondensierbare Bestandteile eines Stoffstromes im W. Ü. abgeschieden werden, dieser Fall wird jedoch systematisch erst später behandelt.

1) $\dot{m}_{1w} = \dot{m}_{1k} \qquad \dot{m}_{2w} = \dot{m}_{2k}$

2) *Energiebilanzen*: Hier tritt nur die Wärmebilanz auf. Mit Dt sei die Temperaturdifferenz längs des W.Ü. bezeichnet, also für $\dot{m}_1 : Dt_1 = t_{1w} - t_{1k}$. Zur Abkürzung wird der *Kapazitätsstrom* $\dot{C} = \dot{m} \cdot c_p$ eingeführt. Der äußere *Wärmeverlust* $\dot{q}_v$ wird i. a. durch Isolierung des Apparates soweit verkleinert, daß er vernachlässigt werden kann.

2) $\dot{m}_1 \cdot c_{p1} \cdot Dt_1 = \dot{m}_2 \cdot c_{p2} \cdot Dt_2 \pm \dot{q}_v = \dot{C}_1 \cdot Dt_1 = \dot{C}_2 \cdot Dt_2 \pm \dot{q}_v$

3) *Gleichgewichte:* Hier tritt nur das Temperatur-Gleichgewicht auf, es wird zweckmäßig direkt als Ungleichung geschrieben, die für jeden Querschnitt gelten muß

3) $t_1 \geqq t_2$

Friktionen: Es tritt auf der *Temperaturverlust* durch die Differenz $t_1 - t_2 = \Delta t$ in jedem Querschnitt mit dem Mittelwert Δt_m und die *Druckverluste* infolge der Strömungswiderstände in beiden Strängen Δp_1 und Δp_2. Die Strömungswiderstände werden meist separat berechnet, interessieren vielfach auch kaum — z. B.

im Kühlwasserstrang —; der für Gas-W.Ü. wichtige Fall der kombinierten Berechnung wird im Folgenden behandelt. Zunächst ergibt sich daher bei Beschränkung auf den Temperaturverlust:

4) $[\mathrm{d}\dot{q}=]\ \dot{C}_1 \cdot \mathrm{d}t_1 = \dot{C}_2 \cdot \mathrm{d}t_2 = k \cdot (t_1 - t_2) \cdot \mathrm{d}F [= (t_1 - t_2)\,\mathrm{d}L]$

Das sind 2 simultane gewöhnliche Differentialgleichungen für die beiden Temperaturen als Funktion der Fläche F bzw. des *Leitwertes* $k \cdot F = L$, $k \cdot \mathrm{d}F = \mathrm{d}L$. Die Verwendung des Leitwertes ist nicht nur eine mathematische Vereinfachung, sondern auch physikalisch sinnvoll, da z. B. bei Verwendung von Rippenrohr $F_1 \neq F_2$ sein kann. Durch Differenzieren nach $\mathrm{d}L$ und Einsetzen aus 4) trennt man die Variablen:

5) $$\mathrm{d}^2\dot{q}/\mathrm{d}L^2 = \dot{C}_1 \mathrm{d}^2 t_1/\mathrm{d}L^2 = \dot{C}_2 \mathrm{d}^2 t_2/\mathrm{d}L^2 = \\ = \mathrm{d}t_1/\mathrm{d}L - \mathrm{d}t_2/\mathrm{d}L = \mathrm{d}t_1/\mathrm{d}L\,(1 - \dot{C}_1/\dot{C}_2)$$

6) $$\mathrm{d}^2 t_1/\mathrm{d}L^2 = \mathrm{d}t_1/\mathrm{d}L\,(1/\dot{C}_1 - 1/\dot{C}_2) \\ \mathrm{d}^2 t_2/\mathrm{d}L^2 = \mathrm{d}t_2/\mathrm{d}L\,(1/\dot{C}_1 - 1/\dot{C}_2)$$

Die Diff.Gl. für die getrennten Variablen stimmen also überein, sie sind linear, homogen von 2. Ordnung, die Lösung ist:

7) $$t_i = t_{io} \cdot \exp(-L(1/\dot{C}_1 - 1/\dot{C}_2))\,.$$

Bei der Ableitung ist vorausgesetzt, daß $\dot{C}_1$ und $\dot{C}_2$ unabhängig von der Temperatur konstant sind. Praktisch setzt man Mittelwerte ein, bei großen Änderungen muß man stückweise integrieren. Das und die Deutung der Lösung findet man besser aus der graphischen Darstellung im nächsten Abschnitt, hier sei nur noch die mittlere Teperaturdifferenz Δt_m berechnet. Am Anfang des W. Ü. — es sei angenommen: am warmen Ende ist $L=0$, die Exp. Funkt. $=1$, also $t_{1w} = t_{10}$, $t_{2w} = t_{20}$. Am Ende nehme die Exp. Funkt. den Wert $E(L_{\text{ges}})$ an, so daß $t_{1k} = E \cdot t_{10}$, $t_{2k} = E \cdot t_{20}$ wird. Insbesondere ist

8) $$t_{10} - t_{20} = \Delta t_w \qquad E(t_{10} - t_{20}) = E \cdot \Delta t_w = \Delta t_k\,.$$

Man setzt nun die Lösung 7) in den Ansatz 4) ein:

9) $$\mathrm{d}\dot{q} = (t_{10} - t_{20}) \exp(-L(1/\dot{C}_1 - 1/\dot{C}_2)) \cdot \mathrm{d}L\,.$$

Die Integration von 0 bis L_{ges} liefert den Wärmestrom, der $L_{\text{ges}} \cdot \Delta t_m$ gleichgesetzt wird:

10) $\dot{q}=L_{ges}\Delta t_m=(1-E)(t_{10}-t_{20})/(1/\dot{C}_1-1/\dot{C}_2)$.

Daraus findet man die Auflösung in üblicher, zweckmäßiger Form:

11) $$\Delta t_m=\frac{(1-E)(t_{10}-t_{20})}{L_{ges}(1/\dot{C}_1-1/\dot{C}_2)}=$$
$$=\frac{\Delta t_w-\Delta t_k}{-\ln E}=\frac{\Delta t_w-\Delta t_k}{\ln 1/E}=\frac{\Delta t_w-\Delta t_k}{\ln(\Delta t_w/\Delta t_k)}$$

Es ergibt sich also das *logarithmische Mittel* der Temperaturdifferenz. Wegen der Symmetrie ist die Formel unabhängig von der oben benutzten Annahme, der Anfang liege am warmen Ende.

Es sei hier noch bemerkt, daß in der Ableitung vorausgesetzt wurde, der Wärmestrom gehe senkrecht durch die Wand zum direkt angrenzenden Flächenelement im anderen Stoffstrom. Zufolge der Wärmeleitung des Wandmaterials fließt der Wärmestrom jedoch etwas schräg in Richtung zum kalten Ende des Gerätes, um so stärker, je kürzer der Apparat konstruiert ist. Das bedeutet einen *Leitungsverlust,* der sich in einer Vergrößerung der effektiven Temperaturdifferenz Δt_m — und entsprechender Verkleinerung von L_{ges} — ausdrücken läßt.

2. Lösung im $\dot{H}$-t-Diagramm und spezielle Fälle

Da die Zustandsänderung im W.Ü. *isobar* verläuft, — abgesehen von den geringen Druckverlusten — ist $d\dot{q}=d\dot{H}$, es wird also ein *Enthalpie-Strom* übertragen. Man kann daher die Zusammenhänge im $t-\dot{H}$-Diagramm graphisch darstellen: In jedem Strang wird der gleiche Enthalpiestrom umgesetzt — abgesehen von eventuellen Wärmeverlusten — die zusammengehörigen Temperaturen liegen jeweils senkrecht übereinander, jedem Abszissen- = Enthalpie-Wert ist ein Querschnitt des W.Ü. eindeutig zugeordnet.

Wie die Skizzen zeigen, gibt *konstantes* $\dot{C}$ *Gerade* als Zustandskurven, der *Schnittpunkt der Geraden* liefert die Bezugstemperatur t_0, von der aus alle Temperaturen in der analytischen Lösung des vorigen Abschnitts zu zählen sind. Der Schnittpunkt liegt bei höherer oder tieferer Temperatur, je nachdem, welcher Kapazitätsstrom größer ist. Bei Vergrößerung der Fläche F bzw. L gegen Unendlich würde der Schnittpunkt erreichbar. bei festgehaltenen Eintrittstemperaturen t_{1w} und t_{2k} würde sich z. B. in Abb. 2 der Schnittpunkt auf t_{2k} verschieben, $t_{1k} = t_{2k}$ werden und t_{2w} soweit ansteigen, daß das links hinzukommende $\Delta \dot{H}_1$ auf den Strom 2 übertragen wird.

Die Skizzen zeigen einige typische *Spezialfälle* mit gestrichelt eingezeichneter *Grenzlage im idealisierten W.Ü.*, der Numerierung nach: Kondensation, Verdampfung (je mit anschließender Temperaturänderung von Dampf und Kondensat) sowie mit t zunehmendes $\dot{C}_2$. Auch dabei treten, wie die Idealisierung zeigt, hier an beiden Enden unvermeidbare Temperaturdifferenzen auf. Man kann diese durch *Stoff-Eigenschaften bedingten Verluste* — wie später gezeigt wird allgemein — durch Übergang zu *Stufen-Schaltungen* ver-

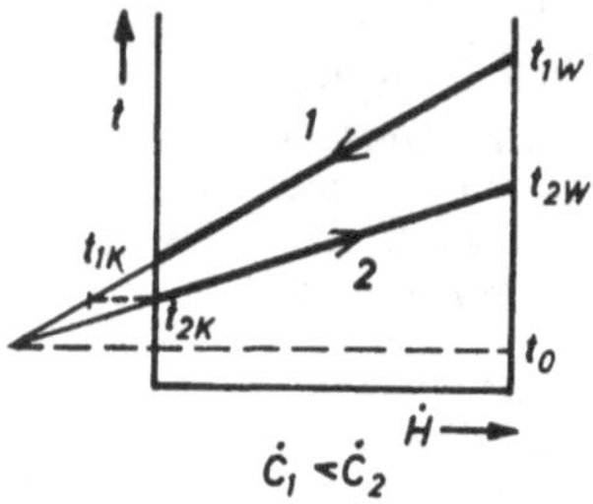

Abb. 2. Temperatur-Wärmestrom-Diagramm des Wärmeübertragers, der Wärme abgebende Kapazitätsstrom ist kleiner als der aufnehmende.

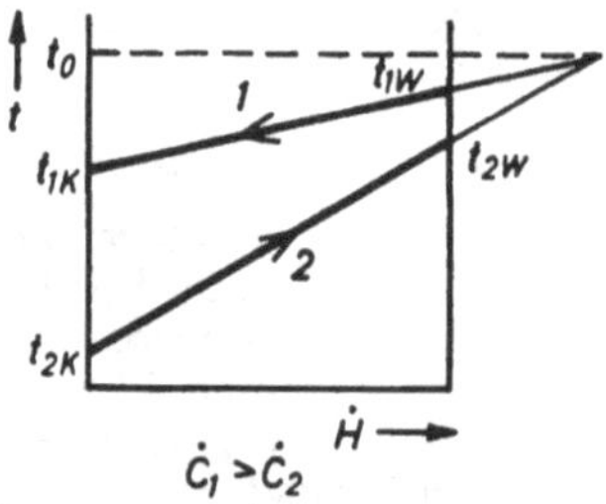

Abb. 3. t–$\dot{H}$-Diagramm für $\dot{C}_1 > \dot{C}_2$, wie vorher konstante Kapazität.

ringern, das letzte Bild zeigt den Effekt der Entnahme eines Teilstromes in der Mitte des W.Ü. Der Gedanke der *Idealisierung* wird im nächsten Abschnitt weiter

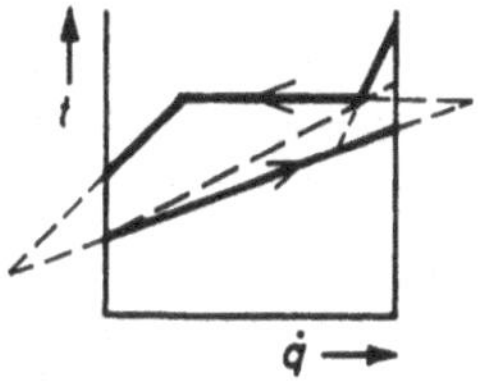

Abb. 4. $t-\dot{H}$-Diagramm eines Kondensators, 3 Bereiche v. r. n. l.: Abkühlung des Dampfes (Überhitzung), Kondensation, Ab-(„Unter-")kühlung der Flüssigkeit.

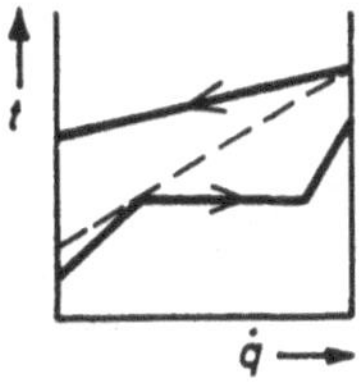

Abb. 5. $t-\dot{H}$-Diagramm eines Verdampfers analog Abb. 4. Gestrichene Gerade: Grenzverlauf mit minimalem Heizgas-Strom, unendlicher Übertragungsfläche.

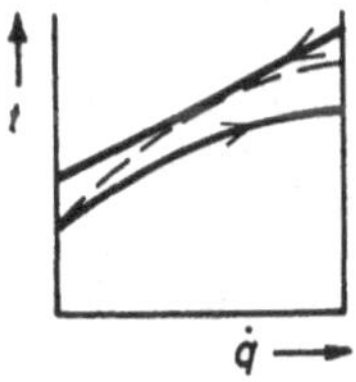

Abb. 6. $t-\dot{H}$-Diagramm für temperaturabhängige spezifische Wärme c_{p2}.

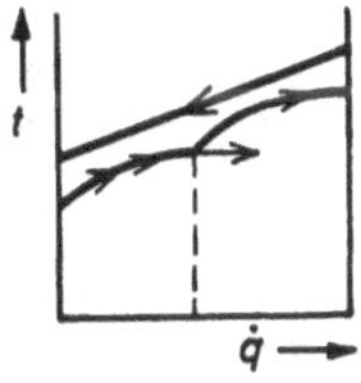

Abb. 7. Wie 6, jedoch bessere Anpassung durch Entnahme eines Teilstromes bei mittlerer Temperatur.

verfolgt, hier sei zunächst die *graphische Lösung* zu Ende geführt.

Aus Gl. 4) liest man ab, daß der Flächenbedarf der Wärmeübertragung $k \cdot dF\,(=dL) = d\dot{q}/\Delta t$ ist. Man erhält daher die Fläche und ihre Verteilung längs des W.Ü., wenn man über $d\dot{Q} = d\dot{H}$ $1/\Delta t$ aufträgt, wie es im oberen Teil der Abb. 8 skizziert ist. Qualitativ erkennt man, daß hier im kalten Teil bei kleinem Δt mehr Fläche gebraucht wird als im warmen, quantitativ findet man Δt_m *aus der mittleren Höhe der oberen Hilfskonstruktion,* die man im Schnittpunkt nach unten lotet. Man sieht auch, daß das logarithmische Mittel und allgemein Δt_m *immer kleiner als die* auf den Wärmestrom bezogene *mittlere Differenz* $\overline{\Delta t}$ ist.

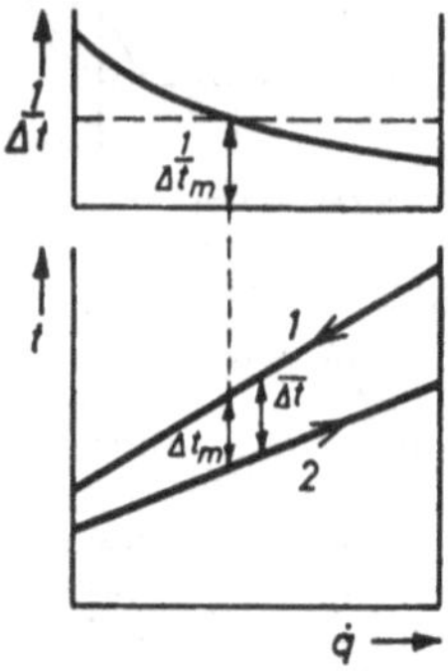

Abb. 8. Graphische Ermittlung von Δt_m als Mittelwert im oberen Hilfsdiagramm aus $1/\Delta t$. Man beachte: $\Delta t_m < \overline{\Delta t}$.

Da man die graphische Konstruktion ohnehin punktweise berechnet und dann interpoliert, evtl. planimetriert, spielt es keine Rolle, ob die $\dot{H}-t$-Kurven gerade, gekrümmt oder beliebig stückweise zusammengesetzt sind. Man wird daher vorteilhaft alle komplizierteren Fälle, für die Formel 11) nicht mehr anwendbar ist, graphisch behandeln. Damit ist die Standard-Aufgabe des Detail-Konstrukteurs, bei gegebenen Stoff- bzw. Kapazitätsströmen und Temperaturen die Fläche zu berechnen, über Δt_m in allgemeinster Form gelöst.

A u f g a b e : Als Luftkühler in einer Klimaanlage soll ein Flossensystem mit $\alpha_i = 400$, $\alpha_a = 15$ kcal/m²h · grd (Trocken!), $F_a/F_i = 10$, d/λ vernachlässigbar, benutzt werden. 500 kg/h Luft sollen von $t_1 = 32$ °C, 60% rel. Feuchte auf $t_2 = 23$ °C, 50% rel. Feuchte klimatisiert werden. Bestimme die optimale Flächentemperatur, die Verdampfungstemperatur und Kälteleistung der Kältemaschine, die Flossen-Fläche des Kühlers F_a und schließlich, ob und wieviel Gegenheizung erforderlich ist.

3. Arbeitsverlust, Anpassung, Wirkungs- und Gütegrad

Der W.Ü. verarbeitet Stoffströme, der Arbeitsverlust ergibt sich daher aus der *Exergie-Bilanz.* Zählt man die eintretenden Exergieströme positiv, die austretenden negativ, so liefert die Summe der 4 Exergieströme einfach den *Arbeitsverlust* des W.Ü. Anschaulicher ist jedoch die Herleitung der einzelnen Verlust-Komponenten. Aus Druckverlust und Volumenstrom erhält man den *mechanischen Verlust.* Für den *thermischen* sei angenommen, die vom wärmeren Stoffstrom abgegebene Wärme würde von einer idealen Wärmekraftmaschine verlustlos in Arbeit verwandelt und die dem kälteren Stoffstrom zugeführte *gleiche Wärmemenge* umgekehrt durch eine Wärmepumpe zugeführt. Man darf die Wärmekraftmaschine nicht einfach zwischen t_1 und t_2 arbeiten lassen, da dann die gewonnene Arbeit in der Wärmebilanz fehlen würde. Diese Wärme wird im Endergebnis der *Umgebung* entnommen, so daß die Umgebungstemperatur T_0 auftritt und das Verhältnis von Arbeit zu Wärme durch den Carnot-Faktor $(T-T_0)/T$ gegeben ist. Nach kurzer Rechnung erhält man:

12) $\text{Arbeitsverlust} = \dot{V}_1 \cdot \Delta p_1 + \dot{V}_2 \Delta p_2 + \int (T_0 \Delta T / T_1 T_2)\, d\dot{H}$

Da $T_1 \sim T_2 \sim T$ gesetzt werden darf, steht im Nenner das Quadrat der Betriebs-Temperatur. Es leuchtet daher ein, daß wegen des Arbeitsverlustes *die Temperaturdifferenz* im Wärmetauscher *mit sinkender Betriebstemperatur verkleinert werden muß.* Tatsächlich rechnet man im Kesselbau mit einigen 100 grd, bei der Luftverflüssigung mit wenigen grd und in der Tieftemperatur-Technik mit Bruchteilen von grd.

Obwohl *das Ideal* selbst in der Technik *nicht interessiert,* ist doch offenbar eine Erfüllung der Optimal-Bedingungen über einige Größenordnungen der Temperatur-Differenz nur mit einem *idealisierbaren Ap-*

parat möglich, d. h. die Grenze der Temperaturdifferenz, die bei Vergrößerung der Fläche erreichbar ist, darf *nicht* bei irgendeinem *endlichen Wert*, sondern *muß bei 0* liegen. Die Betrachtung der Spezialfälle des vorigen Abschnitts zeigt aber eindeutig, daß die Idealisierbarkeit gar nicht vom W.Ü. allein abhängt. Genaugenommen findet man 3 Einflüsse, die getrennt zu behandeln sind:

1) *Idealisierung des Apparates.* Das bedeutet, daß die Übertragungsfläche bzw. der Leitwert beliebig groß gemacht werden kann — soweit es die *wirtschaftliche* Optimierung erfordert, also *niemals unendlich.* Man kann diese im Apparat bzw. Gerät liegende Komponente durch einen *„Gütegrad"* ausdrücken; für den W.Ü. empfiehlt sich hierfür als geeignete und besonders einfache Größe:

13) Gütegrad d. W.Ü. $= k \cdot F/\dot{C} = Dt/\Delta t_m \; (= \Lambda/2)$

Die *reduzierte Länge* Λ ist die bei Regeneratoren eingeführte Größe; da Dt und $\dot{C}$ für die beiden Ströme verschieden sein können, findet man mit α statt k und $t - t_{Wand}$ statt Δt für beide Ströme getrennt: Λ_1 bzw. Λ_2.

Man beachte, daß ja nicht nur $\dot{C}$, sondern auch k von der Belastung abhängt, reine betriebs-unabhängige Gerätegrößen können nur aus den Abmessungen (F) gebildet werden.

2) Wie die beiden Abbildungen 6 und 7 zeigen, treten unvermeidbare Temperaturdifferenzen und damit Verluste zweitens durch *Stoffeigenschaften,* hier die Inkonstanz der spezifischen Wärme, auf. Unvermeidbar bedeutet, daß sie *nicht durch Verbesserung des Gerätes, wohl aber durch Änderung des Fließbildes,* Übergang zu Stufen und Kaskaden-Fließbildern *verringert werden* können. Als Beispiel sei der Linde-Prozeß erwähnt, bei dem die Hochdruck-Luft größeres c_p als die Niederdruckluft hat. Trotz gleicher Massenströme bei Kälte- oder Luftzerlegungs-Prozessen tre-

ten daher Verluste auf, die durch Einfügung des Hochdruck-Kreislaufes vermindert werden.

3) Die dritte Verlustquelle liegt darin, daß schon die *mittleren Kapacitätsströme* in beiden Strängen *nicht übereinstimmen.* Nur dadurch ergibt sich ja im $\dot{H}-t$-Diagramm ein Schnitt-Punkt und ein endliches t_0. Bei parallelem Verlauf wird Δt konstant und damit Δt_m (das durch die endliche Fläche bedingte) und $\overline{\Delta t}$ (das für die Verluste maßgebende) gleich. In allen anderen Fällen ist $\Delta t_m < \overline{\Delta t}$, d. h. *die Arbeitsverluste sind größer, als mit der eingesetzten Fläche erforderlich.*

Es ist daher offenbar eine *technisch vernünftige Forderung,* wenn $\dot{C}_1 = \dot{C}_2$ gemacht werden soll. Sie sei als *Anpassungs-Forderung* bezeichnet, der entsprechende Betrieb als angepaßt. Die Diff.Gl. 4 hat dafür statt der komplizierten allgemeinen Lösung 7) die einfache lineare:

14) $$t = t_0 + (\Delta t / \dot{C}) \cdot L$$

Man erkennt, daß die Verluste *verschiedene Ursachen* haben, die *verschiedene Abhilfemaßnahmen* erfordern. Praktisch ist natürlich der *größte Teil-Verlust maßgebend,* man sollte daher versuchen, die 3 *Teil-Verluste etwa gleich groß* zu machen. Wenn daher wegen ungünstiger Stoffeigenschaften oder notwendiger Abweichungen von der Anpassung ein bestimmtes Δt ohnehin vorgegeben ist, hat es i. a. keinen Sinn, das durch die Wärmeübertragung bedingte Δt_m durch Überdimensionierung der Übertragungsfläche unter das anderweit vorbestimmte $\dot{\Delta t}$ zu verringern.

Im Maschinenbau ist es üblich, *Energiewandler* durch *Wirkungsgrade* zu beschreiben, und es ergibt sich dann i. a., daß der Gesamt-Wirkungsgrad sich als *Produkt aller Teil-Wirkungsgrade* darstellen läßt. Nach der oben gegebenen Erläuterung, daß der Gütegrad nur eine von 3 Komponenten der Arbeitsverluste beeinflußt, leuchtet es ein, daß jedenfalls dieser zweckmäßige Zusammenhang zwischen Teil- und Gesamtwirkungsgraden in der Verfahrenstechnik nicht so einfach erreicht werden kann.

Weiterhin zeigt es sich aber, daß die *Definition von Wirkungsgraden in der Verfahrenstechnik* an sich schwierig und *mehrdeutig* ist. Formal könnte man definieren: Summe der austretenden Exergieströme/ Summe der eintretenden. Betrachtet man z. B. die Aufgabe, mit einem Heizstrom 1 einen Produktstrom 2 von Umgebungstemperatur aufzuheizen, so ist $E_{2k}=0$, der oben definierte Wirkungsgrad wäre:

15) $$\eta_1 = (\dot{E}_{2w} + \dot{E}_{1k}) / \dot{E}_{1w}.$$

Der Rest an Arbeitsfähigkeit in 1, $\dot{E}_{1k}$ ist aber in diesem Falle kein erwünschtes Produkt, sondern bestenfalls Abfall, sollte also nicht mitgezählt werden.

16) $$\eta_2 = \dot{E}_{2w} / \dot{E}_{1w}$$

Es kann sogar sein, daß dieser Abfall schädlich ist, eine Nachbehandlung erforderlich macht, so daß man definieren kann:

17) $$\eta_3 = \dot{E}_{2w} / (\dot{E}_{1w} + \dot{E}_{1k}).$$

Je nach Problemstellung kommen also sowohl zum Verfahrensvergleich, als zur Beurteilung von Anlagen verschiedene Definitionen in Frage (s. Bd. 3).

Im Zusammenhang mit der *Anpassungsbedingung* ist noch zu erwähnen, daß ein idealisierbarer Betrieb nur bei *Gegenstrom* möglich ist. Die beiden anderen Betriebs- und Konstruktionsformen des *Gleich-* und *Kreuzstromes* sind daher *grundsätzlich weniger befriedigend.* Ihre Anwendung kann besondere Gründe haben, bei *Kreuzstrom bessere* Wärme- (und später ebenso Stoff-) *Übertragung,* günstigere konstruktive Möglichkeiten. *Gleichstrom* zeichnet sich durch eine *Dämpfungswirkung* bei schwankenden Betriebsverhältnissen aus, die zwar auch speziell mit anderen Mitteln — *Dämpfungs-Regenerator* — erreicht werden kann, aber vielfach am einfachsten durch Gleichstrom-Schaltung erzielt wird.

4. Wirtschaftliche Optimierung

Bei der 5. Gruppe der Fundamentalgleichungen, die die wirtschaftliche Optimierung bewirkt und damit erst die eindeutig richtige Lösung liefert, kommt es darauf an, die im jeweiligen Falle wichtigen Zusammenhänge zu erkennen, geeignete Zahlenunterlagen zu finden und einfache mathematische Ansätze zu wählen. Die Methodik sei hier an 2 *Beispielen* erläutert, die aus dem Maschinenbau genommen sind, da an dieser Stelle noch nicht genügend verfahrenstechnische Kenntnisse vorausgesetzt werden können, um typisch verfahrenstechnische Aufgaben anzugreifen.

1) *Optimierung der Anlagekosten.*

Ein 2-stufiger Luftverdichter für 50 m³/h soll zwischen den beiden Stufen bei 3 ata eine Zwischenkühlung erhalten. Es wird ein Rohr 18×1,5 für die Luft vorgesehen. Der Verdichter sei mit Wasser gekühlt, wobei angenommen sei, daß der Kapazitätsstrom des Kühlwassers größer als der der komprimierten Luft ist. Daraus folgt, daß das Kühlwasser keine besonderen Betriebskosten verursacht und daß in dem W.Ü. die kleineren, mehr Fläche beanspruchenden Temperaturdifferenzen am kalten Ende auftreten.

Die Auswertung der technischen Gleichungen liefert den k-Wert des Rohres zu $k = 95{,}7$ kcal/m²h · grd. Man überschlägt, daß man weniger als 1m² Übertragungsfläche brauchen wird und für deren Variationen mit einem festen Flächenpreis rechnen kann, den man bei Kölbel u. Schulze [126] in Abb. 183 zu 61 DM/m² findet.

Man überlegt nun, daß bei einer Verbesserung der Kühlung das Luftvolumen nach dem idealen Gasgesetz verkleinert und damit auch die erforderliche Größe der 2-ten Kompressorstufe verkleinert wird. Ein Mehraufwand an Kühlfläche führt also zu einer Ersparnis an Kompressorkosten, insgesamt handelt es sich um das Optimierungsproblem der billigsten Anlage.

Man vereinfacht sich nun den Ansatz durch die Annahme, daß die Endtemperatur bei 300 °K liegen dürfte, eine Abkühlung um zusätzliche 3 grd also eine Ersparnis um 1 % der Kompressorgröße bringt. Im optimalen Auslegungspunkt müssen beide Preisänderungen gleich groß sein.

Die Preisänderung durch Flächenvergrößerung δP_F findet man aus den bisherigen Angaben zu $\delta P_F = 3 \cdot 15{,}5 \cdot 61/(95{,}7 \cdot \Delta t) = 29{,}7/\Delta t$ DM.

Für die Kompressorpreise interpoliert man am einfachsten linear zwischen 50 und 100 m³/h. Man findet a.a.O. Abb. 96 folgende Angaben:

50 m³/h	1-stufig: 1200 DM	2-stufig:	2200 DM,
		Differenz für 2. St.	1000 DM,
100 m³/h	1-stufig: 2000 DM	2-stufig:	3500 DM,
		Differenz für 2. St.	1500 DM.

Aus der Differenz der letzten Zahlen ergibt sich, daß 100 % Vergrößerung der 2-ten Stufe 500 DM kostet, Ersparnis von 1 % bringt also $\delta P_K = -5$ DM. Daraus folgt

18) $$\delta P_{ges} = \delta P_F + \delta P_K = 29{,}7/\Delta t - 5 = 0$$
$$\Delta t_k = 29{,}7/5 = 5{,}93 \text{ grd.}$$

Damit ist die für die Auslegung fehlende Temperatur t_{lk} festgelegt. Man beachte, daß ein praktisch wohl meist kleineres k auf eine größere Temperaturdifferenz Δt_k führt.

2) *Optimierung nach Anlage- und Betriebskosten*

Ein Heiz-Kraft-Werk erzeugt $3 \cdot 10^6$ kcal/h bei $T_w = 500$ °K als Hochdruckdampf, der über eine Turbine entspannt und dann zur Erwärmung von Heizungs-Warmwasser (65 . . 95 °C) benutzt wird. Jährlich werden 2500 Betriebsstunden gefahren, in denen der erzeugte Strom für 0,1 DM/kWh, die Wärme für 0,02 DM/1000 kcal abgesetzt werden. Der Turbogenerator arbeitet mit 85 % Wirkungsgrad, die Fernheizung mit 90 %. Der Wärmeübertrager zwischen dem kondensierenden Dampf und dem Warmwasser arbeitet mit einem k-Wert von 300 kcal/m² h · grd. Seine Auslegung ist optimal festzulegen.

Man rechnet der Einfachheit halber mit dem Carnot-Faktor, auch die 85 % Wirkungsgrad sind schon darauf bezogen. Dann wird zweckmäßig zunächst als Kondensationstemperatur des Dampfes $T_k = 400\ ^\circ K = 127\ ^\circ C$ angenommen. Daraus erhält man die Stromerzeugung:
$N = 3 \cdot 10^6\ (100/500) \cdot 0{,}85/860 = 592$ kW und den Stromerlös: 59,2 DM/h.

Der Rest ist Wärme, nutzbar $3 \cdot 10^6\ (400/500) \cdot 0{,}9 = 2160$ Mcal/h mit 43,2 DM/h Erlös.

Senkt man nun T_k um δt grd, so steigt der Stromerlös — da vorher $T_w - T_k = 100$ angenommen — um 0,592 DM/h · grd, während der Wärmeerlös um 1/400 sinkt, also um 0,108 DM/h · grd. Die Differenz gibt einen Gewinn von 0,484 DM/h · grd bzw. mit 2500 Betriebsstunden/Jahr: 1208 DM/a · grd $= \delta P_G$.

Der W.Ü. soll $3 \cdot 10^6\ (400/500) = 2{,}4 \cdot 10^6$ kcal/h verarbeiten, mit einer angenommenen Temperaturdifferenz $\Delta t_m = 40$ grd, die etwa dem oben angenommenen $T_k = 400\ ^\circ K$ entspricht, wird $F = 2{,}4 \cdot 10^6/(300 \cdot 40) = 200\ m^2$. Ein derartiger W.Ü. kostet nach Abb. 178 a.a.O. 30 000 DM für 200 m², 20 000 DM für 100 m², im fraglichen Bereich also 100 DM/m².

Es wird nun die relativ geringe Änderung des Wärmestromes vernachlässigt, nur die Änderung der Fläche infolge Änderung von Δt_m mit Änderung von T_k berücksichtigt. Diese erhält man durch Differenzieren: $dF = d\,(\dot{q}/k \cdot \Delta t_m)/d\Delta t_m \cdot \delta t = \dot{q} \cdot \delta t/k \cdot \Delta t_m^2 = -8 \cdot 10^5 \cdot \delta t/\Delta t_m^2$ DM $= \delta P_{WU}$.

Hier stehen also Betriebskosten bzw. Erlös oder Gewinn den Anlagekosten gegenüber. Man rechnet mit der Rückzahlzeit Z und erhält die Gleichung $\delta P_{ges} = \delta P_G + \delta P_{WU}/Z = 1208 - 8 \cdot 10^5/Z \cdot \Delta t_m^2 = 0$.

Für Z = 3 Jahre erhält man

$$\Delta t_m = \sqrt{8 \cdot 10^5/3 \cdot 1208} = \sqrt{221} = 14{,}9 \text{ grd} \tag{19}$$

Das ist erheblich weniger, als ursprünglich angenommen; besonders weil man damit in einen anderen Bereich der Flächenpreise kommt empfiehlt sich eine Wiederholung der Rechnung.

Aufgabe: Ein Kälteverdichter-Satz für 1000 kcal/h kostet 300 DM bei $t_k = -25$ °C Verdampfungstemperatur und 450 DM bei $t_k = -35$ °C. Ein Querflossen-Verdampfer in einem Gefrierraum von -20 °C erreicht $k = 8$ kcal/m²h · · grd und kostet 10 DM/m². Bei welchem t_k wird die Anlage am billigsten und was kostet sie dann?

5. Berechnung eines Kühlwasserstromes

Bei den bisherigen Formel-Ansätzen und Beispielen wurde gesucht: 1) die Wärmeübertragungsfläche F, 2) die mittlere Temperaturdifferenz Δt_m, was praktisch aufs selbe hinausläuft, und 3) eine der Abfluß-Temperaturen. Bei gegebenen Kapazitätsströmen ergibt schon die Wärmebilanz zu 3 Temperaturen die 4-te, für Umrechnungen mit Δt_m gibt es graphische Hilfsmittel.

Hier soll die Aufgabe behandelt werden, einen *Kapazitätsstrom zu berechnen,* wenn der Wärmeübertrager und der andere Strom einschließlich der Temperaturen vorgeschrieben, aber Formel 11) nicht anwendbar ist. Die Aufgabe tritt in dieser Form auf, wenn ein vorhandener oder serienmäßig lieferbarer W.Ü. benutzt und Wasserkosten abgeschätzt werden sollen, außerdem bei Umstellungen des Betriebes, Änderung der Produktionsrate und dergl. Derartige Umkehrungen der Fragestellung sind mathematisch oft schwierig zu lösen, die zweckmäßige Methode ist dann *Probieren* („*try and error method*").

Das Verfahren sei wieder an einem *Beispiel* erläutert. In einem W. Ü. mit $F = 20$ m² und $k = 200$ kcal/m²h · grd soll ein Flüssigkeitsstrom von 120 °C auf 30 °C abgekühlt werden. Es steht Kühlwasser von 15 °C zur Verfügung, gesucht ist die erforderliche

Stromstärke $\dot{m}$ (kg/h). Die abzukühlende Flüssigkeit hat infolge einer Umwandlungswärme eine veränderliche spezifische Wärme, der Kapazitätsstrom sei $\dot{C} = \dot{C}_0 + \dot{C}_1$ wobei $\dot{C}_0 = 1000$ kcal/h · grd im ganzen Bereich gilt, $\dot{C}_1 = 7 \cdot t$ jedoch nur zwischen 30 und 90 °C.

Man berechnet durch Integration von $\dot{C}dt$ mit den angegebenen Grenzen den Wärmestrom (Q = 115 200 kcal/h und damit $\Delta t_m = Q/kF = 28{,}8$ grd.

Man geht nun zur graphischen Lösung über und berechnet punktweise die $\dot{H}$-t-Kurve der Substanz. Wegen der variablen spezifischen Wärme ist die Formel für Δt_m nicht direkt anwendbar, man kann jedoch die wirkliche Kurve im Diagramm nach Augenmaß so durch eine Gerade ersetzen, daß die positiven und negativen Fehler sich aufheben, d. h. die Flächen ober- und unterhalb der Geraden gleich groß werden. Es gibt dafür viele Möglichkeiten, es sei die Gerade von 30 ° auf 115 ° gewählt. Die Gerade von 30 auf 120 ° entsprechend der mittleren spezifischen Wärme wäre jedenfalls falsch.

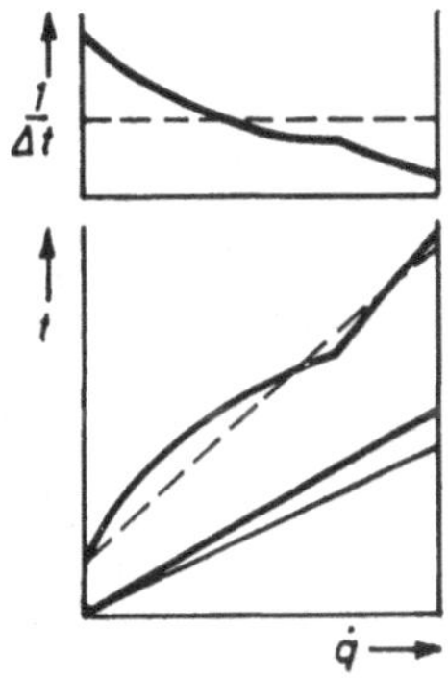

Abb. 9. Graphische Lösung für allgemeinen Fall.

Nach der Linearisierung kann nun die Formel für Δt_m angewandt werden. Da die analytische Auflösung zu schwerfällig wäre, findet man durch Probieren für die Endtemperaturen des Kühlwassers 70 ° $\Delta t_m = 27{,}3$, 65° $\Delta t_m = 29{,}1$ und dazwischen durch Interpolation 65,83 als richtigen Wert, woraus sich dann der Kapazitätsstrom des Wassers berechnet.

Da die gewählte Gerade willkürlich und nach Augenmaß sicher nicht sehr zuverlässig ist, macht man nun mit dem nahezu richtigen Ergebnis $t_{2w}=65$ °C die korrekte, punktweise Konstruktion über das $1/\Delta t$-$\dot{H}$-Diagramm im oberen Teil und findet daraus $\Delta t_m=29{,}2$ grd, also um 0,1 grd größer, als aus der Linearisierung. Man darf das als konstanten additiven Fehler ansehen und erhält durch erneute Interpolation $t_{2w}=66{,}11$ °C und $\dot{m}_2=2250$ kg/h als endgültige Lösung.

Aufgabe: 1000 kg/h flüssiges Produkt mit $c_p=0{,}4$ kcal/kg · grd soll von +110 °C auf +35 °C gekühlt werden. Es steht Kühlwasser von +17 °C für 0,2 DM/m³ zur Verfügung. Der W.Ü. kostet bei einer Wärmedurchgangszahl $k=70$ kcal/m²h · grd 125 DM/m². Welche Auslegung ist bei einer Rückzahlzeit Z = 3 Jahre = 25 000 Betriebsstunden am wirtschaftlichsten? Löse durch Interpolation zwischen $Dt_w=50$ und $Dt_w=75$ grd Wassererwärmung.

Ein Produktstrom mit $\dot{C}=2500$ kcal/h · grd muß von 120 °C auf 40 °C gekühlt werden. Es steht Rückkühl-Wasser mit 35 °C für 0,05 DM/³ und Frischwasser mit 15 °C für 0,2 DM/m³ zur Verfügung. Bei einer Kühler-Konstruktion, die $k=200$ kcal/m²h · grd erreicht, kostet lm² A: 100 DM, B: 200 DM. Welche Auslegung ist für 10 000 h Rückzahlzeit am wirtschaftlichsten?

In einem durchgehend betriebenen Bündelrohr-Kühler mit 60 m² W.Ü. Fläche wird ein Produktstrom (20 t/h, $c_p=0{,}4$ kcal/kg · grd) von 180 auf 50 °C gekühlt, wobei sich das Kühlwasser von 15 auf 50 °C erwärmt.

a) Wie groß ist k und der Kühlwasserverbrauch?

b) Im Laufe des ersten Monats stellt sich heraus, daß zur Einhaltung der geforderten Produkt-Temperatur der Kühlwasserstrom wöchentlich um 2 m³/h erhöht werden muß. Gib an, welche Größe sich bei Extrapolation weiterhin etwa proportional der Zeit ändern wird und wie lange ein Ausgleich durch Kühlwasser-Mehrverbrauch theoretisch möglich erscheint.

c) Das Kühlwasser kostet 0,1 DM/m³, die Reinigung des Kühlers 150 DM zuzüglich 1000 DM Verlust durch Produktionsausfall während jeder Reinigung, ein abwechselnd zu betreibender Reservekühler 50 000 DM, wobei eine Rückzahlzeit von 2 Jahren zu kalkulieren wäre.

Welche Entscheidung trifft der Betriebsingenieur?

6. Berechnung der konstruktiven Daten aus dem Druckverlust

Die entwickelten Formeln und Beispiele erlauben die Berechnung des Betriebsverhaltens, geben dem *Konstrukteur* jedoch noch keinen Hinweis zur Gestaltung des Gerätes. In dieser Hinsicht sind zunächst die beiden oben vernachlässigten *Verluste* zu berücksichtigen. Verglichen mit dem beabsichtigten Wärmestrom $\dot{C} \cdot Dt$ muß der *Wärmeverlust* $\dot{Q}_v$ in 2) vernachlässigbar klein sein. $\dot{Q}_v$ berechnet sich aus der Oberfläche des Wärmeübertragers und der mittleren Temperaturdifferenz des dahinter fließenden Stromes gegenüber der Umgebungstemperatur. Der Apparat ist zu isolieren, wenn $\dot{Q}_v$ ohne diese *Isolierung* zu groß würde oder, insbesondere bei Kälteanlagen, wenn Kondensation aus der Umgebungsluft zu befürchten ist.

Der *Leitungsverlust* entsteht aus der Längs-Leitung im Material des Apparates und muß ebenfalls vernachlässigbar klein gegen den beabsichtigten Wärmestrom gemacht werden. Nachdem die in Material-Art, Wandstärke und evtl. durch Übergang vom Bündelrohr- zum Rohrschlangen-Apparat gegebenen Möglichkeiten ausgeschöpft sind, bleibt die *Festlegung der Länge L* des Apparates, d. h. die Wahl zwischen einem kurzen Apparat mit großem Strömungsquerschnitt oder umgekehrt.

Bisher war stillschweigend vorausgesetzt, daß α bzw. k bekannt und nur F zu berechnen sei. Das bedeutet, daß für den W.Ü. ein bestimmter Querschnitt angenommen und nur die *Länge L* variiert wird, woraus sich die *Druckverluste* am Schluß ergeben. Falls die Druckverluste dann vorgegebenen Forderungen oder den dafür geltenden Optimierungs-Bedingungen nicht genügen, ist die Rechnung mit einer anderen Konstruktion zu wiederholen. Da die Kostenminima i. a. flach sind, reicht diese Methode meist für praktische Bedürfnisse aus, zumal z. B. die Zahl der parallel zu schaltenden Rohre sowie ganzzahlig und oft aus Symmetriegründen auf diskrete Zahlenwerte festgelegt ist, der rechnerische Strömungsquerschnitt f also konstruktiv doch nicht genau paßt. Für Aufgaben, bei denen keine Erfahrungen vorliegen und daher oft zahlreiche Rechengänge notwendig wären, und auch zur Beurteilung von Konstruktionen ist jedoch eine *geschlossene Berechnung* vorteilhaft.

Man findet eine einfache Darstellung des Grundgedankens bei E. Schmidt [15], ausführlichere bei Gregorig [117] und Grassmann [12]. Die Schwierigkeit liegt im Wesentlichen darin, einen günstigen Mittelweg zwischen handlichen Formeln und allgemeiner Anwendbarkeit zu finden.

Praktisch interessiert der Druckabfall nur in Niederdruck-Gasleitungen, man darf annehmen, daß davon nur ein Strang des W. Ü. betroffen ist, für den also Δp (1) vorgeschrieben ist. Ferner ist vorgeschrieben die Übertragungsleistung und Güte, also $\dot{Q}$ und Δt bzw. Δt_m entsprechend der Übertragungsgleichung

20) $$\dot{Q} = k \cdot F \cdot \Delta t_m = \dot{C} \cdot Dt = \dot{m} \cdot c_p \cdot Dt = \dot{V} \cdot \varrho \cdot c_p \cdot Dt = w \cdot f \cdot \varrho \cdot c_p \cdot Dt$$

In der Umschreibung ist gleich die Strömungsgeschwindigkeit w und der Strömungsquerschnitt f eingeführt, alle Größen für Strang 1.

In 20) tritt die Wärmedurchgangszahl k auf, während im Rechengang für den Strang 1 natürlich nur die Wärmeübergangszahl α (1) erfaßt werden kann. Man setzt

21) $$k = b \cdot \alpha\,(1)$$

wobei b vernünftigerweise nahe 0,5, d. h. $\alpha_1 \approx \alpha_2 \ll \lambda/d$ gesetzt werden darf. Man sollte eben konstruktiv den Wärmeübergang auf beiden Seiten der Wand etwa gleich gut machen oder — z. B. bei der Übertragung zwischen Flüssigkeit und Gas — auf der Seite des kleineren α die Fläche durch Rippen, Flossen etc. so vergrößern, daß $\alpha_1 F_1 \approx \alpha_2 F_2$ wird. Im Folgenden können die Indices 1 fortfallen.

Nun greift man am einfachsten auf die Grundlage der Prandtl'schen Grenzschicht-Theorie nach Bd. 1, III, 5 zurück und schreibt mit der Grenzschichtdicke ε:

22) $k = b \cdot \alpha = b \cdot \lambda/\varepsilon \qquad \tau = \eta \cdot w/\varepsilon$

Daraus eliminiert man sofort ε und drückt das Verhältnis η/λ durch $Pr = \nu/a = \eta \cdot c_p/\lambda$ aus, da Pr ja für das betreffende Gas als bekannt vorausgesetzt werden darf. Man erhält:

23) $$\tau = \frac{\eta \cdot w \cdot k}{b \cdot \lambda} = \frac{Pr \cdot w \cdot k}{b \cdot c_p}$$

Der Ansatz des Strömungswiderstandes liefert mit der Übertragungsfläche F und Strömungsquerschnitt f die Kraftgleichung, in die τ aus 23) und $k \cdot F$ aus 20) eingesetzt wird:

24) $$f \cdot \Delta_p = \tau \cdot F = \frac{Pr \cdot w \cdot k \cdot F}{b \cdot c_p} = \frac{Pr \cdot w \cdot w \cdot f \cdot \varrho \cdot c_p \cdot Dt}{b \cdot c_p \cdot \Delta t_m}$$

Daraus kürzt sich f und c_p, es bleibt eine Gleichung, die die Strömungsgeschwindigkeit w, die für die richtige Konstruktion benötigt wird, als Funktion der vorgeschriebenen Betriebswerte und der Stoffwerte Pr und ϱ liefert.

25) $$w = \sqrt{\frac{b \cdot \Delta_p \cdot \Delta t_m}{Pr \cdot \varrho \cdot Dt}}$$

Durch Umformung mit 20) gewinnt man den Strömungsquerschnitt, als direkte Formel geschrieben:

26) $$f = \dot{m}\sqrt{\frac{b \cdot \varrho \cdot \Delta t_m \cdot \Delta_p}{Pr \cdot Dt}}$$

Damit kann nun eine Konstruktion entworfen und weiter durchgerechnet werden. Zunächst braucht man den hydraulischen d_h oder äquivalenten Durchmesser $d_ä$ nach Bd. 1, III, 9 — welcher das genauere Resultat liefert ist strittig und offenbar von Fall zu Fall verschieden. Bei manchen Konstruktionen macht die Berechnung aus f und dem Umfang u Schwierigkeiten, dann erweitert man mit der Apparate-Länge L und benutzt Apparate-Volumen V und Übertragungsfläche:

27) $$d_{\ddot{a}} = 4f/u = 4V/F$$

Weiter wird nun α_1, α_2 (nach Bd. 1, III, 9) und daraus k berechnet, womit sich aus 20) F und schließlich die Apparate-Länge L ergibt. Die Kontrolle des Druckverlustes wird dann i. a. geringe Abweichungen vom ursprünglich vorgeschriebenen Δ_p ergeben. Falls sie unzulässig groß sind, muß die Rechnung mit einem daraus gewonnenen Korrekturfaktor $G = k/k_{ber.}$ iteriert werden, bei entsprechender Erfahrung kann man den Korrekturfaktor einer vorgesehenen Konstruktion auch im Voraus bereits abschätzen.

Die Unstimmigkeit hängt prinzipiell damit zusammen, daß die Ähnlichkeit zwischen Strömungs- und Wärme-Widerstand, hier durch die Grenzschichtdicke ε erfaßt, eben nicht exakt gilt. Formal muß man in den üblichen Formenl, die primär i. a. für das längsdurchströmte Rohr gelten, die bekannten Korrekturen für Rippenrohr, querangeströmte fluchtende oder versetzte Bündel, Krümmung, Rauhigkeit etc. anbringen, die für Wärmeübergangszahl und Strömungswiderstand etwas differieren. Technisches Interesse findet dann natürlich die Frage, ob es Konstruktionen gibt, die — z. B. durch Wirbel-Einbauten — das Verhältnis α/Δ_p vergrößern bzw. das Produkt $\Delta t_m \cdot \Delta_p$ verkleinern gegenüber der Ähnlichkeits-Erwartung. Das scheint nach bisherigen Erfahrungen nur begrenzt möglich zu sein im Übergangsgebiet zwischen laminarer und turbulenter Strömung — ein Gebiet, das i. a. nur für sehr gute und entsprechend teure Apparate infrage kommt; meist liegt man mit der wirtschaftlichsten Konstruktion im turbulenten Strömungsbereich, wo die Abweichungen von der Ähnlichkeit gering und jedenfalls kaum zur Verbesserung verwertbar sind.

Der Einbau der Formeln für Wärmeübergang und Druckverlust in den Rechengang kompliziert diesen sehr. Hier sei nur (ohne Ableitung) die Gleichung nach Grassmann [12] angegeben:

28) $F = [\dot{Q}/(b \cdot G \cdot \Delta t_m \cdot K)]^{1,41} \cdot d_h^{0,179}/(\dot{V} \cdot \Delta_p)^{0,41}$

K bedeutet darin eine Kombination der Stoffeigenschaften. Man kann aus dieser Zusammenziehung den Gesamteinfluß von Veränderungen ablesen. Die Übertragungsfläche F steigt mit der 1,41ten Potenz der Übertragungsgüte $\dot{Q}/\Delta t_m$, also stärker als proportional, da die größere Fläche bei konstantem Druckverlust nur mit kleinerer Strömungsgeschwindigkeit und daher kleinerem k zulässig ist. Der Einfluß des äquivalenten Durchmessers ist mit der 0,179ten Potenz überraschend gering, man muß aber beachten, daß das Bauvolumen des Apparates mit der Vergrößerung der Rohrdurchmesser nochmals linear, insgesamt in 1,179ter Potenz ansteigt.

Aufgabe:

Für eine Glockenboden-Rektifizierkolonne mit 800 mm li. ⌀ soll ein Dephlegmator entworfen werden, der 2,5 t Benzol/h bei Normaldruck kondensiert. Es steht Rückkühlwasser von +35 °C für 0,1 DM/m³ mit 0,5 atü zur Verfügung. Es soll Stahlrohr mit 20/18 mm ⌀ benutzt werden, das komplett verarbeitet 6 DM/m kostet.

1) Entwirf eine Konstruktion aus Haarnadeln, bestimme die Zahl der im gegebenen ⌀ unterzubringenden Z Rohre und lege mögliche Unterteilungen in n (5 bis 20) hintereinander geschaltete Gruppen aus $z = Z/n$ parallelgeschalteten Rohren zahlenmäßig sowie in der Anordnung des Rohrbodens fest.

2) Berechne überschlägig mit $k = 600$ kcal/m²h · grd für 20 000 h Rückzahlzeit die wirtschaftlich optimale Auslegung.

3) Berechne die Wärmedurchgangszahl und lege n so fest, daß sie etwa der Annahme in 2) entspricht.

4) Kontrolliere, ob der Druckabfall im Wasser zulässig ist.

7. Kristallisation

Die Fälle der Wärmeübertragung mit *Änderung des Aggregatzustandes* kann man zugleich als triviale Fälle der *Stoffübertragung* ansehen, nämlich Stoffübergang aus einer in die andere Phase. Soweit es sich dabei um die beiden fluiden Zustände handelt, ist die Besonderheit bereits in den Ansätzen der Wärmeübergangszahl bei Kondensation und Verdampfung berücksichtigt. Bei der Kristallisation ergeben sich jedoch 2 Komplikationen:

1) Es müssen Maßnahmen gefunden werden, um *die Kristalle von der Kühlfläche zu lösen.*

2) Es muß der *Wärmewiderstand der aufwachsenden Kristallschicht* berücksichtigt werden.

Da das Ablösen der Kristalle i. a. mit Verlusten verknüpft ist, entsteht ein Optimierungsproblem, ob man besser dünne Schichten in kurzen Zeitabständen ablöst oder umgekehrt.

Die geometrischen Formen müssen ein leichtes Ablösen ermöglichen, konstruktiv kommen Pyramiden- oder vor allem Kegelstümpfe in Frage. Bei der Erzeugung von Eis benutzt man die bekannten *Blockeis-Formen,* die im Solebad hängend vollständig eingefroren werden. Das Ablösen geschieht durch kurzes Tauchen in wärmeres (Frisch-)Wasser, wobei die wandnahe Grenzschicht aufschmilzt — Verlust an Kälte! — und die Blöcke aufschwimmen.

Man kommt mit kleinerer Kühlfläche und daher konzentrierteren Anlagen aus, wenn man im *Röhreneiserzeuger* immer nur eine dünne Schicht von wenigen mm Dicke gefrieren läßt und diese ablöst. Da hier meist mit direkter Verdampfung auf der Außenseite der Rohre gekühlt wird, kann das Ablösen durch Umschalten des Kältekreislaufs von Verdampfung auf Kondensation bewirkt werden.

Eine andere Lösung besteht im *Kratzkühler,* bei dem die Feststoff-Schicht auf der Innenseite eines

Kegelmantels aufwächst und durch eine rotierende „Schnecke" — Form eines konischen Gewindes — abgeschabt wird. Die der Schnecke zugeführte Antriebsleistung wird zum größten Teil als Verlust der Zerkleinerungsarbeit in Form von Wärme frei. Bei der Ermittlung des Leistungs-Maximum ist der Verlust feinkörniger Kristalle beim Sieben bzw. Filtern zu berücksichtigen. Die erforderliche Festigkeit der Konstruktion und Drehmoment der Schnecke hängen vom Kegelwinkel und Schichtdicke ab. Bei der Kristallisation aus reiner fluider Phase entstehen kompakte Schichten, deren Festigkeit noch merklich von der Unterkühlung abhängt.

Aufgabe: Berechne und konstruiere den Eiskondensator einer Gefriertrocknungsanlage für 10 kg/h, 150 kg/Charge bei −65 °C Verdampfungstemperatur von F 22 und −45 °C höchstzulässiger Oberflächentemperatur der Eisschicht.

8. Die 4 einfachen Trennaufgaben

Leitet man durch einen Strang eines Wärmeübertragers ein *Gemisch*, so tritt an den Grenzen der Phasen-Umwandlung ein *Trenneffekt* ein. Am einfachsten und daher schon hier zu behandeln sind die Fälle, in denen die entstehende Phase (praktisch) rein ist. Davon gibt es 4 Typen:

1) Bildung von festem oder flüssigem *Kondensat aus Gas-Dampf-Gemischen* beim Überschreiten der Taulinie.

2) Bildung von reinem *Dampf beim Überschreiten der Siedelinie* von Gemischen.

3) Bildung von *reinem Feststoff* (Lösungsmittel oder gelöster Stoff, je nach Konentration bezüglich Eutektikum) beim Überschreiten der *Liquidus-Linie von Lösungen.*

4) Bildung von reinem Dampf *und* Kristallen beim Eintritt in das *3-Phasengebiet Lösung, Lösungsmitteldampf und Bodenkörper.*

Die quantitativen Zusammenhänge werden in *Enthalpie-Konzentrationsdiagrammen* dargestellt, zu 1 das $h-x$-Diagramm nach Bd. I, II, 7, zu 2 bis 4 das umstehende $h-\xi$-Diagramm. Darin bewegt sich der Zustandspunkt des Gesamt-Gemisches senkrecht, d. h. bei konstanter Konzentration und teilt, nach Überschreiten der Grenzkurve, die Konode im Verhältnis

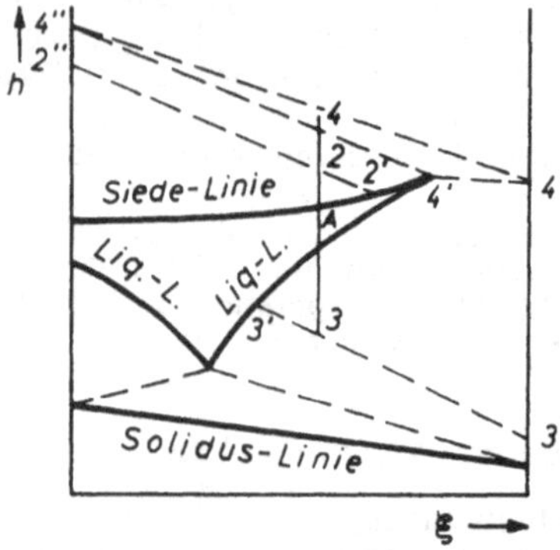

Abb. 10
$h-\xi$-Diagramm mit Trennung der Lösung A durch Kristallisation in 3′, 3^+, Eindampfen in 2″, 2′ oder Totaltrennung in 4″, 4^+

der Mengen der entstehenden Phasen. In der Skizze kann von Anfangspunkt *A* — mit mehr als eutektischer Konzentration — durch Abkühlung nach 3 die Liquidus-Linie überschritten und neben verdünnter Lösung 3′ Kristall 3^+ gebildet werden.

Bei Erwärmung wird zunächst die Siedelinie nach 2 überschritten, wobei Dampf 2″ und konzentriertere Lösung 2′ entsteht. Bei weiterer Erwärmung tritt der Zustandspunkt 4 in das 3-Phasen-Dreieck zwischen Dampf 4″, Lösung 4′ und Kristall 4^+. Die Mengenanteile ergeben sich hier aus den Regeln für Dreieck-Diagramme.

Soweit bei diesen Trennungen feste Abscheidungen entstehen, treten dieselben Schwierigkeiten auf, die im vorhergehenden Abschnitt behandelt sind. Es kommt dann allerdings bevorzugt nur noch der Kratzkühler infrage, weil die Abscheide-Temperatur meist erheblich unter dem Schmelzpunkt liegt, die Substanzen bisweilen — z. B. Zucker — das Schmelzen auch nicht mehr ohne Zersetzung aushalten.

Abscheidungen aus Gemischen entstehen i. a. in *lockerer Form,* z. B. als Reif, und sind insoweit leichter abzuschaben. Beim Wachstum schließen die Kristall-Nadeln jedoch die Mischphase ein, so daß statt einer nahezu idealen Trennung ein relativ kleiner Trennfaktor praktisch beobachtet wird. Auch im kompakten Kristall z. B. des Blockeises bemerkt man die Inhomogenität, die durch gelöste Salze und Gase entsteht.

Man gewinnt die kristallisierte Phase rein durch *Waschen* des abgeschabten Kristallbreies *am Schmelzpunkt.* Beim Trennverfahren des *Zonenschmelzens* wurden auch Konstruktionen entwickelt, bei denen ein langsam zurückweichender Schaber vorschießende Kristallnadeln abbricht und damit *Einschließungen verhindert.* Bei sehr langsamer Abscheidung tritt Selbstreinigung durch Umkristallisation ein, ob die geringe Wachstums-Geschwindigkeit der Kristallschicht dann noch wirtschaftlich ist, hängt von der Kristallform ab.

Durch die Schaber und eventuell eingebaute Sieb-, Filter-, Preß- und Austragsvorrichtungen unterscheiden sich die hier behandelten Geräte konstruktiv erheblich von einfachen Wärmeübertragern. Sofern die *Trenngeräte* eingebaut sind, erhöht sich auch die Zahl der äußeren Anschlüsse von 4 auf 5. Wir stehen damit an der Grenze, wo der Wärmeübertrager als degenerierte Form anderer Apparate-Typen anzusehen ist — z. B. der *Gleichstrom-Reaktoren* wie *Dampfkessel,* wo in einem Strang Kohle und Luft zugeführt, Rauchgas abgeführt wird, im anderen die Reaktionswärme nutzbar übernommen wird. Überträgt man die Vorgänge ins $\dot{H}-t$-Diagramm nach 2, so bemerkt man die *Anpassungsschwierigkeiten.*

Betrachtet man z. B. die Abscheidung von Wasser oder Eis aus feuchter Luft, so muß man feststellen, daß ein erheblicher Teil der aufgewandten Kälte zum *Abkühlen* der Luft verbraucht wird. Es liegt nahe, diesen Teil der Kälteleistung durch eine *innere Rückführung* zurück zu gewinnen. Man kommt damit zu nebenstehendem Gerät, das in Kap. VII als Gleichstrom-Reaktor behandelt wird, in der gleichen Form aber auch für die anderen vorstehenden Aufgaben besser geeignet ist, als der einfache Wärmeübertrager.

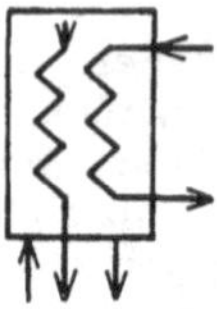

Abb. 11. Fließbild-Symbol der nicht-isotherm arbeitenden elementaren Trenn-Apparate.

III. Extraktions-Säulen

1. Stoffübertrager

Dieses und die beiden folgenden Kapitel behandeln die *Stoff-Übertrager*, wozu später noch spezialisierend „*stationär* und *adiabat*" hinzuzusetzen ist. Darin treten *2 Stoffströme in direkten Kontakt*, es muß sich also um *2 verschiedene Phasen* handeln. Die Unterteilung ergibt sich aus den Kombinationsmöglichkeiten: Bei der *Extraktion* handelt es sich um *2 flüssige Phasen*, Abgeber und Aufnehmer einer dritten, in beiden löslichen Komponente, bei der *Absorption* um je einen *Gas- und Lösungsstrom*, zwischen denen die dritte Komponente zwischen Dampf- und Kondensatzustand ausgetauscht wird, bei der Rektifikation schließlich um nur mindestens 2 Komponenten, die im *Dampf- und Flüssigkeitsstrom* verschiedene Konzentrationen annehmen.

Zufolge des direkten Kontaktes ist neben der Stoff- immer auch die *Wärmeübertragung* möglich und unvermeidbar, sie spielt aber praktisch fast nur als Übertragung von latenter Wärme, also vor allem bei der *Absorption* eine Rolle. Die hier gewählte Reihenfolge entspricht der steigenden Schwierigkeit, nicht der Bedeutung, wonach die Rektifikation an erster Stelle stehen müßte.

Die Erzeugung einer großen *Phasengrenzfläche* ist relativ einfach und billig — jedenfalls viel billiger als Wandflächen in Wärmeübertragern — möglich, so daß die Idealisierung unendlich großer Fläche, völliger *Gleichgewichtseinstellung* hier eine brauchbare Näherung für technische Apparate darstellen kann. Daraus ergibt sich eine Unterteilung in 2 Typen, sowohl hinsichtlich der Konstruktion, als auch hinsichtlich der Berechnung:

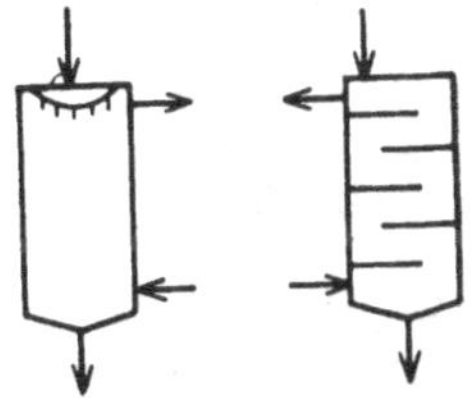

Abb. 12. Fließbild-Symbol der (adiabaten) Stoffübertrager, links Sprühdüsen-, rechts Boden-Apparat.

Der *„theoretische Boden"* ist definiert als ein Austauscher, in dem die beiden Phasen bzw. Ströme in sich *keine Konzentrationsunterschiede* haben und sich untereinander ins *Gleichgewicht* einstellen. Das konstruktive Analogon ist der Sieb-, Glocken- oder Ventil-Boden, bei der Extraktion die Misch-Pumpe etc. Als *Bodenwirkungsgrad* wird das Verhältnis der Zahl theoretischer Böden zur Zahl der zu ihrer funktionellen Realisierung erforderlichen praktischen Böden bezeichnet. Wenn man die — entgegen der Definition — zwischen Zu- und Abfluß auf dem Boden vorhandenen Konzentrationsunterschiede auf *Ringböden* ausnutzt, wird die theoretische Grenze des Bodenwirkungsgrades größer als 1, der praktische rückt zumindest nahe an 1 heran.

Bei der anderen konstruktiven Lösung findet der Gegenstrom-Stoffaustausch entlang einer definierten, bestimmt endlichen Fläche statt, die dynamisch durch fallende Tropfen aus *Sprühdüsen*, aufsteigende Blasen in gefluteten *Blasenkolonnen* oder durch statische Festlegung mit *Füllkörpern* gegeben ist. Als Füllkörper kommen Raschigg-*Ringe* (Durchmesser gleich Länge), neuerdings durchbrochen oder aus Maschengewebe, Drahtwendeln etc., ferner Berl-*Sättel* oder allgemeine Körper etwa kugeliger Form infrage, die sich beim losen Einschütten in die Kolonnen nicht in Vorzugsrichtungen ordnen. Hierbei kann die Stoffübertragung längs der Fläche analytisch berechnet werden, als angemessenes Maß ergibt sich z. B. diejenige Höhe, in der eine anfänglich vorhandene Abweichung vom Gleichgewicht sich auf die Hälfte verringert: *Halbwert-Austauscher.*

Konstruktion und Rechengang schließen einander nicht aus, man kann in der Füllkörpersäule die Höhe berechnen oder experimentell ermitteln, die dem Effekt eines theoretischen Bodens entspricht: *Äquivalenthöhe,* oder umgekehrt angeben, wieviel Halbwert-Austauschern ein praktischer oder auch theoretischer Boden entspricht. Im folgenden beschränken wir uns zunächst auf die Boden-Methode der Berechnung, als allgemeines Fließbild-Symbol wird dementsprechend das mit angedeuteten Böden bevorzugt.

2. Extraktion bei gegenseitig unlöslichen Trägern

Da auch Vorgänge wie Kochen von Kaffee oder Tee als „Extraktion" zu bezeichnen sind, ist das hier interessierende als *„flüssig-flüssig-Extraktion"* zu präzisieren. Entsprechend Abb. 13 sei angenommen, daß der *Abgeber*-Strom $\dot{m}_l$ die kleinere, der *Aufnehmer*-Strom $\dot{m}_s$ die größere Dichte haben. Dementsprechend ist der Zustrom $\dot{m}_{zl}$ und der Abstrom $\dot{m}_{as}$ unten, die eigentliche Trennung der Phasen erfolgt durch die *Schwerkraft.* Der Aufnehmer-Abfluß heißt *Extrakt,* der Abgeber-Abfluß *Raffinat.*

Es kann praktisch allgemein angenommen werden, daß beide Zuströme gleiche (Umgebungs-)Temperatur haben und beim Übergang der gelösten Komponente aus dem Abgeber in den Aufnehmer keine (Differenz der) Lösungswärme in Erscheinung tritt, so daß der ganze Vorgang *isotherm* abläuft und die *Wärmebilanz nicht benötigt* wird. Es bleiben die Stoffbilanzen für die 3 beteiligten Stoffe. Im einfachsten Fall besteht *keine merkliche Löslichkeit* zwischen den Trägern $\dot{m}_1$ und $\dot{m}_2$, sie gehen also unverändert durch den Apparat:

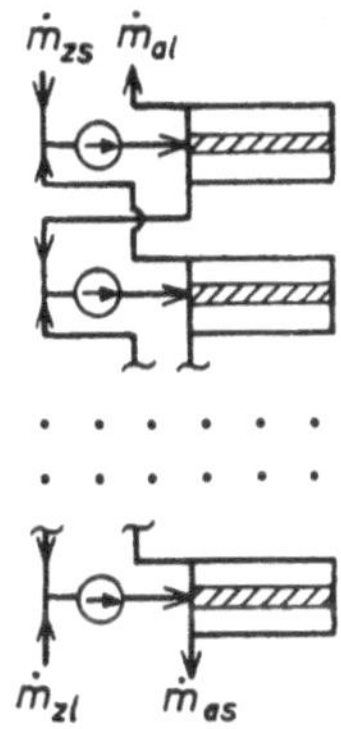

Abb. 13. Konstruktives Fließbild des Stoffübertragers mit Mischpumpen und Absetzbehältern.

29) $\dot{m}_{1z} = \dot{m}_{1a} = \dot{m}_1$

$\dot{m}_{2z} = \dot{m}_{2a} = \dot{m}_2$

Bei dieser Sachlage ist es zweckmäßig, als *Konzentrationsmaß* kg gelöstes/kg Träger zu wählen, es sei x die Konzentration im Abgeber $\dot{m}_1$ und y die im Aufnehmer $\dot{m}_2$. Praktisch darf man bei kleinen Konzentrationen auch andere Maße (kg/m³, mol/Ltr) benutzen. Da nun der vom Abgeber abgegebene Stoffstrom $\dot{m} \cdot dx$ in den Aufnehmer gehen muß, gilt die 3. Stoffbilanz:

30) $\dot{m}_1 dx = \dot{m}_2 dy \quad \dot{m}_1/\dot{m}_2 = dy/dx = (y_a - y_z)/(x_z - x_a)$

30) stellt im y–x-Diagramm eine Gerade dar, die *Betriebsgerade,* auf der alle zueinander gehörenden Konzentrationen in der Kolonne liegen müssen. *Zusammengehörige Konzentrationen* entnimmt man Abb. 13 insbesondere in den gegenläufig durchlaufenen (sich kreuzenden) Leitungen zwischen den Abscheidern und den Pumpen, die also durch *Punkte der Betriebsgeraden* dargestellt werden.

In den Pumpen und Abscheidern findet der Stoffaustausch statt, die Konzentrationen müssen sich also ändern. In der Definition des theoretischen Bodens liegt jedoch die Annahme, daß die Konzentrationsänderung vollständig zum *Gleichgewicht zwischen den vom Boden abfließenden Strömen* geht. Das bedeutet, daß der zum oberen Boden mit x_{i+1} und zum nächstunteren Boden mit y_i abfließende Strom mit ihren Konzentrationen einen *Punkt der Gleichgewichtskurve* darstellen müssen.

Es ist daher nach Abb. 14 nur erforderlich, die gemessenen, zueinander gehörigen Gleichgewichtskonzentrationen des betreffenden Systems neben der Betriebsgeraden ins $x-y$-Diagramm einzuzeichnen, dann findet man die *Zahl der theoretischen Böden als Zahl der Treppenstufen* (exakt: Punkte auf der Gleichgewichtskurve) *zwischen Betriebsgerade und Gleichgewichtskurve.* Anfang und Ende ist natürlich durch die 4 Zu- und Abflußkonzentrationen, 2 Punkte der Betriebsgeraden festgelegt. Die Zahl der Treppenstufen wird i. a. keine ganze Zahl sein, man interpoliert die letzte Stufe, erhält also eine gebrochene Zahl von theoretischen Böden und deren Division durch den Bodenwirkungsgrad liefert die Zahl der praktischen Böden bzw. hier Pumpen und Abscheider. Diese praktische Zahl ist dann natürlich nach oben abzurunden.

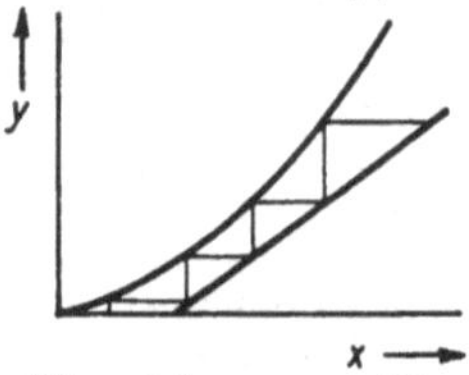

Abb. 14. $y-x$-Diagramm der Extraktion. Oben Gleichgewichts-Kurve, unten Betriebsgerade, dazwischen Stufen-Konstruktion der Zahl der theoretischen Trennböden

In Erinnerung an das System der *Fundamentalgleichungen* stellt man fest, daß Gruppe 1 durch 29) und 30), das Gleichgewicht durch die Kurve und die Friktion, Gruppe 4 durch den Bodenwirkungsgrad berücksichtigt ist, während Gruppe 2, die Wärmebilanz, hier trivial wird. Es bleibt Gruppe 5, die *wirtschaftliche Optimierung.* Trägt man nach Abb. 15 die *Kosten* über der *Bodenzahl* auf, so steigt natürlich die *Anlagen-Amortisation* etwa linear an. *Betriebskosten* ergeben sich — abgesehen von den meist vernachlässigbaren Pump-Kosten — durch *Verluste an Aufnehmer* infolge einer trotz Zulässigkeit dieser Behandlung etwa vorhandenen geringen Löslichkeit des Aufnehmers im Raffinat und vor allem durch die notwendige *Aufarbeitung des Extrakts,* seine Trennung in reinen gelösten Stoff und reinen Aufnehmer, der wieder in die Kolonne *zurückgeht.* Die *Aufarbeitungskosten* sind der Stromstärke $\dot{m}_2$ annähernd *proportional,* man muß also zunächst die *Abhängigkeit zwischen* $\dot{m}_2$ *und Bodenzahl* feststellen. In einem Grenzfall $\dot{m}_2 \rightarrow \infty$ wird die *Bodenzahl* natürlich *zu Null,* ebenso die Extrakt-Konzentration (bzw. bleibt diese gleich: $y_z = y_A$).

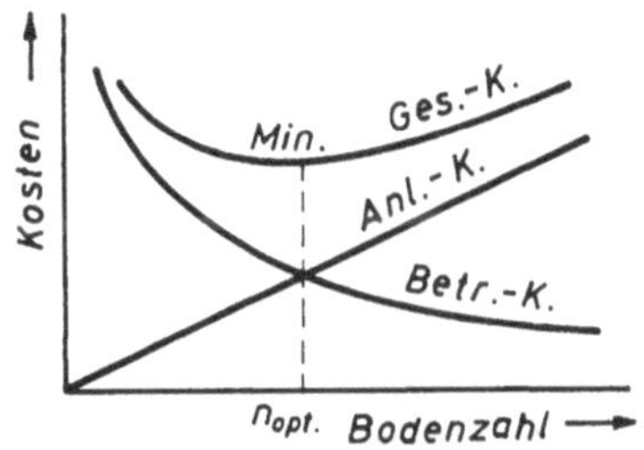

Abb. 15. Kosten-Diagramm, hier mit Bodenzahl als Abszisse. Das Minimum liegt meist bei vergleichbarer Größe beider Einzelkosten, aber nicht im Schnittpunkt der Kurven, sondern an der Stelle gleicher Steilheit.

Der andere Grenzfall, minimaler Aufnehmer-Strom $\dot{m}_{2min}$, ergibt sich aus der Bedingung, daß die *Betriebsgerade* natürlich *ganz unterhalb* — bzw. bei Umkehrung der Extraktion ganz oberhalb — der *Gleichgewichtskurve* verlaufen muß, im Grenzfall diese gerade berühren darf. Aus der *Steilheit der Tangente* erhält man also $\dot{m}_{2min}$, das zu *unendlicher Bodenzahl* gehört.

Man zeichnet je nach Bedarf einige zwischen den theoretischen Grenzen liegende Lösungen und trägt die gefundenen Kosten und die Summe aus Amortisation und Betriebskosten in ein Kostendiagramm entsprechend Abb. 15 ein. Das *Kostenminimum* liefert die wirtschaftlich *optimale Lösung*.

3. Berechnung bei linearem Gleichgewicht

Das *graphische Verfahren* wird bei extrem *kleinen Abflußkonzentrationen* x_a ungenau und bei *großen Bodenzahlen* unhandlich, insbesondere wenn eine Stromstärke für gegebene Bodenzahl gesucht werden soll. Nun geht bei kleinen Konzentrationen die *Gleichgewichtskurve* in *eine Gerade* über (konstanter *Verteilungskoeffizient*, Gesetz von Nernst). Für diesen Fall gilt eine *analytische Lösung* von Kremser.

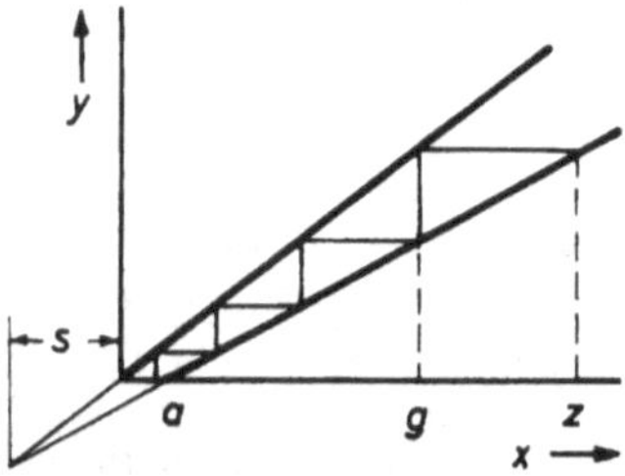

Abb. 16. y–x-Diagramm mit geradem Gleichgewichtsverlauf, zur Ableitung der Kremser-Formel.

Nach Abb. 16 seien die Abgeber-Konzentrationen zugrundegelegt und lediglich die *Indices* benutzt, also z statt x_z, a statt x_a. Durch die Lage der Betriebsgeraden liegt y_z und damit der *erste Gleichgewichtspunkt* y_z, $x_g = g$ fest, weiterhin findet man durch Verlängern der beiden Geraden die *Schnittpunkt-Koordinate* $s\,(= -x_s)$. Man liest nun zunächst aus der Figur eine Proportion ab, die s liefert:

31) $$(z-g)/a = (g+s)/s \qquad s = a \cdot g/(z-g-a)$$

Zeichnet man nun eine Treppenfolge, wobei g ja eigentlich die 1. Stufe, die nächste daher mit g_2 u. s. f. zu bezeichnen ist, so ist die Verkleinerung von Stufe zu Stufe konstant:

32) $$(z+s)/(g+s) = (g+s)/(g_2+s) = (g_2+s)/(g_3+s) = \ldots$$

Da nun $g_n = a$ wird und man durch Umformen der 1. Gleichung findet:

33) $(z+s)/(g_2+s) = ((z+s)/(g+s))^2$

ergibt sich für die Beziehung zur letzten, n-ten Stufe:

34) $(z+s)/(a+s) = ((z+s)/(g+s))^n$

Setzt man darin s nach 31) ein, so findet man schließlich:

35) $(z-g)/a = ((z-a)/g)^n$

Damit kann zu gegebenen Betriebsbedingungen z, g, a die *Bodenzahl* oder auch, allerdings nicht ganz so einfach, eine der 3 Betriebsbedingungen berechnet werden. $(z-a)/g$ wird *Absorptionsfaktor* (pro Stufe) genannt.

Aufgabe: Gesättigte Phenol-Lösung mit 0,87 mol/Ltr soll mit A:0,46, B:0,5 Ltr Benzol/Ltr. Wasser extrahiert werden auf einen Restgehalt von 10^{-5} mol/Ltr. Die Gleichgewichtswerte sind:

mol/Ltr. Wasser:	0,0272	0,1013	0,3660
Mol/Ltr. Benzol:	0,062	0,279	2,978

Bestimme die erforderlichen theor. Bodenzahlen: zunächst graphisch oberhalb der kleinsten Gleichgewichts-Konzentration d. Tab., dann analytisch für den geraden Rest der Gleichgewichtskurve.

4. Bilanzen bei 3-Stoff-Löslichkeit

Man wird natürlich bemüht sein, ein *Extraktionsmittel* zu finden, dessen *Löslichkeit* im Abgeber so gering ist, wie oben vorausgesetzt, daß sie also in den Bilanzen vernachlässigt werden kann und nur für die Wirtschaftlichkeit noch eine Rolle spielt. Trotzdem muß aber auch der Fall einer *beschränkten Löslichkeit* behandelt werden, nicht zuletzt als Übungsbeispiel für den Umgang mit *Bilanzgleichungen.*

Für die graphische Darstellung der 3-Stoff-Gemische mit Mischungslücke wird wieder das *Dreieckdiagramm* nach Abb. 17 benutzt, für das in Bd. 1, II, 14 bereits die *Gleichgewichte* und *Konoden-Interpolation* behandelt war. Die beiden *Träger* (Abgeber und Aufnehmer) werden mit A und B, der in beiden *lösbare Stoff* mit C bezeichnet. Weiter muß unterschieden werden die *leichte Phase* (l), die am Kopf der Kolonne austritt und die *schwere* (s), die die Kolonne von oben nach unten durchströmt.

Da nun hier *alle drei Komponenten* (A, B, C) von der leichten in die schwere Phase *übergehen* können und umgekehrt, bleibt keiner der Teilströme konstant, man kann also die Konzentrationen nicht darauf beziehen. Die folgende Rechnung wird mit *Massenströmen* $\dot{m}$ und *Massenkonzentrationen* ξ durchgeführt, man könnte in gleicher Weise in Mol rechnen.

Man gewinnt Ansatz und *Invarianten der Bilanzgleichungen* durch die Überlegung, daß in der Kolonne *kein Massenstrom verschwinden* oder entstehen kann, daß also ein in irgendeinem Querschnitt z. B. nach oben *transportierter Überschuß-Strom* dann auch weiterströmen muß bis zum oberen Ausgang. Der Überschuß-Strom oder *Förderstrom* sei mit $\ddot{U}$ bezeichnet, man erhält für die 3 Komponenten:

36) $\ddot{U}_A = \dot{m}_{A1} - \dot{m}_{As} \quad \ddot{U}_B = \dot{m}_{B1} - \dot{m}_{Bs} \quad \ddot{U}_C = \dot{m}_{C1} - \dot{m}_{Cs}$

Wegen der vorhandenen, wenn auch geringen Löslichkeit zwischen A und B muß auch für diese Komponenten mit den Förderströmen gerechnet werden. Da der *Ansatz formal* symmetrisch gewählt ist, muß einer der beiden Förderströme *negativ* werden, $\ddot{U}_C$ sollte natürlich gegen *Null* gehen. Es wird die Summe der 3 Ströme $\ddot{U}$ gebildet und die Konzentrationen $\xi_A = \ddot{U}_A/\ddot{U}$, $\xi_B = \ddot{U}_B/\ddot{U}$ definiert. Wegen des negativen Vorzeichens — auch einer Konzentration — sind das *formale Rechengrößen,* denen keine physikalisch möglichen Gemische entsprechen. Indem man weiterhin die realen, variablen Konzentrationen und die *variablen Gesamtströme* $\dot{m}_1 = m_{A1}/\xi_{A1} = m_{B1}/\xi_{B1} = m_{C1}/(1 - \xi_{A1} - \xi_{B1})$ und analog $\dot{m}_s$ einführt, erhält man nun unsymmetrisch:

37) $\ddot{U}_A = \xi_{A1}\dot{m}_1 - \xi_{As}\dot{m}_s = \ddot{U}\xi_A \qquad \ddot{U}\xi_B = \xi_{B1}\dot{m}_1 - \xi_{Bs}\dot{m}_s$

$$\ddot{U} = \dot{m}_1 - \dot{m}_s .$$

Mit der letzten Gleichung eliminiert man $\dot{m}_s$ und löst die verbleibenden nach $\dot{m}_1/\ddot{U}$ auf:

38) $$\left(\frac{\dot{m}_1}{\dot{U}}=\right)\frac{\xi_A-\xi_{As}}{\xi_{A1}-\xi_{As}}=\frac{\xi_B-\xi_{Bs}}{\xi_{B1}-\xi_{Bs}}$$

Das ist aber in jedem $\xi_A - \xi_B$-Diagramm, insbesondere in dem zweckmäßigen Dreieck-Diagramm, die *Gleichung aller Geraden durch den Pol mit den Koordinaten* ξ_A, ξ_B. Die Geraden seien wieder als *Querschnittsgeraden* bezeichnet, sie verbinden die in jedem Querschnitt der Extraktionssäule zusammengehörigen Konzentrationen der beiden Phasen.

5. Gleichgewichte und Funktionsbedingungen

Für die *Funktion* der *Extraktionssäule* ergibt sich hier die *Treppenkonstruktion* aus *abwechselnd Konoden und Querschnittsgeraden im Dreieckdiagramm* Abb. 17.

Für die weitere Diskussion sei angenommen, die leichte Phase sei die *A*-reiche, also $\xi_{A1} > \xi_{As}$, $\xi_{Bs} > \xi_{B1}$. Das bedeutet nach 37), daß $\dot{U}_A$ positiv, $\dot{U}_B$ negativ wird.

Weiter darf man allgemein annehmen, daß $\dot{U}_C$ klein gegen die anderen Förderströme ist, dann ist

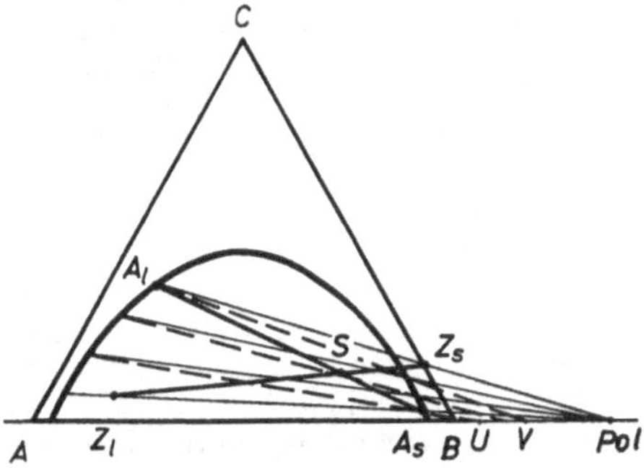

Abb. 17. Dreieck-Diagramm mit Grenzkurve der Mischungslücke. Konstruktion der Bodenzahl als Zahl der Stufen aus Konode (gestrichen) und Querschnittsgerade durch den Pol

aber ξ_A größer oder kleiner als Null (d. h. positiv oder negativ), wenn $\ddot{U}_A$ größer oder kleiner als $\ddot{U}_B$ ist.

Im Dreieckdiagramm ist die *Basis* $A-B$ zugleich *Konode* der *C*-freien Gemische, auf oder nahe ihrer Verlängerung muß daher der Pol liegen, weil die Basis zugleich Ort aller Punkte mit $\xi_C=0$ ist.

Nun schneiden die *Verlängerungen der Konoden* die Basis bzw. deren Verlängerung in einem Bereich $U\,..\,V$, der z. B. rechts von *B* liege. Liegt der Pol ebenfalls rechts von *B*, so bedeutet das, daß ξ_A negativ und $\ddot{U}_A < \ddot{U}_B$ ist.

Die Betriebs- und *Übertragungsbedingung* verlangt nun, daß *alle Konoden die Betriebsgeraden gleichsinnig schneiden,* die Übertragung erfolgt in der Richtung, in der die Konoden *steiler* als die Querschnittsgeraden ansteigen.

In der Skizze liegt der Pol rechts von *V*, die gestrichenen Konoden steigen nach links steiler an, die Übertragung der Komponente *C* erfolgt also aus dem Strom *B* in den kleineren Strom *A*, wobei eine Anreicherung von *C* erreicht wird.

Wenn der Pol in der Skizze zwischen *B* und *U* läge, würde die Übertragung umgekehrt von *A* nach *B* verlaufen. Es gibt folgende *Grenzfälle:* Pol in *A* oder *B*, unendliche Verdünnung bei kleinster Bodenzahl. Pol in *U* oder *V*, kleinste Verdünnung bzw. größte Anreicherung bei unendlicher Bodenzahl und Pol im Unendlichen, beide Ströme gleich groß, Querschnittsgerade waagrecht.

Die Lage der Randkurve der Mischungslücke und der Konoden ist eine *Realeigenschaft*, die nur experimentell ermittelt werden kann. Die Abhängigkeit vom Druck ist i. a. gering, jedoch kann eine Änderung der Temperatur die Konoden und Randkurve beträchtlich verändern. Zunächst müssen offenbar diese Eigenschaften festgestellt und das günstigste Extraktionsmittel und die günstigste Betriebstemperatur ermittelt werden. Es erscheint vorteilhaft, wenn man mit kleinem Strom an Extraktionsmittel und Anreicherung von *C* arbeiten kann — das ist von der Neigung der Konoden abhängig. Weiterhin sollte aber offenbar die Mischungslücke möglichst breit sein, damit wenig *A* in *B* und *B* in *A* übertragen wird. Wirtschaftlich kritisch ist vor allem der Verlust des teuren Lösungsmittels im abfließenden billigen.

Wenn das Diagramm vorliegt und eine passende Lage des Poles gewählt ist, gibt die Treppenkonstruktion die Zahl der theoretischen Böden. Weiterhin interessiert dann aber das *Verhältnis der Stromstärken*, das zu dem gewählten Pol gehört, sowie die Konzentrationen der zu- und abfließenden Ströme. Mathematisch ist dieser Teil der Fragestellung als *Randwert-Problem* anzusehen und wiederum im wesentlichen aus den *Bilanzgleichungen* separat zu lösen.

Der einfacheren Vorstellung halber sei angenommen, daß das *A*-reiche Gemisch die leichte, das *B*-reiche die schwere Phase bildet. Der Zuflußzustand des Abgebers Z_s wird i. a. $\xi_A=0$ haben, also ein Zweistoff-Gemisch aus *B* und *C* sein. Z_l ist das aus der Aufbereitung zurückkommende Extraktionsmittel, das i. a. ein 3-Stoff-Gemisch mit Resten von *C* und *B* sein wird. Beide Zustände müssen auf den Querschnittsgeraden der unteren und oberen Grenze der Säule liegen. Die Zustände der beiden austretenden Ströme liegen auf *denselben* Querschnittsgeraden, jedoch auf der Randkurve der *Löslichkeitsgrenze*. Verbindet man nun Z_l mit Z_s und die beiden Austrittszustände untereinander mit Geraden, so sind diese der *Ort aller* nach den Bilanzsummen *möglichen Kombinationen*, der Schnittpunkt der beiden Geraden liefert die aus Bilanzgründen übereinstimmende Stoffsumme der Ein- und Austretenden Ströme. Nach der allgemeinen Geometrie dieser Diagramme teilt aber der *Massenschwerpunkt* die Geraden im *Ver-*

hältnis der Mengen, es ist also $\dot{m}_{zs}/\dot{m}_{zl} = Z_l \ldots S/Z_s \ldots S$. Damit ist zu gegebener *Stromstärke* $\dot{m}_{zs}$ des zu extrahierenden Gemisches die Stromstärke des Extraktionsmittels $\dot{m}_{zl}$ festgelegt. Das Teilungsverhältnis der anderen Geraden liefert die relativen *Stromstärken* der beiden *Abflüsse.*

Die *analytische Lösung* geht davon aus, daß die Summen der zu- und abfließenden Ströme insgesamt und für jede Komponente gleich sein müssen. Das liefert 3 Gleichungen. Damit kann entweder, bei gegebenen Zuständen (Konzentrationen) der 4 Zu- und Abflüsse und einem Massenstrom die 3 übrigen oder mit 3 Zuständen und den Massenströmen der 4-te Zustand berechnet werden.

Zweckmäßig wird zusätzlich *Gesamtstrom* und *Schwerpunkt-Konzentrationen* mit eingeführt. Die Gesamtstrom-Gleichung lautet dann:

39) $$\dot{m}_S = \dot{m}_{zs} + \dot{m}_{zl} = \dot{m}_{as} + \dot{m}_{al}.$$

Da ja nur die Stromstärke-Verhältnisse interessieren, führt man diese ein, es sei z. B. definiert mit dem Gesamt(Schwerpunkt *S*)-Strom:

40) $$\Sigma_{zs} = \dot{m}_{zs}/\dot{m}_S \qquad \Sigma_{as} = \dot{m}_{as}/\dot{m}_S$$
$$(1-\Sigma_{zs}) = \dot{m}_{zl}/\dot{m}_s \; (1-\Sigma_{as}) = \dot{m}_{al}/\dot{m}_S$$

Damit wird 39) trivial, es sind aber statt 4 Ströme nur noch 2 Stromverhältnisse im Spiel. Damit schreiben sich die beiden anderen Bilanzgleichungen — hier für die Komponenten *B* und *C* nebst Schwerpunkt *S:*

41) $$\Sigma_{zs}\xi_{Bzs} + (1-\Sigma_{zs})\xi_{Bzl} = \Sigma_{as}\xi_{Bas} + (1-\Sigma_{as})\xi_{Bal} = \xi_{BS}$$
$$\Sigma_{zs}\xi_{Czs} + (1-\Sigma_{zs})\xi_{Czl} = \Sigma_{as}\xi_{Cas} + (1-\Sigma_{as})\xi_{Cal} = \xi_{CS}.$$

Sind nun die 4×2 *Konzentrationen* gegeben, so löst man diese 2 Gleichungen nach den Unbekannten Σ_{zs} und Σ_{as} auf (und kann durch Einsetzen einer davon die Schwerpunkt-Konzentrationen aus 41) berechnen):

42) $$\Sigma_{zs} = \frac{(\xi_{Bal}-\xi_{Bzl})(\xi_{Cas}-\xi_{Cal}) - (\xi_{Bas}-\xi_{Bal})(\xi_{Cal}-\xi_{Czl})}{(\xi_{Bzs}-\xi_{Bzl})(\xi_{Cas}-\xi_{Cal}) - (\xi_{Czs}-\xi_{Czl})(\xi_{Bas}-\xi_{Bal})}$$

$$\Sigma_{as} = \frac{(\xi_{Bal} - \xi_{Bzl})(\xi_{Czs} - \xi_{Czl}) - (\xi_{Cal} - \xi_{Czl})(\xi_{Bzs} - \xi_{Bzl})}{(\xi_{Bzs} - \xi_{Bzl})(\xi_{Cas} - \xi_{Cal}) - (\xi_{Czs} - \xi_{Czl})(\xi_{Bas} - \xi_{Bal})}$$

Sind andererseits z. B. die beiden *Zufluß-Konzentrationen* und *-Stromstärken* (also Σ_{zs}) und *eine der Abfluß-Konzentrationen,* z. B. des Extraktes, gegeben bzw. vorgeschrieben, so berechnet man aus 41) zunächst die Schwerpunkt-Konzentration ξ_{BS} und ξ_{CS}. Indem man aus den übrigen Gleichungen von 41) Σ_{as} eliminiert, erhält man:

43) $$\xi_{Bas}\xi_{CS} - \xi_{Bas}\xi_{Cal} - \xi_{Bal}\xi_{CS} = \\ = \xi_{Cas}\xi_{Bs} - \xi_{Cas}\xi_{Bal} - \xi_{cal}\xi_{Bs}$$

Nach Einsetzen der bekannten Konzentrationen ist das die Gleichung einer *Geraden im Dreieck-Diagramm* (zwischen ξ_{Bas}, ξ_{Cas} oder ξ_{Bal}, ξ_{Cal}), deren Schnittpunkt mit der Grenzkurve der Mischungslücke die fehlenden Abfluß-Konzentrationen liefert. Damit ergibt dann 42) das noch fehlende Abfluß-Verhältnis.

6. Friktion und Konstruktion

Bei der *Beurteilung* von Extraktionssäulen und ihrem Vergleich mit Wäschern oder Rektifikations-Übertragern ist zu beachten, daß hier der Raumbedarf der Gasphase wegfällt, der die Größe der andern Stoffübertrager maßgebend bestimmt. Die *Durchsatzleistung des Apparate-Volumens* ist hier also erheblich größer als dort. Dafür werden bei den einigermaßen handlichen Apparaten dann vielfach mechanische *Dreh- oder Hub-Rührer* angewandt, um den Stoffübergang zu verbessern. Das hat folgenden Grund:

Meist ist eine Phase als Tropfen *dispergiert*. Welche das ist, hängt von Betriebsbedingungen, Stromverhältnis etc. ab, bisweilen tritt auch durch geringe Zusätze, die die Oberflächenspannung beeinflussen, *Phasenumkehr* ein. Nun hängt die *Fall- oder Steiggeschwindigkeit der Tropfen* von Dichteunterschied, der Zähigkeit und der Tropfengröße ab, *große Trop-*

fen bewegen sich schneller und vereinigen sich auch wieder *schneller* zur reinen Phase für die Entnahme. Andererseits hängt die Stoffübertragung von den Diffusions- und Stoffübergangszahlen ab; da die Bewegung i. a. laminar ist, wird der *Stoffübergang* sich *um so schneller* dem Gleichgewicht annähern, *je kleiner die Tropfen,* d. h. je größer die Flächen pro Volumeneinheit sind. Weil also Bewegungs- und Stoffübertragungsgeschwindigkeit *gegenläufig* vom Tropfendurchmesser abhängen, gibt es eine *optimale Tropfengröße,* bei der der Gesamt-Zeitbedarf für Stoffübertragung, Bewegung und Phasentrennung am kleinsten ist. Um diese optimale Tropfengröße in der Säule einzustellen und zu erhalten und damit maximalen Durchsatz zu erreichen, setzt man die mechanischen Rührwerke ein.

Die *Hemmungen des Stoffüberganges* sind bei der Extraktion größer, als z. B. bei der Rektifikation, der konstruktive „Boden" hat daher i. a. einen Bodenwirkungsgrad, der klein gegen 1 ist, der „theoretische Boden" wird zu einer bloßen Rechengröße. Man hat jedoch die Lösung nach Abb. 13 entwickelt, bei der anstelle des „Bodens" eine Misch- und Rührpumpe eingesetzt wird, die eine sehr feine Dispergierung erzwingt und damit tatsächlich die Einstellung des Gleichgewichtes praktisch erreicht. Dabei wird indessen die Tropfengröße erheblich unter den oben erläuterten optimalen Wert verkleinert, es muß ein ziemlich großer Abscheider nachgeschaltet werden, um die nachfolgende Trennung zu erreichen. Die getrennten Phasen werden dann von der vorhergehenden bzw. folgenden Pumpe angesaugt. Die „Kolonne" besteht also aus einer Serie von kreuzweise gekoppelten Pumpen und Abscheidern, Durchsatz und *„Hold-up"* (Betriebs-Inhalt) der Anlage ist durch die *Abscheider* bestimmt. Bisweilen ist es wirtschaftlicher, die mittleren Abscheider zu klein zu wählen, sodaß eine Phase trübe bleibt, und erst die letzten Abscheider für völlige Trennung und Klärung zu dimensionieren.

Eine spezielle Konstruktion arbeitet mit *rotierenden Scheiben* auf einer waagrechten Achse. Die Scheiben werden von der einen Phase, in die sie eintauchen, *benetzt*. Hier ist also keine der beiden Phasen als Tropfen dispergiert, die *Austauschfläche* ist nur durch den *Film auf den Scheiben* gegeben.

Bei *Füllkörperkolonnen* ist zu beachten, daß die Tropfen jedenfalls kleiner als der Füllkörper-Durchmesser bleiben müssen, da sie sonst durch *Kapillarkräfte* in den Füllkörpern festgehalten werden und damit — bei den relativ geringen Dichteunterschieden der Phasen — die Kolonne verstopfen. Da die großen Tropfen sich schneller bewegen, holen sie die kleinen ein und „fressen sie auf", die *Tropfengröße wächst* also entlang der Bewegungsrichtung, in einem gewissen Abstand müssen Rührer angebracht werden, um die Vergrößerung wieder rückgängig zu machen.

Das eigentliche Funktionsprinzip der Füllkörper-Kolonnen: auf den Füllkörper-Oberflächen abfließende *Filme*, kann in Extraktions-Kolonnen erst bei Füllkörper-Durchmessern oberhalb etwa 2 cm zur Wirkung kommen, dann ist aber Volumen- und Zeitbedarf der Stoffübertragung schon ungünstig hoch.

Da Gleichgewichts- (Konoden und Löslichkeitsgrenzen im Dreieck-Diagramm) und Friktionsgrößen (Abhängigkeit der Zähigkeit etc. von Konzentration, Druck, Temperatur) hier kaum aus theoretischen Ansätzen abschätzbar sind, wird ein *Extraktionsverfahren* in der Praxis meist direkt *empirisch entwickelt:* Man probiert die günstigste Betriebstemperatur, Stromstärke-Verhältnis, Strömungsgeschwindigkeit, Tropfengröße, Säulenhöhe etc. an einer anpassungsfähigen *Laborapparatur* aus und überträgt die Ergebnisse nach Ähnlichkeitsgesetzen auf die Großausführung. Es erübrigt sich dann die Messung aller thermischen Größen, es muß nur die Erzeugung der optimalen Tropfengröße sichergestellt werden.

7. Sonderfälle

Als Abschluß müssen noch einige *Anwendungen* besprochen werden, die sich der *konstruktiven Elemente der Stoffübertrager* bedienen, damit jedoch andere Wirkungen erzielen.

Als Spezialfall der Extraktion ist der *Ionenaustausch* anzusehen. Ionenaustauscher sind harzartige, normalerweise feste Stoffe mit anorganischen Ionen-Bindungen. Bei den Kationen können Metalle durch Wasserstoff ersetzt und mit Säuren nachher wieder ausgetrieben werden. Damit wird z. B. *Enthärtung des* Wassers durch Bindung der Ca^{++}-Ionen erreicht, auch *Vollentsalzung* mit Kat- und Anionenaustauschern ist möglich. Während die übliche Anwendung mit festem Sorbens im *Sorptiv-Regenerator* gemäß Kap. VI erfolgt, kann man *flüssige Ionenaustauscher* herstellen, indem man geringe Konzentrationen der Austauscher-Substanz in organischen Lösungsmitteln löst. Wenn die Löslichkeit der organischen Substanzen in Wasser — das fast ausschließlich als Ionenträger interessiert — verschwindet, kann dann der Ionenaustausch in Extraktionsapparaten durchgeführt werden. Man gewinnt den Vorteil, *stationär* statt *periodisch* arbeiten zu können, nachteilig ist eine meist verbleibende geringe *Löslichkeit*, die zu Austauscher- und Lösungsmittel-*Verlust* führt.

Der Grundgedanke der Ausnutzung der Unlöslichkeit führt zur *reinen Wärmeübertragung mit Extraktionskolonnen*, z. B. zwischen See- und Süßwasser mittels eines koppelnden Ölstromes in 2 Extraktionssäulen. Das ist bei großen Anlagen wesentlich billiger, als die Wärmeübertragung durch Rohr- oder Blechwände — mit hohen Anlage-Kosten — hindurch.

Ein noch etwas weitergehender Fall zielt auf die *Übertragung von latenter Wärme* zwischen einem verdampfenden bzw. kondensierenden und einem gefrierenden bzw. schmelzenden Stoffstrom. Z. B. kann man Butan in Salzwasser flüssig einspritzen und dort verdampfen lassen. An den großen Oberflächen der Flüssigkeits- bzw. Dampf-Blasen bilden sich Kristalle von Eis, die wegen der kleinen flächenspezifischen Kälteleistung und der Ausdehnung der Blasen beim Verdampfen so klein sind, daß die gefürchtete *Einschließung von Salzwasser im Eis nicht auftritt.* In der Umkehrung kann das abgeschöpfte Eis dann mit kondensierendem Butandampf wieder geschmolzen werden, durch die Unlöslichkeit von Wasser und Butan erhält man die Phasen getrennt. Bei dieser Art der Wärmeübertragung tritt zu dem Vorteil, die Übertragungs-Flächen einzusparen, die Einsparung der konstruktiv schwierigen *Kratzeinrichtungen* und die Vermeidung der Einschließungen, also der entscheidenden Schwierigkeiten der normalen *Kristallisation.*

Schließlich kann an dieser Stelle auch der *Splittereiserzeuger* eingeordnet werden. Darin wird Wasser auf ein Transportband aufgesprüht und ein Teil des Wassers durch Absaugen von Dampf als Kältemittel für das Gefrieren der Masse des Wassers benutzt. Zum Absaugen werden hier meist Dampfstrahl-Sauger benutzt.

Das Eis entsteht als dünne Schicht auf dem Transportband und wird bei dessen Umlenkung abgesplittert und abgeworfen. Zum Austragen aus dem Vakuum-Kessel wurden Schneckenpressen entwickelt; das als Strang gepreßte Eis dichtet die Auslaßöffnungen.

Da es sich bei den letztgenannten Anwendungen der Stoffübertrager nur um Wärmeübertragung handelt, erfolgt die *Berechnung* im wesentlichen nur aus der *Wärmebilanz,* wie in Kap. II ausgeführt. Allerdings müssen als Korrekturen die *Stoffverluste* berücksichtigt werden, im Splitter-Eis-Erzeuger muß z. B. die im zufließenden Wasser gelöste Luft natürlich mit abgesaugt werden. Hinsichtlich des *Wärmeübergangs* entfällt bei der Bildung des k-Wertes einfach das Glied d/λ, das ja auch in Wärmeübertragern meist vernachlässigbar klein ist.

IV. Rektifikations-Ubertrager

1. Bilanzgleichungen, Pol und Querschnittsgerade

Während die oben behandelten Geräte einzeln zur Anwendung kommen, also auch *konstruktive Einheiten* bilden und daher unter dem Namen *Extraktor* bekannt sind, kommt das *konstruktiv und funktional gleichartige* Gerät in der Anwendung zur *Rektifikation* praktisch nur in Kombination und konstruktiver *Zusammenfassung mit anderen Geräten* zur Rektifikations-*Säule* oder -*Kolonne* vor, der hier interessierende Teil hat bisher gar keinen eigenen Namen. Die nebenstehende Skizze zeigt nebeneinander die übliche Darstellung der *konstruktiven Einheit*, einer *Geräte-Kombination* mit 7 Anschlüssen, und deren Zerlegung in 2 Wärmeübertrager, 3 elementare Misch- bzw. Trenngeräte und

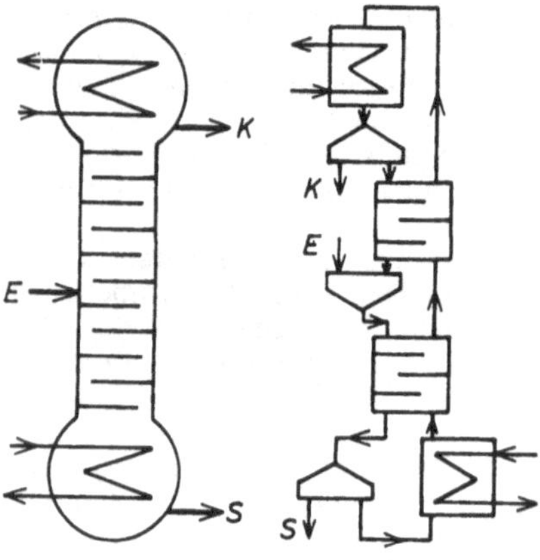

Abb. 18. Rektifikations-Kolonne, links als konstruktive Einheit und Geräte-Kombination, rechts in Elementar-Geräte aufgelöst.

2 der hier zunächst allein interessierenden *Stoffüberträger.* Der obere (Teil) wird als *Verstärkungs-,* der untere als *Abtriebssäule* bezeichnet.

Man kann bei einer Rektifikation zwar den im ganzen Apparat *etwa konstanten Druck* noch frei wählen, die Temperaturen sind dadurch jedoch bereits eindeutig festgelegt als *Siedetemperaturen der Gemische* verschiedener Konzentrationen bei dem gewählten Druck. Meist arbeitet man übrigens bei *Normaldruck* p_0, Anwendung von Vakuum ist bisweilen erforderlich bei temperaturempfindlichen Stoffen.

Es sei mit Index *1 die flüchtigere Komponente,* mit 2 die weniger flüchtige bezeichnet. Nach Bd. 1, II, 15/16 wird *1 im Dampf angereichert;* da dieser nach oben strömt, findet man *im Apparat oben die Komponente 1,* unten 2 angereichert, daher *oben die tieferen (Siede-)Temperaturen.* Voraussetzung des Funktionierens ist offenbar, daß überall sowohl Dampf als auch Flüssigkeit vorhanden ist und strömt, daher muß der oben ankommende Dampf im *„Dephlegmator"* zumindest teilweise kondensiert, die unten ankommende Flüssigkeit im *Sumpf* oder *Kocher* z. T. wieder verdampft werden. Diese Kombination von Elementargeräten ermöglicht die *Trennung von Gemischen, Umwandlung der zugeführten Wärme in Konzentrationsenergie mittels des Kreisstromes aus Dampf und Flüssigkeit,* und stellt eines der wichtigsten *Grundverfahren* dar.

Beim Ansatz der Stoffbilanzen gibt es keine konstanten, nichtaustauschbaren Ströme, dafür 2 austauschbare, die durch die konstanten Förderströme $\dot{U}_1$ und $\dot{U}_2$ erfaßt werden. In der Verstärkungssäule muß $\dot{U}_1$ nach oben gerichtet sein, $\dot{U}_2$ sollte verschwinden, wenn das *Kopfprodukt* reiner Stoff 1 wäre, praktisch gibt es einen kleinen Strom $\dot{U}_2$ aufwärts. In der Abtriebssäule sind beide Förderströme abwärts gerichtet, $\dot{U}_2 > \dot{U}_1 \rightarrow 0$. Hinsichtlich der Vorzeichen sei die Verstärkungssäule betrachtet, mit D und F seien der gesamte Dampf- und Kondensat-Strom bezeichnet, mit $\ddot{U}$ ohne Index der Gesamt-Förderstrom. Dann gilt:

$$44)\quad \ddot{U}_1 = \dot{m}_1'' - \dot{m}_1' \quad \ddot{U}_2 = \dot{m}_2'' - \dot{m}_2'$$
$$\ddot{U} = \ddot{U}_1 + \ddot{U}_2 = (\dot{m}_1'' + \dot{m}_2'') - (\dot{m}_1' + \dot{m}_2') = D - F$$

Die Konzentrationen können in ξ auf das kg oder in ψ auf das mol bezogen angegeben werden, das Ergebnis ist formal gleich. Da nur 2 Konzentrationen vorkommen, die sich jeweils zu 1 ergänzen, kann man den Index an ξ_1 fortlassen, es ist $\xi_1 = \xi$, $\xi_2 = 1 - \xi$. Man findet:

$$45)\quad \xi' = \frac{\dot{m}_1'}{\dot{m}_1' + \dot{m}_2'} = \frac{\dot{m}_1'}{F} \qquad \xi'' = \frac{\dot{m}_2''}{D}$$
$$\xi_{\ddot{u}} = \ddot{U}_1 / (\ddot{U}_1 + \ddot{U}_2) = \ddot{U}_1 / \ddot{U}$$

Mit dem letzten ist die *Konzentration des Förderstromes* definiert. Da die *Stoffbilanzen* 2 Gleichungen liefern, kann man mit den nun verfügbaren Größen 2 möglichst zweckmäßige Gleichungen bilden:

$$46)\quad \ddot{U} = D - F \quad (\ddot{U}_1 =) \ddot{U} \cdot \xi_{\ddot{u}} = D \cdot \xi'' - F \cdot \xi'$$

Eine dritte Gleichung liefert die *Wärmebilanz* des wärmedicht (adiabat!) angenommenen Apparates. Mit den Enthalpien h'' und h', die von den ξ abhängen, und der Enthalpie des Förderstromes $h_{\ddot{u}}$ schreibt sich der konstante, aufwärtsgerichtete Enthalpiestrom:

$$47)\quad \ddot{U} \cdot h_{\ddot{u}} = D \cdot h'' - F \cdot h'$$

Damit bestehen für die nun eingeführten 6 Variablen D, F, h', h'', ξ', ξ'' 3 Gleichungen, womit sich 2 Variable, hier D und F eliminieren lassen. Da die Gleichungen in den Strömen linear und homogen sind. fällt auch noch der konstante Förderstrom $\ddot{U}$ heraus und man erhält nach kurzer Zwischenrechnung:

$$48)\quad (h_{\ddot{u}} - h'')/(h'' - h') = (\xi_{\ddot{u}}'' - \xi'')/(\xi'' - \xi')$$

Wie die Skizze erläutert, beschreibt Gleichung 48) im $h-\xi$-Diagramm das *Strahlenbüschel aller Geraden durch den „Pol“* mit den Koordinaten $h_{\ddot{u}}$, $\xi_{\ddot{u}}$. Die

„Querschnitt-Geraden" verbinden die in jedem Querschnitt der Kolonne zusammengehörenden Dampf- und Flüssigkeits-Zustände $\xi_{ü}$ bedeutet i. a. die Konzentration des Produktes, $h_{ü}-h_{ü}''$ die zur Kondensation des für 1 kg Produkt erforderlichen Rückflusses aufzuwendende Kühlung.

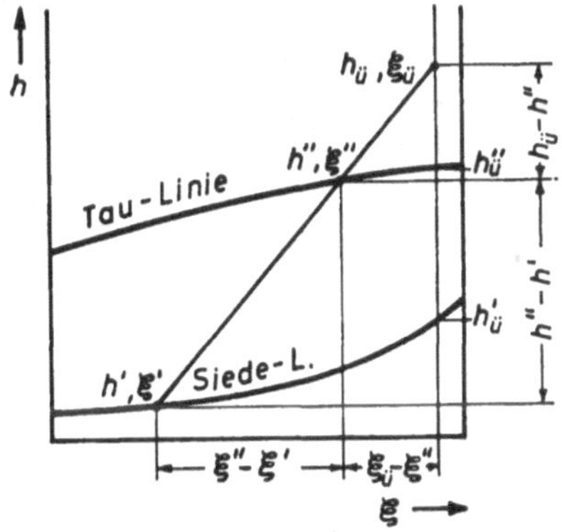

Abb. 19. $h-\xi$-Diagramm zur Rektifikation.

Da $h_{ü}''-h_{ü}'$ (bei der Konzentration $\xi_{ü}$) die Kondensationswärme des Produktes bedeutet, liefert die speziell senkrechte Betriebsgerade aus 48) den Rückfluß pro kg Produkt:

$$49)\qquad (h_{ü}-h_{ü}'')/(h_{ü}''-h_{ü}')=\Phi_v=F/(D-F)$$

Für die Abtriebssäule kann man analog $\Phi_a = D/(F-D)$ definieren. Bei der üblichen flüssigen Entnahme und Einspeisung wird die notwendige Kühlung das (Φ_v+1)-fache, die Heizung das Φ_a-fache der Verdampfungswärme von Kopf- bzw. Sumpf-Produkt.

Gleichung 48) gilt aus den Bilanzen zwingend, in gleicher Form mit ψ auch für das $\mathfrak{h}-\psi$-Diagramm. Für die Abtriebssäule ist in 48) überall $'$ und $''$ zu vertauschen, der *Abtriebs-Pol* liegt unterhalb der Siedelinie, die Enthalpiedifferenz bestimmt analog den *Wärmebedarf* zur Erzeugung des Dampfstromes in der Abtriebssäule. Bei der gekoppelten Säule liegen die *beiden Pole und der Einspeise-Zustand* des Gemisches (nicht notwendig auf Tau- oder Siedelinie) auf einer Geraden, *der Haupt-Geraden.*

Für das Gesamt-Gerät bzw. Anlage nach Abb. 18 werden die Randbedingungen viel einfacher als oben bei der Extraktion. Es besteht *eine Einspeisung E*, Konzentration ξ_E, und *2 Entnahmen* im Kopf (K, ξ_K) und Sumpf (S, ξ_S). Damit gilt:

$$50) \qquad E=K+S \qquad E\cdot\xi_E=K\cdot\xi_K+\xi_S\,.$$

Die Auflösung nach den Stromstärke-Verhältnissen liefert:

$$51) \qquad \frac{K}{E}=\frac{\xi_E-\xi_S}{\xi_K-\xi_S} \qquad \frac{S}{E}=\frac{\xi_K-\xi_E}{\xi_K-\xi_S} \qquad \frac{K}{S}=\frac{\xi_E-\xi_S}{\xi_K-\xi_E}$$

Man beachte, daß die *Ausbeute* an Kopfprodukt K/E überwiegend von der Sumpf-Konzentration ξ_S abhängt und umgekehrt, die Ausbeute an Komponente 1 wird (K/E) $(\xi_K/_E)$. Man kann sich 51) auch direkt aus dem Diagramm ableiten, indem man die Konzentrations- oder auch Enthalpie-Differenzen als *Waagenarme* und die Mengen bzw. *Ströme als Lasten* ansieht.

Da die Diagramme alle Eigenschaften *realer Gemische*, z. B. Mischungswärmen, richtig darstellen können, ist die *graphische Lösung exakt.*

2. Gleichgewicht und Stufenkonstruktion

Es sei in einer *Bodenkolonne* ein *Querschnitt* zwischen 2 Böden betrachtet. *Dampfzustand a* und *Flüssigkeitszustand b* liegen nach 48) auf einer *Querschnittsgeraden* durch den Pol; da sich auf den benachbarten „theoretischen" Böden das *Gleichgewicht* einstellt, liegen die Zustände auf *Tau-* bzw. *Siedelinie.*

Der Dampf kommt vom *darunterliegenden Boden*, wegen der Gleichgewichtseinstellung muß dort der

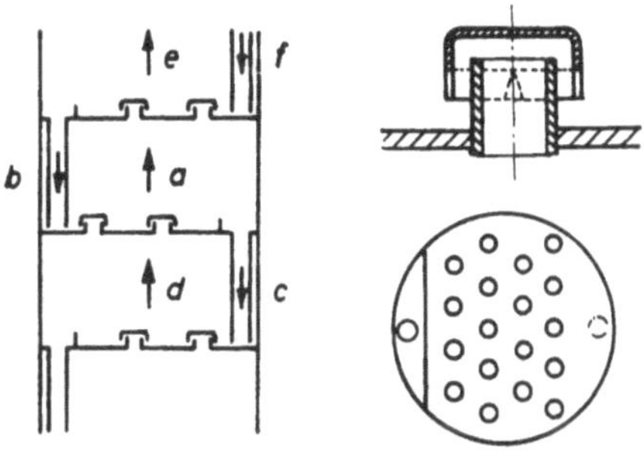

Abb. 20. Konstruktiver Ausschnitt aus Glockenboden-Kolonne. Die Buchstaben-Bezeichnungen für Dampf und Flüssigkeit stimmen mit Figur 21 überein.

Flüssigkeitszustand c, mit *a* durch eine *Konode* verbunden, herrschen. Da die in den darunterliegenden Zwischenraum abfließende Flüssigkeit — nach Definition des theoretischen Bodens — gleichen Zustand hat, findet man von dort den zugehörigen Dampfzustand *d* wieder auf einer Querschnittsgeraden durch *c*.

Auf dem *oben benachbarten Boden* muß der Flüssigkeitszustand *b* vorliegen, der in den oben benachbarten Zwischenraum aufsteigende Dampfzustand *e* liegt auf der Konode durch *b* und der zugehörige Flüssigkeitszustand *f* wieder auf der Querschnittsgeraden. Daraus folgt wieder (wie in III, 5):

1) Man findet die Zustände von Boden zu Boden, indem man eine *Treppenkurve aus abwechselnd Querschnittsgeraden und Konoden* konstruiert. Die

graphische Lösung ergibt die *Zahl der theoretischen Böden* abhängig von der Lage des Pols und den Anfangs- und Endkonzentrationen als *Zahl der benutzten Konoden.*

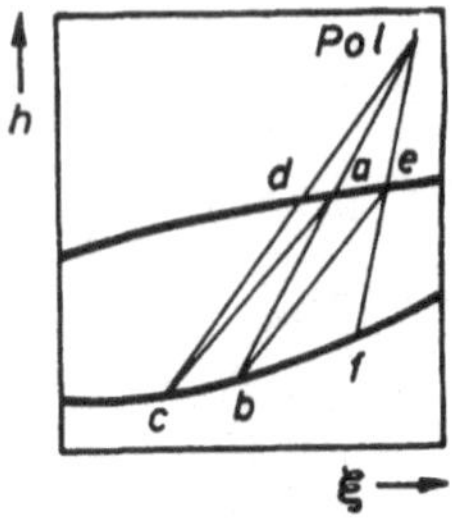

Abb. 21. $h-\xi$-Diagramm zur Rektifikation mit Erläuterung der Stufenkonstruktion aus Konoden (ca, be) und Querschnittsgeraden durch den Pol.

2) Damit eine *Trennung* möglich ist, müssen die *Querschnittsgeraden immer steiler als die Konoden* verlaufen. Das gilt für Verstärkungs- und Abtriebssäule. Die *Mindest-Höhe des Poles* folgt aus der Lage der *relativ steilsten Konode.*

Der praktische Betrieb muß offenbar zwischen 2 *Grenzlagern des Poles* liegen: *Zusammenfallen* einer *Querschnittsgeraden* mit der relativ steilsten *Konode* ergibt *niedrigste Polhöhe, kleinstes Rücklauf-Verhältnis* bei *unendlich vielen theoretischen Böden.* Unendliches Rücklauf-Verhältnis, d. h. *totaler Rücklauf,* verschiebt den Pol ins unendliche, die *Querschnittsgeraden* werden *senkrecht* und man erhält die *kleinste Zahl theoretischer Böden.*

Im energetischen Sinne ideal, d.h. verlustlos und angepaßt wäre der Betrieb im Grenzfall unendlich vieler Böden nur dann, wenn auch die Konoden einen Schnittpunkt besäßen, der mit dem Pol zusammenfiele. Tatsächlich hat die Geraden-Schar der *Konoden* aber *keinen Schnittpunkt,* sondern i. a. 2 *Hüllkurven* — die man z. B. für ideale Gemische berechnen kann. Es zeigt sich, daß für die idealen Gemische die notwendige *Polhöhe bei mittleren Konzentrationen am größten,* die mittleren Konoden also die relativ steilsten sind. Man könnte daher eine *energetische Verbesserung durch ein Stufenverfahren* erzielen: Wenn die erforderliche Kühlung und Heizung mittels Wärmepumpen erzielt wird, ist der Arbeitsbedarf der Temperaturdifferenz proportional. Da der verstärkte Rücklauf nur im Bereich mittlerer Konzentrationen benötigt wird, könnte man ihn dort mit kleiner Temperaturdifferenz, also energetisch billiger erzeugen, als am Kopf bzw. Sumpf der Kolonne. Man kann also durch Einbau von Kühlschlangen in Böden der Verstärkungssäule, Heizrohre in solche der Abtriebssäule die effektive Polhöhe stufenweise vergrößern. Praktisch tritt ein derartiger günstiger Effekt bisweilen bei unisolierten Kolonnen durch Luftkühlung der Verstärkungssäule auf.

Aufgabe: Konstruiere in einem der verfügbaren $h-\xi$-Diagramme für gegebene Anfangs- und Endkonzentration Mindeststufenzahl und Mindest-Rücklaufverhältnis.

In einer Gaswäsche werden täglich 3 t Lösung mit 8 Gew.-% Ammoniak bei 20 °C gewonnen. Es soll eine Füllkörpersäule entworfen werden, mit der 99%iges NH_3 und 0,5%iges Sumpfprodukt erzeugt wird. Die Pole sind zu wählen und dafür Wärme- und Kältebedarf anzugeben. Bei 1 m/s Dampfgeschwindigkeit ist die Äquivalentenhöhe des theor. Bodens zu 1 m bestimmt. Gib für diese Auslegung die Höhen und Durchmesser von Verstärkungs- und Abtriebssäule an. Kondensation von Rücklauf und Kopfprodukt wird dadurch erreicht, daß der Dampf auf 12 ata verdichtet, bei +30 °C kondensiert und dann im Drosselventil auf 1 ata entspannt wird. Welches effektive Fördervolumen muß der NH_3-Verdichter haben, wenn mit den Werten von reinem NH_3 gerechnet wird.

3. Friktion und wirtschaftliche Optimierung

Das eigentliche *Friktionsproblem: Wärme- und Stoffübergang,* ist durch die Definition des *theoretischen Bodens* mit idealer Gleichgewichtseinstellung *eliminiert.* Die dritte Komponente, der *Druckverlust* im Apparat, wird meist separat behandelt. Genaugenommen ist der Druck im Sumpf und daher auch die dortige Siedetemperatur etwas höher, als dem Gleichgewicht mit dem Kopfzustand entsprechen würde, der

Druckverlust wird also durch eine *Erhöhung der Temperaturdifferenz* überwunden, d. h. über die Dampfdruckkurve in einen *Temperaturverlust* umgewandelt. Da die Steilheit der Konoden i. a. nur wenig vom Druck abhängt, kann man die Konstruktion von Polhöhe und Bodenzahl *isobar*, also ohne Berücksichtigung des Druckverlustes ausführen.

Der Druckverlust setzt sich zusammen aus dem dynamischen bzw. *Reibungsverlust* und der Summe der *statischen Flüssigkeitshöhe* auf den einzelnen Böden. Bei *Vakuum-Rektifikation* ist der Druckverlust kritisch, weil er den Kopf-Druck erreichen und übersteigen kann und damit zu *untragbaren Temperaturerhöhungen im Sumpf* führen würde. Man meidet dann Bodenkolonnen mit ihrem statischen Druckverlust und wählt vielfach Sonderkonstruktionen, z. B. Sprühtropfen- und Rieselfilm-Kolonnen.

Da der Wärme- und Stoffübergang hier beim *Sieden* und *Kondensieren* stattfindet, wobei i. a. sehr *große Übergangszahlen* auftreten, ist die Idealisierung des „theoretischen" Bodens eine brauchbare Näherung: Der *Boden-Gütegrad* μ liegt meist zwischen 0,2 und 0,8, d. h. die *Zahl der Konstruktiven Böden* n ergibt sich aus der der theoretischen n_0 durch $n = n_0/\mu$. Weicht man von der Definition der idealen Durchmischung der Flüssigkeit auf dem Boden ab, indem man konstruktiv eine definierte Strömung, vorzugsweise zirkular auf *Ringböden* vorsieht, so wird der theoretische und u. U. auch der praktische Gütegrad $\mu > 1$!

Da die Zustände auf Tau- und Siedelinie *„korrespondieren"*, kommt es erfahrungsgemäß tatsächlich weniger auf die Art der Stoffe, als auf die *Strömungsverhältnisse* an. Bei Bodenkolonnen muß die statische *Flüssigkeitshöhe* ausreichend sein — maßgebend für die Übertragungsfläche — und der *Abstand zwischen den Böden* so groß, daß kein Schaum nach oben mitgerissen wird. Die *Dampfgeschwindig-*

keit in den Eintrittsquerschnitten darf aber auch nicht zu klein sein, damit sich nicht nur wenige, große Blasen bilden, deren Austauscheffekt gering ist. Für die Dampfgeschwindigkeit, bezogen auf den freien Kolonnenquerschnitt, gibt es einen *optimalen Wert,* der unter Berücksichtigung funktioneller und wirtschaftlicher Gesichtspunkte etwa zwischen 0,2 und 2 m/s, meist bei 0,5 m/s liegt. Die genaue Festlegung bei der Projektierung erfolgt nach empirischen Formeln, meist vor allem in Abhängigkeit von der Dampfdichte, oder nach experimenteller Erprobung. Die Funktion kann empfindlich beeinflußt werden durch nahezu unmeßbar kleine Gehalte an *oberflächenaktiven Stoffen.* Die *Bodenabstände* werden meist zwischen 0,1 und 0,4 m gewählt.

Aus betrieblichen Gründen — schwankende *Produktionsrate* — interessiert die zulässige *Variation der Belastung.* Diese ist bei *Glockenböden* recht hoch, diese an sich *teure Konstruktion* ist daher bei *schwankender Belastung vorzuziehen.* Bei *Siebböden* ist die Höhe des Flüssigkeitsstandes und damit *Druckverlust* und *Betriebsinhalt (hold up)* von der Belastung abhängig, die Grenzen des *Trockenlaufens* und *Flutens* liegen nahe beieinander. *Füllkörperkolonnen* haben zwischen *Trockenlauf* — der hier zunächst auf Teilen der Fläche einsetzt — und *Sprudelpunkt* fast ebensoviel *Belastungsspielraum,* wie Glockenbodenkolonnen, bei großen Durchmessern ist jedoch die gleichmäßige Beaufschlagung schwierig, man findet als *„Randgängigkeit"* eine Bevorzugung der äußeren Teile durch die Flüssigkeit, der inneren durch den Dampf.

Bei Füllkörper- und Rieselfilm-, auch Sprühtropfen-Kolonnen ist eine *Berechnung aus den Stoffübergangszahlen* möglich, meist ist es jedoch einfacher, die *Äquivalenthöhe* des theoretischen Bodens *experimentell* zu ermitteln und damit auch die einfache Treppenkonstruktion der Bodenzahl wieder anwendbar zu machen. Als *Faustformel* kann angenommen werden, daß die *Äquivalenthöhe zwischen 5 und 15 Füllkörper-Durchmessern* liegt. *Füllkörper* sind vor allem bei kleinen Kolonnen meist *billiger als Böden*.

Für die Praxis ist meist eine experimentelle Bestimmung von Bodenzahl und günstigsten Betriebsdaten an kleinen Laborkolonnen und die Übertragung der Ergebnisse nach Ähnlichkeitsgesetzen auf die Großanlage am zweckmäßigsten. Die Bodenzahl der benutzten Labor-Füllkörperkolonnen ermittelt man ebenfalls experimentell mit *Testgemischen*. Diese Arbeitsweise liefert i. a. schneller und billiger zuverlässige Ergebnisse, als die Messung der Stoffeigenschaften, Gleichgewichte etc. Unter Beachtung dieser Gegebenheiten bleibt als Problem der *wirtschaftlichen Optimierung* nur noch die Wahl der voneinander abhängigen Größen: *Rückfluß und Bodenzahl*, wovon das zweite die *Anlagekosten*, der Rückfluß die *Betriebskosten* und — infolge des notwendig mit dem Rückfluß steigenden Kolonnen-Durchmessers — auch die Anlagekosten beeinflußt. Als Richtwert kann man etwa das 2-fache des Mindestrücklaufes annehmen.

Daß man hier eine *Mindestbodenzahl* bekommt — im Gegensatz zur Extraktion —, hängt damit zusammen, daß *„unendlicher Rückfluß"* hier ja nur bedeutet, daß $F = D$ wird, während dort, beim *Einsatz von außen*, das Stromverhältnis beliebige Werte annehmen kann. Das Abb. 15 entsprechende *Kostendiagramm* kann man dann auch über der reziproken Bodenzahl auftragen, um den unendlichfernen Punkt zu vermeiden.

Mit dem Unterschied zwischen *Fremdeinspeisung* oder innerer Rückflußerzeugung hängt es auch zusammen, daß die Pole normalerweise bei der Rektifikation eine „vernünftige" Lage haben. Auch hier können sie aus dem Diagramm wandern bei Fremdeinspeisung, z. B. von Stickstoff in die Obersäule der L i n d e'*schen Doppelsäule* oder von Dampf (zur direkten Heizung) in den Sumpf von Alkohol-Kolonnen etc. In diesen Fällen sind auch die *Bilanzgleichungen* dementsprechend neu aufzustellen und zu lösen.

Aufgabe: Konstruiere für eine Trennaufgabe die zu verschiedenen Rücklaufverhältnissen Φ gehörigen Bodenzahlen n_0 und zeichne das $\Phi - n_0$-Diagramm.

2 t/h wäßrige Alkohol-Lösung mit $\xi_0 =$ A: 10, B: 8 % und 20 °C soll auf $\xi_k = 90\%$, $\xi_s = 1\%$ rektifiziert werden. Der Verstärkungspol ist um 1:40, 2:70 kcal/kg über die Mindest-Polhöhe zu legen. Im Sumpf soll statt Heizung Sattdampf (1 at) eingeblasen werden. Bestimme die theor. Bodenzahlen, den Dampfverbrauch und den Bedarf an Kühlwasser (+20 °C ... +50 °C). Welchen Durchmesser muß Abtriebs- und Verstärkungs-Säule haben, wenn die Dampfgeschwindigkeit 0,4 m/s sein soll?

4. Mc Cabe-Thiele-Diagramm und Näherungsrechnung

Es sei Gleichung 48) in *molaren* Größen geschrieben — worin sie ja auch gültig bleibt — und nach ψ'' aufgelöst:

$$52) \qquad \psi'' = \psi' \cdot \frac{\mathfrak{h}_{\ddot{u}} - \mathfrak{h}''}{\mathfrak{h}_{\ddot{u}} - \mathfrak{h}'} + \psi_{\ddot{u}} \cdot \frac{\mathfrak{h}'' - \mathfrak{h}'}{\mathfrak{h}_{\ddot{u}} - \mathfrak{h}'}$$

Nun interessiert die Rektifikation ja vorwiegend zur Trennung von *Gemischen mit nahe benachbartem Siedepunkt* der beiden Komponenten. Dann darf man aber aus der Piktet-Trouton'*schen Regel* (Bd. 1, I, 20) folgern, daß die beiden *molaren Verdampfungswärmen* der reinen Stoffe ebenfalls *nahezu* gleich sind, bzw. durch Verfügen über die Koordinaten-Anfangspunkte festlegen: $\mathfrak{h}_1' = \mathfrak{h}_2'$, $\mathfrak{h}_1'' \approx \mathfrak{h}_2''$. Nimmt man nun weiterhin ein *ideales Mischungsverhalten* an, d. h daß die *Mischwärme klein gegen die Verdampfungswärme* ist, so werden näherungsweise alle Enthalpien in 52) von ψ unabhängig, konstant. Während 52) im $\psi'' - \psi'$-Diagramm zunächst eine gekrümmte Kurve beschreibt, bedeutet es mit den *Näherungsannahmen eine Gerade.*

Das $\psi''-\psi'$-Diagramm ist bereits in Bd. 1, II, 15 als M c C a b e - T h i e l e - *Diagramm* zur Darstellung der *Gleichgewichtskurve* eingeführt worden, es zeigt sich nun, daß die *Treppenkonstruktion* aus Konoden und Querschnittsgeraden im $\mathfrak{h}-\psi$-Diagramm sich im M c C a b e - T h i e l e - *Diagramm* als *Treppe aus Senkrechten und Waagrechten zwischen der Gleichgewichtskurve* und der durch 52) beschriebenen *Betriebsgeraden* abbildet.

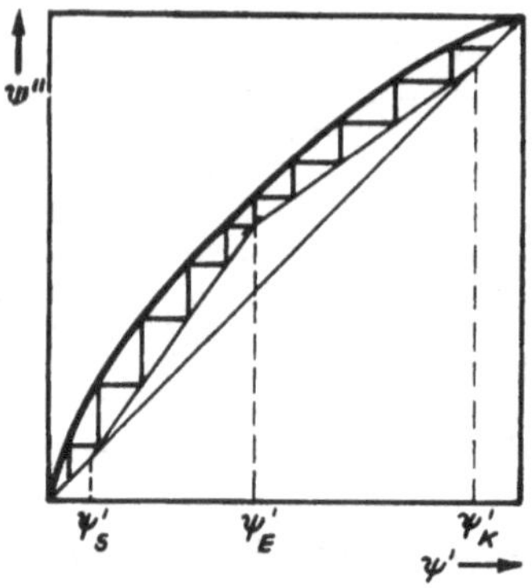

Abb. 22. M c C a b e - T h i e l e - Diagramm für Verstärkungs- und Abtriebssäule mit Betriebsgeraden und Stufenkonstruktion.

Mit dem *Rückflußverhältnis* Φ, für die Verstärkungssäule $\Phi_v = F/(D-F) = (\mathfrak{h}_{\ddot{u}}-\mathfrak{h}'')/(\mathfrak{h}''-\mathfrak{h}')$, kann man die Steilheit *der Betriebsgeraden* im M c C a b e - T h i e l e - *Diagramm* ausdrücken:

$$53) \qquad d\psi''/d\psi' = \frac{\mathfrak{h}_{\ddot{u}}-\mathfrak{h}''}{\mathfrak{h}_{\ddot{u}}-\mathfrak{h}'} = \frac{\Phi}{\Phi+1}$$

Da *Dephlegmator* und *Kocher* i. a. *keine* wesentliche *Trennwirkung* ausüben, liegt der *Endpunkt der Betriebsgeraden auf der Diagonalen* mit $\psi_{\ddot{u}}'' = \psi_{\ddot{u}}' = \psi_k$, die *Betriebsgerade* ergibt sich also aus 52) eindeutig. Speziell für $\Phi = \infty$ wird ihre Steilheit = 1, d. h. sie fällt für *totalen Rückfluß* mit der Diagonalen zusammen.

Der Vorteil des M c C a b e - T h i e l e - *Diagramms* liegt weniger in der einfacheren Konstruktion von Bodenzahl und Rücklauf als vielmehr darin, daß das M c C a b e - T h i e l e - *Diagramm* viel *einfacher* und mit *weniger Information gezeichnet* werden kann, als das eine exakte Lösung auf Grund vollständiger Information ermöglichende $h-\xi$-Diagramm.

Die auf oben erläuterten Voraussetzungen beruhende Näherungs-Annahme, daß die Betriebsgerade wirklich gerade ist, trifft vielfach recht genau zu. Es wird also nur die *Gleichgewichtskurve aus Meßwerten* benötigt. Wenn auch diese nicht bekannt sind, kann die Gleichgewichtskurve der *idealen Gemische* mit dem *Dampfdruckverhältnis* Π, auch Verstärkungs-Faktor, *Trennfaktor* etc.:

54) $$\psi'' = \Pi \cdot \psi' / (1 + (\Pi - 1)\psi')$$

zumindest zur überschlägigen Abschätzung benutzt werden. Die Kontrolle und Korrektur dieser Abschätzung mit einem Laborversuch gibt die praktischste Lösung von Rektifikations-Aufgaben.

Aufgabe: Berechne und zeichne ein Mc Cabe-Thiele-Diagramm für $\Pi = 2{,}0$ und konstruiere für ein Einspeise-Gemisch mit $\psi' = 0{,}2$ und Kopfprodukt mit $\psi_K = 0{,}98$ 1) Mindestrücklauf Φ_0 der Verstärkungssäule, 2) Zahl der theoretischen Boden für $\Phi = 2 \cdot \Phi_0$. Stelle die Formeln für die Abtriebssäule auf.

In einem petrochemischen Werk fällt ein Gemisch von gleichen Gewichts-Teilen Heptan und Oktan an, das für 100 DM/t als Kraftstoff verkauft werden kann. Getrennt auf 98% Reinheit könnte Oktan für 135 DM/t, Heptan in begrenzten Mengen für 105 DM/t abgesetzt werden. In einer Überschlagsrechnung ist abzuschätzen, ob sich die Trennung durch Rektifikation lohnt. Als Rechengrundlage ist zu benutzen: Trennfaktor $\Pi = 2{,}7$, Kosten pro t: Allgemein 2,5 DM, je theor. Boden 0,4 DM, Verdampfung 3 Dm/t, Kondensation 2 DM/t.

Zwei Substanzen, deren Molekulargewichte sich wie 7/8, deren Dampfdrucke sich wie 1,4/1 verhalten, sollen durch Rektifikation getrennt werden. Die Einsatz-Konzentration ist 40 Gew.%, das Kopfprodukt soll 90, das Sumpfprodukt 5 Gew.% leichter flüchtige Komponente enthalten. Berechne die Mengen je t Einsatz, ermittle Mindest-Bodenzahlen, -Rückfluß und -Verdampfung. Für die Kostenangaben: 0,8 DM Amortisation je theor. Boden, 2 DM für Verdampfung, 1 DM für Kondensation (alles je t Einsatz, Kondensat bzw. Dampf) ist die wirtschaftlichste Auslegung zu bestimmen.

2,5 kmol/h einer wäßrigen Lösung mit $\psi_1 = 0{,}3$ Äthyl-Essigsäure-Ester soll durch Rektifikation auf $\psi_s = 0{,}01$, $\psi_K = 0{,}98$ ÄEE getrennt werden. Der überschlägigen Berechnung ist ein Trennfaktor $\Pi = 2{,}5$ und die Verdampfungswärme des Wassers zugrunde zu legen. In der Verstärkungssäule soll das 1,2-fache des Mindestrückflusses benutzt werden. Gib beide Bodenzahlen (in Verstärkungs- und Abtriebs-Säule) und den Kühlbedarf (kcal/h) an. Zum Heizen soll Sattdampf direkt in den Sumpf der Kolonne eingeblasen werden. Wie groß ist der Dampfverbrauch (kg/h)? Die Säule soll mit $v = 0{,}4$ m/s Dampfgeschwindigkeit, bezogen auf den freien Querschnitt, arbeiten. Wie groß wird der Säulendurchmesser? Wie groß ist die ÄEE-Ausbeute? Infolge der Fremdeinspeisung bekommt Abtriebspol und Betriebsgerade eine anomale Lage! Diskutiere diese.

5. Komplikationen, Mehrstoff-Gemische

Bei richtiger Konstruktion bzw. Berechnung muß der Zustand des in der Mitte, zwischen Abtriebs- und Verstärkungssäule, eingespeisten Gemisches auf beiden Betriebsgeraden bzw. im $h-\xi$-Diagramm auf der *„Hauptgeraden"* liegen, die beide Pole verbindet. Das gilt auch, wenn der Gemischzustand nicht auf Tau- oder Siedelinie liegt, z. B. die meist eingespeiste Flüssigkeit noch zu kalt ist. Der *Schnittpunkt der Hauptgeraden mit der Siedelinie* gibt dann die *richtige Konzentration* des aus der Verstärkungssäule zurückkommenden *Rückflusses.* Wenn diese Bedingung nicht erfüllt ist — weil z. B. auf einem zu hohen oder zu tiefen Boden eingespeist wird —, ergibt sich ein *Mischungsverlust,* der durch größere Gesamt-Bodenzahl oder größeren Wärmeaufwand (Rückfluß- + Dampf-Erzeugung) kompensiert werden muß. Ein dementsprechender Mischungsverlust tritt i. a. bei der Trennung von 3- *und Mehrstoffgemischen* auf und ist dort kaum zu vermeiden.

In Abb. 23 sind die Zusammensetzungen eines 3-Stoff-Gemisches im *Dreieck-Diagramm* dargestellt. 1 bedeutet die flüchtigste, 3 die am wenigsten flüchtige Komponente, *M* sei ein eingespeistes Gemisch. Nach der Massenbilanz ist eine Zerlegung gemäß den Geraden in 1 und Gemisch 2+3 oder in 3 und Gemisch 1+2 möglich. Unter dem Einfluß der *3-Stoff-Gleichgewichte* stellt sich jedoch in der Säule ein Zustandsverlauf von Boden zu Boden ein, wie er etwa durch die Kurven, ausgezogen für die Flüssigkeit, gestrichen für den Dampf, dargestellt werden kann. Man erkennt, daß ein Mischungsverlust auftreten muß. Z. B. ist bei der Trennung von Luft in O_2 und N_2 Argon die dritte mittlere Komponente. Von 1% in der eingespeisten Luft reichert es sich auf den mittleren Böden auf über 10% an, um so stärker, je reiner O_2 bzw. N_2 entnommen werden. Wenn gleichzeitig reines Kopf- und Sumpfprodukt gewonnen werden soll, muß *in der Mitte* ein unreines, aber an der *mittleren Komponente* hoch *angereichertes Gemisch entnommen* werden. Man könnte die Anreicherung z. B. in 2 Stufen vornehmen, indem die Hauptsäule aus Ringböden konstruiert, im Zentrum aber eine zweite Säule mit verstärktem Rückfluß zur sehr hohen Anreicherung untergebracht würde.

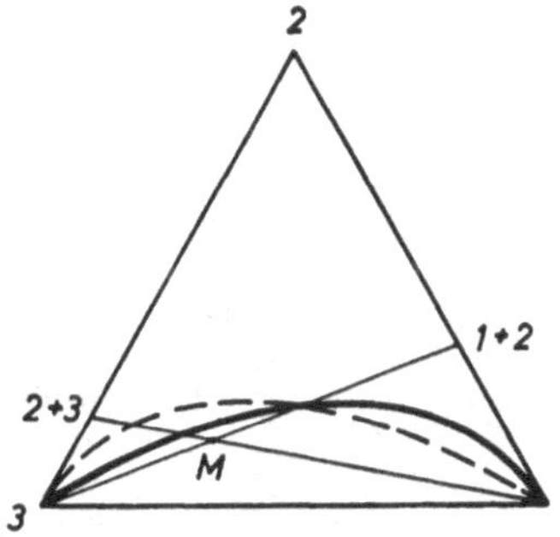

Abb. 23. Dreieck-Diagramm zur Erläuterung einer 3-Stoff-Rektifikation. Zu jedem Punkt der ausgezogenen Flüssigkeits-Kurve gehört ein weiter rechts liegender der gestrichenen Dampfkurve.

Eine *exakte Trennung* von Mehrstoffgemischen muß so angelegt werden, daß jeweils die Komponente mit höchstem oder tiefstem Siedepunkt abgetrennt und das Restgemisch der nächsten Säule zugeführt wird. Eine *gruppenweise Zerlegung von Vielstoff-Gemischen* — vor allem *Erdöl* — kann zwar mit Hilfe der dem Gruppen-Schwerpunkt entsprechenden *„Schlüsselkomponenten"* berechnet werden, liefert aber an der Gruppen-Grenze *keine scharfe Trennung,* sondern einen allmählichen Übergang der Ausbeuten für die grenznahen Komponenten.

Eine grundsätzliche Schwierigkeit bildet das Auftreten von *Azeotropie* bei einigen Gemischen. Für das Gemisch azeotroper Zusammensetzung ist diese im Dampf- und Flüssigkeitszustand gleich, die *Konode* verläuft also *im $h-\xi$-Diagramm senkrecht,* im Mc Cabe-Thiele-*Diagramm schneidet* oder tangiert *die Gleichgewichtskurve die Diagonale.* Die Trennung mittels Rektifikation kann dann nur bis zur azeotropen Konzentration getrieben werden.

Als Merkregel: Man drehe das Mc Cabe-Thiele-Diagramm immer so, daß die *Gleichgewichtskurve über der Diagonalen* liegt, dann ist *oben im Diagramm gleich* Kopf der Kolonne.

Da die Azeotropie vielfach mit *Mischungslücken* in der flüssigen Phase in ursächlichem Zusammenhang steht, und diese sich bei höherer oder tieferer Temperatur schließen können, hilft bisweilen eine Änderung des Betriebsdruckes und damit der Temperaturen. Abgesehen davon, daß andere Trennverfahren angewandt werden können, gibt es Kombinationen mit der Rektifikation, die eine vollständige Trennung und *Überwindung der Azeotropie* erlauben. Z. B. kann die Azeotropie beim Übergang auf eine 3-Stoff-Kurve entsprechend der Fig. 23 verschwinden, der 3-te Stoff würde dann automatisch in der Säule verbleiben.

Praktisch wird oft die *„Extraktive Rektifikation"* angewandt, bei der ein 3-ter Stoff laufend am Kopf aufgegeben und mit dem gelösten Sumpfprodukt unten abgezogen wird. Statt des anomalen Rektifikations-Gleichgewichtes gilt dann das Gleichgewicht der *2-Stoff-Absorption,* das eine vollständige Trennung ermöglichen kann. Sofern man unter mehreren *Extraktions-Stoffen* wählen kann, wird man einen aussuchen, bei dem die nachfolgende Abtrennung des reinen Sumpfproduktes möglichst einfach ist.

Während im bisherigen die Azeotropie als erschwerende Komplikation erschien, kann man sie sich in der *"Azeotropen Rektifikation"* auch zunutze machen: Man setzt einem normalen, aber wegen engbenachbarter Siedepunkte nur mit sehr viel Aufwand (Böden und Rückfluß) trennbaren Gemisch eine 3-te Komponente zu, die mit einem der Gemischbestandteile eine Azeotropie besitzt, entweder mit der flüchtigeren Komponente mit Minimum-Siedepunkt oder mit der weniger flüchtigen Maximum-Siedepunkt. Die Siedepunkt-Differenz zwischen Azeotropem Gemisch und der verbleibenden reinen Komponente ist also größer, als ohne den Zusatz, die Trennung erleichtert. Dafür muß dann anschließend das Azeotrope Gemisch getrennt werden — z. B. durch Kristallisation oder irgend ein anderes Verfahren.

Der Zusatz eines 3-ten Stoffes kann schließlich einfach den Zweck verfolgen, den *Partialdruck* der fraglichen Stoffe in der Apparatur herunterzudrücken, d. h. eine *Vakuum-Anlage* zu umgehen. Das ist vor allem bei der *„Wasserdampf-Destillation und -Rektifikation"* der Fall, womit z. B. im Wasser unlösliche Öl- und Fettgemische getrennt werden.

Aufgabe: Entwirf das McCabe-Thiele-*Diagramm* eines Gemisches mit Mischungslücke und diskutiere das Trennverhalten.

V. Stripper, Wäscher, Absorber

1. Fundamentalgleichungen

Es bleibt übrig die Behandlung der *Stoffübertragung* zwischen *Gas-Dampf-Gemischen* und *Lösungen*, wobei i. a. nur eine Komponente zwischen Gas- und Flüssigkeitsphase übergehen kann. Insoweit ist der Zusammenhang ähnlich, wie im Kap. III, die Geräte bilden konstruktive Einheiten und werden technisch als *Stripper, Wäscher*, auch *Wascher, Verdunstungskühler, Absorber* etc. bezeichnet. Neben den bereits genannten Konstruktionen kommt hier vor allem der *Sprühdüsen-Apparat* zur Anwendung, worin der Austausch an der Oberfläche frei fallender Tropfen stattfindet.

Neben 2 trivialen treten nur 2 Bilanzgleichungen auf, je nach den Betriebsbedingungen findet man jedoch recht verschiedenartige Effekte, wodurch die Übersicht erschwert wird. Die Schwierigkeit läßt sich wie folgt geometrisch erläutern:

Die Apparate arbeiten *isobar*, bei den 2-Stoffgemischen der *Rektifikation* bleibt eine *Zustandsfläche*, bei den 3-Stoffgemischen der *Extraktion* mit der vereinfachend vorausgesetzten auch *isothermen* Betriebsführung ebenfalls eine *Zustandsfläche* als Bewegungsmöglichkeit der Zustände. Es tritt jedoch eine weitere Einschränkung auf, die möglichen Zustände müssen bei der Extraktion auf der *Löslichkeitsgrenze*, bei der Rektifikation auf *Tau-* bzw. *Siedelinie* liegen, haben also in beiden Fällen nur Bewegungsspielraum auf einer Linie. Hier handelt es sich um *zwei gekoppelte 2-Stoffgemische* mit *isobarem* Betrieb, es bleibt also bei dem *flächenhaften Bewegungsspielraum der Zustandspunkte.* Der Zustand des Gas-Dampfgemisches kann sich in dem bekannten $h-x$-Diagramm beliebig bewegen, der Zustand der Lösung in einem $h-y$-Diagramm. Durch die Gleichgewichtsbedingungen 58) kann man beide Diagramme einander zuordnen, also „*Bildpunkte*" der Lösung ins $h-x$-Diagramm — was hier bevorzugt wird — oder auch umgekehrt *Bildpunkte* des Gas-Dampfgemisches ins Lösungsdiagramm übertragen. Das Verständnis der *Funktion des Apparates* läuft zunächst auf die Frage hinaus — die in den vorgehenden Kapiteln von vornherein geklärt war — wie sich die Zustandspunkte im Diagramm bewegen können.

Es sei unterschieden die *Gas-Komponente* 1, die — manchmal auch fehlende — *Solvat-Komponente* 2 und die in beiden Phasen auftretende Komponente, die mit $''$ als *Dampf*, mit $'$ als *Kondensat* gekennzeichnet wird. Da hier immer die *Schwerkraft den Transport* bewirkt, werden die Enden als o = oben und u = unten bezeichnet.

1) *Massenbilanzen.* Für die nicht austauschbaren Komponenten ist

55) $$\dot{m}_{1o} = \dot{m}_{1u} \qquad \dot{m}_{2o} = \dot{m}_{2u}$$

Für die *austauschbare Komponente* sind *Dampfstrom* $\dot{m}''$ und *Flüssigkeitsstrom* $\dot{m}'$ variabel, da jedoch im Apparat keine Speicherung auftreten kann, muß die Differenz $(\dot{m}'' - \dot{m}')$ über die ganze Länge bzw. Höhe denselben, konstanten Wert behalten, er sei wieder als *Förderstrom* bezeichnet: $\dot{U}$. Man bezieht zweckmäßig auf die konstanten Ströme mit $x = \dot{m}''/\dot{m}_1$, $y = \dot{m}'/\dot{m}_2$, dann gilt:

56) $$\dot{U} = m'' - m' = \text{konst} \qquad dx \cdot \dot{m}_1 = dy \cdot \dot{m}_2$$

Unabhängig, ob der Förderstrom nach oben oder unten gerichtet ist, muß *im Querschnitt mit größerem x auch y den größeren Wert* haben.

2) *Energiebilanzen.* Wie im Wärmeübertrager besteht nur die *Wärmebilanz-Gleichung,* hier aber mit Berücksichtigung der *Kondensations-* bzw. *Sorptionswärme* r (kcal/kg):

57) $$\dot{m}_1 (dt_1 (c_{p1} + x c_p'') + dx \cdot r) = -\dot{m}_2 (c_{p2} + y c_p')\, dt_2$$

3) *Gleichgewichte.* Es bestehen nun 2 Bedingungen, *Temperatur-* und *Aktivitäts-Gleichgewicht.* Nach Bd. 1, II, 7, 8 gilt:

58) $$t_1 = t_2 \qquad \varphi'' = \psi'$$

Infolge der Friktion wird das Gleichgewicht nicht erreicht, die Abweichung kann für beide positiv oder negativ sein, die Temperaturdifferenz kann sogar im Apparat das Vorzeichen wechseln, die Zustandskurven des Gas-Dampf-Gemisches und des mit der Flüssigkeit im Gleichgewicht stehenden „Bildpunktes" der Flüssigkeit im $h-x$-Diagramm dürfen sich jedoch nicht schneiden.

Da man die Stoffübertragung üblicherweise mit σ bezogen auf x berechnet, wird die Differenz zwischen dem im Gas gültigen x und *dem Gleichgewichts-x des Bildpunktes:* X benötigt. Für kleine x, x_s gilt näherungsweise: (M=Molekulargewichte)

59) $$X/x_s = y/(y + M_2/M') \qquad X = x_s \cdot y/(y + M_2/M')$$

Es muß an dieser Stelle noch ein anderer Aspekt des Gleichgewichts erwähnt werden. Wäscht man z. B. in einer Klimaanlage die Luft mit einer Lösung der Konzentration ψ', so ist die Luft hinsichtlich des Wassers mit der relativen Feuchte φ'' ungesättigt, hinsichtlich der Lösung aber gesättigt, d. h. Wasser kann aus der Luft erst mit endlicher Temperaturdifferenz am Taupunkt, Lösung aber schon bei sehr kleiner Unterkühlung abgeschieden werden. Ob das geschieht, hängt vom Trennfaktor $\Pi = p_{s1}/p_{s2}$ ab, der für eine Salzlösung sehr groß, für z. B. Äthylenglykol-Lösungen in der Größenordnung 10^2 und für Methanol-Lösungen kleiner als 1 ist. Da zur Bildung der Lösung die $(1-\psi')$ entsprechende Menge gelöster Substanz durch den Gasraum transportiert werden muß, hängt die Transportgeschwindigkeit von deren Dampfdruck im Gasraum ab und beginnt bei $\Pi < 100$ merklich zu werden.

4) *Friktionen.* Es bestehen nun 2 Gleichungen für Wärme- und Stoffübergang, beide auf die gleiche *Phasengrenzfläche F* bezogen:

60) $\dot{q} = \alpha \cdot F \cdot (t_2 - t_1) \qquad \dot{m} = \sigma \cdot F \cdot (x - X)$

Wie im 1. Band a.a.O. bereits erläutert, ergeben sich je nach den Betriebsbedingungen verschiedene *Richtungen der Zustandsänderung im h–x-Diagramm.* Es werden zunächst die beiden Grenzfälle des *angepaßten* und des völlig *irreversiblen Betriebes* und anschließend der allgemeine Fall mit 2 Methoden behandelt.

2. Angepaßter Betrieb

Die *Anpassungsbedingung* umfaßt hier 2 Forderungen, aus dem Temperatur-Gleichgewicht müssen die *Wärme-Kapazitätsströme* $\dot{C}_2 = \dot{C}_1$ und außerdem aus dem Aktivitäts-Gleichgewicht die *Stoff-Kapazitätsströme* gleich sein. Für das erste gilt

61) $$(\dot{C}_1 =)\ \dot{m}_1 (c_{p1} + x c_p'' + r \cdot dx/dt_1) = \\ = (\dot{C}_2 =)\ \dot{m}_2 (c_{p2} + y c_p')$$

Nun darf man praktisch annehmen, daß x klein ist, damit wird auch dx/dt klein. Da ferner die spezifischen Wärmen c_{p1} und c_{p2} nicht allzu verschieden sind, bedeutet 61) praktisch etwa $\dot{m}_1 \approx \dot{m}_2 \cdot$ und daher nach Gl. 56) auch $Dx = \int dx \approx \int dy = Dy$. y selbst ist keineswegs klein, für hohe *relative Feuchtigkeiten* φ geht es sogar gegen unendlich. Für Salzlösungen gilt die Löslichkeitsgrenze als untere Grenze von φ, wobei y in der Größenordnung 1 liegt. Abgesehen von extrem kleinen φ darf man daher praktisch annehmen $Dy \ll y$, und das bedeutet $D\varphi \ll \varphi$.

Das Ergebnis der Anpassungs-Überlegung ist also, daß der *angepaßte Betrieb* eines Strippers etc. auf *Zustandsänderungen annähernd konstanter relativer Feuchtigkeit* φ führt. Der Krümmung der Kurven im $h-x$-Diagramm entsprechend einer mit der Temperatur zunehmenden effektiven spezifischen Wärme steht die annähernd konstante spez. Wärme der Lösung gegenüber, die *Anpassung* kann also verlustlos *nur für kleine Dt, Dx* erreicht werden.

Man kann natürlich den genauen Verlauf der Anpassungskurven berechnen bzw. konstruieren. Nach höheren Temperaturen hin muß y und damit auch φ etwas zunehmen, d. h. die Gasgemisch-Kurve verläuft etwas flacher als die Kurve φ=konst, die Bildpunkt-Kurve der Lösung wegen der zunehmenden spezifischen Wärme ein wenig im gleichen Sinne gekrümmt. Optimale Anpassung im idealisierten Gerät bedeutet für die Übertragung von der Lösung in das Gasgemisch, daß die *Lösungskurve als Sehne* unterhalb der Gasgemisch-Kurve liegt, bei umgekehrter Übertragung berührt die Lösungskurve bei gleicher Richtung die Gasgemisch-Kurve etwa in der Mitte des Übertragungsbereiches. Durch die verschiedene Krümmung können die *Temperatur- und Aktivitätsdifferenzen* also *nur an beiden Enden oder in der Mitte verschwinden,* im übrigen Gerät bleiben Differenzen auch bei Idealisierung bestehen, die man punktweise *längs der Isenthalpen* ablesen und zu einem *mittleren Anpassungsfehler* zusammenfassen kann.

Nachdem man den Zustandsverlauf kennt, die Bewegungsmöglichkeiten auf eine Linie beschränkt sind, braucht man Stoff- und Wärmeübergang nicht mehr getrennt zu behandeln, sondern kann sich auf *eine Komponente* beschränken. Tatsächlich ist die genaue *gegenseitige Lage von Gas- und Lösungskurve* bei relativ kleinem Abstand in guten Übertragern ziemlich *uninteressant,* man kann annehmen, daß *beide Zustände* nicht auf verschiedenen Kurven nebeneinander, sondern *auf derselben Kurve hintereinander herlaufen.*

Die *Berechnung in der Temperaturkomponente* ist hier insbesondere deshalb zweckmäßig, weil der *Wärmeübergang für fühlbare Wärme,* d. h. bezogen auf trockenes Gas, der *geschwindigkeitsbestimmende*

Schritt ist, $\alpha_{tr} \ll \alpha_{kond}$. Die Auslegung der Übertragungsflächen erfolgt also mit α_{tr}, die zusätzliche Kondensationswärme übertragen sie ohne Schwierigkeit.

Ein *Beispiel* möge den Rechengang erläutern. Es soll in einem angepaßten Stripper Luft von 60% rel. Feuchtigkeit von 40 °C auf 15°C gebracht werden.

Man sucht zunächst ein geeignetes Solvat, für das die Real-Konzentration im Gleichgewicht bekannt ist. Es sei gesättigte NH_4Cl-Lösung gewählt, für die sich aus der Siedepunktserhöhung ein Gleichgewichts-φ von 60% bei $y = 1{,}148$ ergibt.

Der additive Ansatz der Wärmekapazität erweist sich als fragwürdig, man kann aus vergleichbaren Lösungen abschätzen die spezifische Wärme der Lösung $c_p = 0{,}72$. Für Luft findet man aus dem $h-x$-Diagramm $Dh = 27{,}4 - 7{,}6 = 19{,}8$ und daraus $Dh/Dt = 19{,}8/25 = \dot{m} \cdot c_p$ (Lös), $\dot{m} = 1{,}1$ kg Lösung/kg Luft mit $1{,}1/2{,}148 = 0{,}512$ kg Salz und 0,588 kg Wasser.

Mit $Dx = 28{,}9 - 6{,}4 = 22{,}5$ g Wasser/kg Luft ($= \dot{m} \cdot Dy$!) ändert sich der Wassergehalt der Lösung von 0,588 auf 0,6105, y von 1,148 auf 1,192. Unter Berücksichtigung dessen, daß das Salz praktisch vollständig dissoziiert, berechnet man ψ' zu 62,9 bzw. 63,8, findet also eine Realkorrektur von etwa 3% und als Änderung von ψ' (gleich der von φ'') 0,9%, um die φ'' am warmen Ende größer ist. Diese Änderung und die Änderung der Wärmekapazität der Lösung um 2,84 % kann graphisch berücksichtigt, aber auch vernachlässigt werden.

Man zeichnet nun die — evtl. korrigierten — Kurven $\varphi = 60\%$ und die Sehne ins $h-x$-Diagramm und liest im Abstand gleicher Dh die Temperaturdifferenzen zwischen den bilanzmäßig zusammengehörenden Zuständen ab, sie seien mit Δt_0 bezeichnet.

Für die Wärmeübertragung gilt dann $\Delta t = \Delta t_0 + \Delta t_1$, wobei Δt_1 die zusätzliche Differenz ist, die schon am Anfang, am Ende und über die ganze Länge hinzukommt. Solange nun $\Delta t_1 \geqq \Delta t_0$ ist, darf man hier vorab das Mittel von Δt_0 und damit direkt $\Delta t_m = \overline{\Delta t_0} + \Delta t_1$ bilden. Man findet $\overline{\Delta t_0} = 1{,}97$.

Es sei ein Sprühdüsen-Wäscher benutzt. Vielfach wird man für die Sprühdüsen in Abhängigkeit vom Flüssigkeits-Druck und -Strom direkt das Produkt $\alpha_{tr} \cdot F$ angegeben finden, hier sei $\alpha_{tr} = 30$ angenommen, mit einer Tropfenfläche $F = 400$ m² für einen Luftstrom von 8000 kg/h ergibt sich $q_{tr} = 25 \cdot 0{,}24 \cdot 8000 = 30 \cdot 400 \cdot \Delta_{tm}$, $\Delta_{tm} = 4$, also $\Delta_{t1} = 2{,}03$, so daß die Näherungsrechnung mit $\overline{\Delta_{t0}}$ zulässig ist.

Aufgaben: Aus Rauchgas mit A: 18, B: 16 Vol% CO_2 soll das CO_2 durch isotherme Absorption mit Wasser von A: 20, B: 15 °C bei 760 Torr zu 75% entfernt werden. Im Gleichgewicht ist $p_{CO2} = K \cdot \psi$ mit $K_{20} = 1{,}08 \cdot 10^6$, $K_{15} = 0{,}93 \cdot 10^6$ [1], das Wasser soll frei von CO_2 zuströmen. Die Menge ist so anzupassen, daß Δp_{CO2} konstant bleibt.

a) Wie groß ist die für den Stoffübergang verfügbare Partialdruck-Differenz Δp_{CO2}? b) Wieviel Wasser ist pro Nm³ Rauchgas erforderlich? c) Ist die Annahme isothermer Absorption berechtigt? d) Wie groß ist die Endbeladung des Wassers? e) Skizziere die Rückgewinnung des reinen CO_2 bei 760 Torr und schätze die Kocher-Temperatur.

Eine Ölquelle liefert neben Erdöl ein saures Gas mit 30 Vol% SO_2 bei 10 ata und 20 °C. Wieweit kann der SO_2-Gehalt im „flash-Verfahren" (Absorption bei 10 ata, Desorption bei 1 ata) gesenkt werden?

a) Wenn SO_2 praktisch der einzige absorbierbare Bestandteil ist. b) Wenn noch 20% Propan im Rohgas enthalten sind (Dampfdruck SO_2 4,3 ata, Propan 10 ata). c) Was kann zur Verbesserung der Verfahren vorgeschlagen werden?

3. Lewis-Faktor

Im eben behandelten *Anpassungsfall* ist der *Verlauf der Kurven* t_1, x und t_2, X *bilanzmäßig festgelegt,* die Punkte laufen bei schlechter Übertragung in größerem Abstand auf ihren Kurven hintereinander her, d. h. infolge der Änderung der Übertragung verschieben sich die zusammengehörigen Punkte in der Längsrichtung. Wenn nun *Wärme- und Stoffübertragung in verschiedener Weise geändert* werden, resultieren daraus Parallelverschiebungen der Kurven — ähnlich wie z. B. eine Umkehrung der Betriebsrichtung, Erwärmung des Gases im obigen Beispiel als Idealfall statt der Sehne, die dieser parallele Tangente ergibt. Da jedoch die Abstände von Gas-Zustandspunkt und Bildpunkt der Flüssigkeit überall etwa gleich groß und klein gegen die Kurvenlänge sind, machen diese Parallelverschiebungen bzw. Drehungen der *Übertragungs-Vektoren* praktisch nur wenig aus.

Ganz anders wird es, wenn man von der Anpassung abweicht, wenn also *große Abstände* aus Bilanzgründen auftreten müssen. Es können zwei Grenzfälle unterschieden werden:

1) Bei $\dot{C}_2 \gg \dot{C}_1$ bleibt der *Flüssigkeitszustand ungeändert,* sein *Bildpunkt* tritt im Diagramm als *„ziehender Punkt"* auf, dem sich der Gas-Zustand auf einer Kurve nähert, deren Verlauf im Einzelnen dann meist gar nicht mehr interessiert. Anwendungen dieses Falles findet man z. B. bei Klimaanlagen mit Wasser-Wäsche zum Einstellen des Taupunktes und bisweilen bei Absorbern zum vollständigen Auswaschen einer Komponente — z. B. Röstgas-Trocknung mit Oleum in der Schwefelsäure-Fabrikation.

2) Bei $\dot{C}_1 \gg \dot{C}_2$ ändert sich der Gaszustand nur unbedeutend, der Flüssigkeitszustand verschiebt sich zunächst auf der Linie φ=konst. Insbesondere *reines Kondensat,* z. B. Wasser, muß mit seinem *Bildpunkt auf der Taulinie* bleiben und verschiebt sich an die sogenannte *„Kühlgrenze"* oder *psychometrische (Feuchtkugel-)Temperatur.* Da hierbei das Gleichgewicht nicht erreicht werden kann, ist der Zusammenhang durch die *Übertragungsgeschwindigkeiten für Wärme und Stoff* bestimmt.

Man beschreibt den Zusammenhang meist mit dem dimensionslosen L e w i s - *Faktor*[1]) $\mathrm{Le} = \sigma \cdot c_p / \alpha$, der für die praktische Rechnung bequem, theoretisch jedoch

---

[1]) Hier anders als in Bd. 1, III, 8 definiert.

nicht leicht zu deuten, insbesondere auch von den Betriebsbedingungen und der Lage der Zustandspunkte im Diagramm abhängig ist. σ in kg/m$^2\cdot$h ist die auf Δx bezogene *Stoffübergangszahl*, c_p die spez. Wärme des Gas-Dampf-Gemisches.

Man findet aus 60) $F=\dot{q}/(\alpha\cdot\Delta t)=\dot{m}/(\sigma\cdot\Delta x)$, aus 56) $\dot{m}=\int\dot{m}_1\cdot dx$ und aus 57) $\dot{q}=\int\dot{m}_1(c_p)\cdot dt_1$, daher:

62) $$\int dx/\Delta x=(\sigma\cdot c_p)/\alpha\cdot\int dt_1/\Delta t=\mathrm{Le}\cdot\int dt_1/\Delta t$$

Die beiden Integrale haben die Bedeutung der „reduzierten Länge" für Stoff- bzw. Wärme-Übertragung, Le gibt also an, wieviel die Stoffübertragung besser funktioniert, als die Wärmeübertragung.

Physikalisch kommt es auf das Verhältnis der *Diffusionskonstanten* δ zur *Wärmeleitfähigkeit* λ an. Beide sind etwa $1/\sqrt{M}$ proportional, für die *Diffusion* gilt das *Molekulargewicht* des *Dampfes* M'', für die *Wärmeleitung* — bei kleinen x — das des *Gases* M_1, man erhält daher als Verhältnis der Geschwindigkeiten etwa $\sqrt{M_1/M''}$. Für feuchte Luft gilt $\sqrt{29/18}=$ $=1{,}27$, d. h. die *Diffusion geht etwas schneller* als die Wärmeübertragung, der Wassertropfen bzw. Feuchtkugel-Thermometer wird *etwas kälter*, als der Richtung der Nebel-Isotherme und sogar der Isenthalpe entsprechen würde. Praktisch kann man für technische Genauigkeitsansprüche bei feuchter Luft mit der Isenthalpen-Richtung arbeiten, Stoff- und Wärmeübergang durch $d\dot{q}=r\cdot dx\cdot\dot{m}_1=\alpha dF\cdot\Delta t$ mit üblichen *Wärmeübergangszahlen für trockene Luft* berechnen.

Anwendung findet der Zusammenhang beim *Psychrometer*. Da genaugenommen auch noch Re eine Rolle spielt, arbeitet man mit *definierter Strömung und empirischen Eichkurven*. Die Dochte werden mit destilliertem Wasser getränkt, bei Verwendung als Regelgerät in technischen Anlagen kann man auch gewöhnliches Wasser über einen längeren Docht zuleiten und den Rest mit angereicherten Salzen abtropfen lassen.

4. Verdunstungskühler, mit Methode der Halbwert-Austauscher

Für angepaßten Betrieb und die Extremfälle ist, wie oben gezeigt, eine geschlossene Behandlung möglich. Für die meisten praktischen Anwendungsfälle, die dazwischen liegen, müssen die *simultanen Zustandsänderungen* dt_1, dx, dt_2, dX (dy) längs des ganzen Apparates verfolgt werden. Das ist wegen der nicht-linearen Zusammenhänge analytisch schwierig, man benutzt daher statt der Integration *Differenzen-Verfahren,* die man vorzugsweise *graphisch* löst. Entsprechend den konstruktiven Unterschieden wurden 2 Wege entwickelt, um die Unterteilung in Stufen vorzunehmen. Hier sei nun die Methode der *„Halbwert-Austauscher"* dargestellt und auf einen Verdunstungskühler angewandt.

Bei der Unterteilung des *Stromtauscher-Apparates* kommt es darauf an, die *Teilstücke* nicht zu klein zu machen, da dann zuviele Schritte des Rechenganges nötig wären, aber auch nicht zu groß, damit das Ergebnis nicht verfälscht wird. Ein brauchbarer Kompromiß ist der *Halbwert-Austauscher,* in dem z. B. die *Temperaturdifferenz auf die Hälfte des Anfangswertes verkleinert* wird.

Beim *Verdunstungskühler* ist die *eintretende Luft* i. a. *ungesättigt,* während der *Bildpunkt des Wassers* natürlich auf der *Taulinie* liegt, man hat also grundsätzlich einen Fall mangelhafter Anpassung.

Im Grenzfall sehr *kleiner Luftströme* — wie er etwa bei älteren *Kühltürmen* mit *freier Konvektion* auftreten kann — liegt der Luft-Austritt-Zustand nahe dem Bildpunkt des Wassereintritts, während die Wassertemperatur sich wenig verkleinert. Aus der Gesamtbilanz im $h-x$-Diagramm liest man ab, daß man damit die *Wasserausnutzung* $Dh/Dx > r$ sehr hoch treiben kann, dafür wird aber auch die *Betriebs-*

temperatur des Wassers hoch, d. h. der *Arbeitswert der Verdunstungskälte* ist gering.

Im anderen Grenzfall sehr *großer Luftströme* — z. B. bei unbelasteten *Ventilator-Kühltürmen* — erreicht man näherungsweise die Kühlgrenze, die Wasserausnutzung wird jedoch schlecht, $r > Dh/Dx \to 0$, weil die *Verdunstungskälte* zum großen Teil zur *nutzlosen Abkühlung der Luft* verbraucht wird. Man muß also einen Kompromiß schließen, wobei neben den *Wasser*- auch die *Anlagekosten* zu berücksichtigen sind.

Man gewinnt aus 57) und 60) einen differentiellen Ansatz:

63) $$d\dot{q} = \alpha \cdot dF \cdot (t_2 - t_1) = \dot{C}_1 \cdot dt_1 = -\dot{C}_1 \cdot d\,(t_2 - t_1)$$

Man kann nun die Temperaturdifferenz als Δt_0 bezeichnen, im *Halbwertaustauscher* soll sie sich von Δt_0 auf $\Delta t_0/2$ ändern. Weiter kann man noch die *Einheitsfläche* $F_e = \dot{C}_1/\alpha$ einführen, damit erhält man:

64) $$F = \int dF = -F_e \int_{\Delta t_0}^{\Delta t_0/2} d\Delta t/\Delta t = -F_e \cdot \ln(\Delta t_0/2 \cdot \Delta t_0) = +\ln 2 \cdot F_e = 0{,}693 \cdot F_e$$

Damit ist die *Fläche des Halbwertaustauschers* gefunden. Der Skizze 24 ist $\dot{C}_1 = 1{,}5 \cdot \dot{C}_2$ zugrundegelegt.

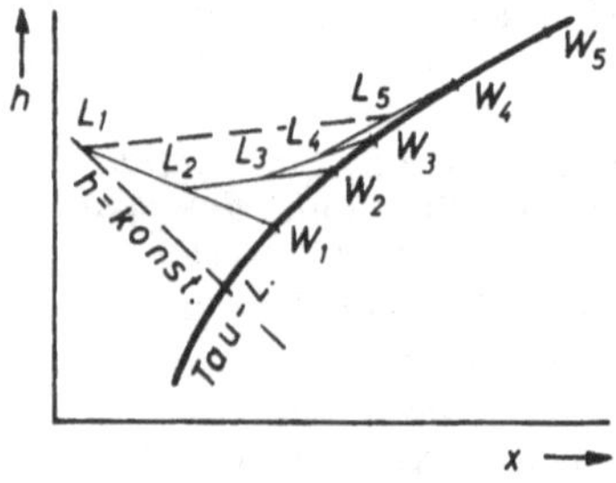

Abb. 24. $h-x$-Diagramm der feuchten Luft mit Konstruktion des Zustandsverlaufs in einem Verdunstungs-Kühler mit 4 Halbwert-Austauschern.

Die *Konstruktion im $h-x$-Diagramm* beginnt man mit dem Lufteintrittszustand L_1 und dem Wasser-Austrittszustand W_1. L_2 liegt auf der Mitte der Verbindungsgeraden, die abgegriffene *Enthalpie-Änderung* von L_1 nach L_2 wird mit $\dot{C}_1/\dot{C}_2$ multipliziert und liefert, von W_1 aus den Punkt W_2. In gleicher Weise findet man die Punkte 3, 4, 5, es sei angenommen, daß mit den gezeichneten 4 Halbwert-Schritten die Eintrittstemperatur des Wassers erreicht oder schon überschritten ist — dann muß die *letzte Einheit interpoliert werden.* Damit ist die Zahl der Einheiten und die erforderliche Gesamt-Übertragungsfläche gefunden. Aus der Verbindungslinie $L_1 \ldots L_5$ findet man Dh/Dx, d. h. die *Wasserausnutzung.* Die verdunstete Wassermenge ist erfahrungsgemäß so klein gegen die umlaufende, daß deren Korrektur überflüssig ist.

Im allgemeinen Fall einer *Lösung,* wo die *Bildpunkte* nicht auf der Taulinie festliegen, muß schrittweise außer der *Temperaturänderung* auch die *Änderung von φ* (aus der *Stoffbilanz)* berücksichtigt werden.

Man beachte, daß die Lufttemperatur im Apparat zunächst ab- und dann zunimmt. Entsprechendes kann auch hinsichtlich x eintreten.

Wenn $Le \neq 1$ ist, läuft die *Zustandsänderung der Luft* nicht in Richtung auf den Bildpunkt *W*, sondern *zielt daran vorbei.* Für diesen Fall findet man die korrekte Konstruktion bei Bosnjakovic, [10, 2. Teil], eine spezielle Rechenmethode wurde von Sherwood entwickelt.

Falls die gefundene *Stufenzahl* unwirtschaftlich groß wird, muß der *Luftstrom* — d. h. die *Lüfterleistung* — vergrößert und die *Konstruktion wiederholt* werden.

Aufgaben: Wie funktioniert eine nach der Konstruktion der Verdunstungskühlung entsprechende Anlage ohne Wasserverbrauch (mit Lösungen) im Wüstenklima? Man entwerfe durch Zufügen eines W.Ü. das Idealverfahren der Verdunstungskühlung und diskutiere seine Funktion.

5. Absorber, mit Boden-Methode berechnet

Die Berechnung von *Boden-Absorbern* könnte grundsätzlich nach der in III,2 entwickelten Methode im $y-x$-Diagramm geschehen, die Schwierigkeit besteht jedoch darin, die *Gleichgewichtskurve* zu finden, da als Voraussetzung hierfür der *Zustandsverlauf* z. B. des Gas-Dampf-Gemisches im $h-x$-Diagramm bekannt sein muß. Ehe dieser Weg diskutiert wird, sei die oben entwickelte Methode im $h-x$-Diagramm auf Boden-Apparate angewandt.

Im obenstehenden *Beispiel* würde die Luft auf dem untersten Boden die Taulinie in W_1 erreichen, von da ab geht ihre Zustandsänderung längs der Taulinie. Die Enthalpie-Änderung im *untersten Boden* wäre doppelt so groß, wie im *Halbwertaustauscher,* daher muß der Bildpunkt des Wassers auf dem 2-ten Boden (W_2') doppelt so weit von W_1 entfernt sein, wie W_2. Das Weitere ergibt sich aus den Wärmebilanzen längs der Taulinie. Insgesamt ergibt sich aus dem Strom-Verhältnis, ob der Wasserablauf die Feuchtkugeltemperatur erreicht, ob er darüberbleibt, wie oben, oder ob umgekehrt die Luftaustrittstemperatur merklich unter der Wasser-Zufluß-Temperatur liegt.

Man erhält hiermit den *Zustandsverlauf im Absorber schrittweise* durch *graphische Konstruktion,* muß jedoch jeweils die Änderungen Dx, Dh aus dem Diagramm ablesen, mit den *Bilanzgleichungen* in Dy, Dt_2 umrechnen und die neuen *Bildpunkte der Lösung* ins Diagramm eintragen. Insgesamt handelt es sich also um eine Kombination von graphischem und analytischem Verfahren, die insbesondere bei vielen Schritten schwerfällig wird.

Für die weitere Behandlung sei auf Bd. 1, II, 9-11, insbesondere Figur 15 hingewiesen. Dort war festgestellt, daß die *Beladung* y der *Lösung* über dem *Parameter* φ praktisch *unabhängig von der Temperatur* dargestellt werden kann. Wir wollen nun diesen Parameter auch für den *Dampfgehalt* x *des Gases* zugrundelegen. Das geht allerdings nicht mehr unabhängig von der Temperatur, in Figur 25 sind links im $h-x$-Diagramm 5 *Richtungen der Zustandsände-*

rung des Gasgemisches und rechts die zugehörigen *Kurven* x *über* φ dargestellt. Auch hierfür gilt, daß

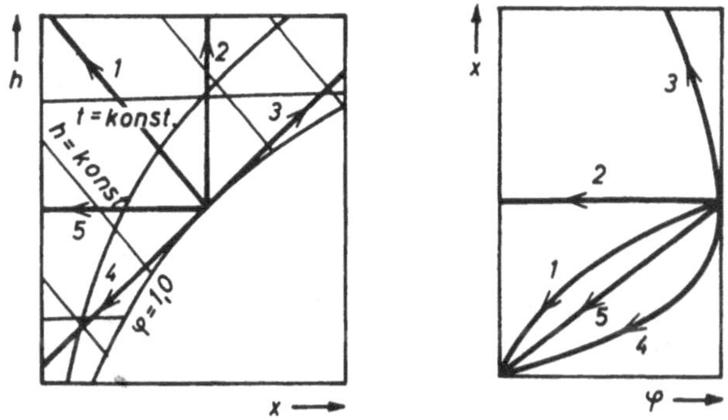

Abb. 25. Umzeichnung der Zustandsänderungen 1 bis 5 aus dem $h-x$-Diagramm links ins $x-\varphi$-Diagramm rechts.

die *Kurvenformen* praktisch von der Temperatur unabhängig sind, lediglich der x-*Maßstab* ändert sich. Man kann nun die Kurven y über φ der betreffenden Lösung und x über φ aus Abb. 25 zusammenfassen zum $y-x$-Diagramm der Abb. 26, bei dem dann der x-Maßstab entsprechend der Temperatur zu wählen ist. Hierin wird *Betriebsgerade* und *Treppenkonstruktion* wie in III, 2, Abb. 14 eingezeichnet.

Der Weg über das $y-x$-Diagramm hat allerdings einen entscheidenden *Mangel:* Die 5 Richtungen bilden nur *spezielle Lagen* im Kontinuum der wirklich vorkommenden — wobei die *tatsächlichen Zustandsverläufe* auch noch im $h-x$-Diagramm *gekrümmt* sind, also von Kurvenform zu Kurvenform übergehen. Selbst wenn man aber geradlinigen Zustandsverlauf annehmen darf, ist doch die *Richtung vom Stromstärke-Verhältnis* abhängig, d. h. das $y-x$-Diagramm gilt hier nicht für beliebige, sondern jeweils genau nur für ein bestimmtes Stromstärkeverhältnis.

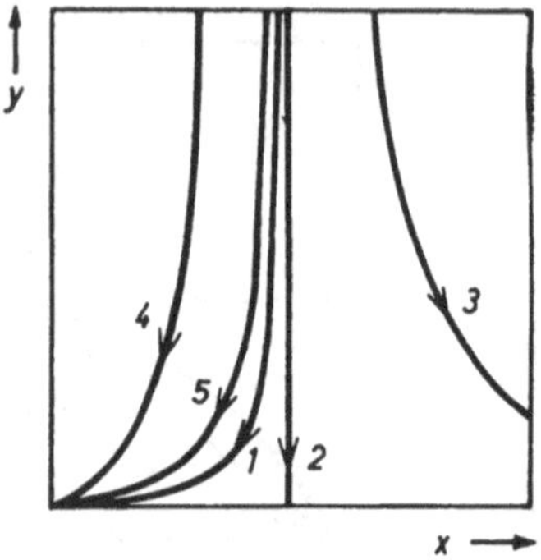

Abb. 26. y−x-Diagramm (entsprechend Abb. 14, 16) mit den Richtungen 1 bis 5 aus Abb. 25 entsprechenden Typen von Gleichgewichtskurven.

In dieser Lage kann es zweckmäßig sein, den Weg einzuschlagen, der im folgenden Beispiel mit Abb. 27 dargelegt ist: Im allgemeinen wird die Lösung einen Anfangsgehalt y_0, das Gas einen Restgehalt x_0 bei Absorption (und umgekehrt bei Desorption) haben. Man zieht nun in dem vorgegebenen $\dot{y}-\varphi$-Diagramm die *Grundlinie* in der Höhe y_0. Das Diagramm ist für 1 kg/h gelösten Stoff, d. h. unveränderlichen *Träger* gezeichnet, entspricht also dem gewöhnlichen *Gleichgewichtsdiagramm,* nur mit etwas geänderter Bedeutung der Ordinate.

Nach 56) muß nun gelten:

65) $$Dy = y - y_0 = (x - x_0)\,\dot{m}_1/\dot{m}_2$$

Diesen Betrag, der bilanzmäßig y zugeordnet ist, trägt man als $\dot{x}$-*Kurve,* von dem zu x_0 gehörigen φ_0 auf der Grundlinie ausgehend, über φ im $\dot{y}, \dot{x}, -\varphi$-Diagramm auf. Die gegenläufigen *Ströme im Apparat* müssen sich nun bilanzmäßig durch *Punkte gleicher Ordinate im Diagramm* abbilden, *Gleichgewichtseinstellung* auf einem Boden bedeutet Einstellung auf *übereinstimmendes* φ, d. h. es gilt wieder die *Treppenkonstruktion,* wobei die *Senkrechten* jeweils einen *Boden* bedeuten.

Man muß hier zu der vorgegebenen $\dot{y}$-Kurve für jede Betriebsbedingung und Stromstärkeverhältnis die $\dot{x}$-Kurve berechnen bzw. konstruieren, kann das jedoch natürlich auch stückweise tun und damit leichter den speziellen Zustandsverlauf im Apparat berücksichtigen.

Zu den *Zustandsverläufen* ist noch zu sagen, daß die *Isotherme* 5 dem oben in Abschnitt 3 behandelten *Grenzfall* 1 entspricht: Die *Sorptionswärme* wird *vom Flüssigkeitsstrom aufgenommen,* im Grenzfall ohne Temperaturänderung, bei kleinerem Strom entsprechend Kurve 4 unter Erwärmung. Das *trockene Ende* ist also hier das *kalte,* das *Stromstärke*verhältnis muß sich, abgesehen von dem ohnehin überdimensionierten isothermen Betrieb, nach der *Aufnahmefähigkeit am nassen Ende* richten, man erhält eine *hohe Beladung,* gute Ausnutzung des Sorbens. Eventuell kommt *Kühlung am nassen Ende* in Frage. Der Anpassungsfall bedeutet das Einlegen einer Sehne in die Kurve 4, Abbildung 26.

Kurve 3 entsteht durch Richtungsumkehr von 4, entsprechend einem *Gleichstrom-Betrieb,* sie findet höchstens Anwendung zur Desorption, es gibt nur einen „Boden", schnelle Übertragung *(„flash-Verfahren").* Kurve 2 hat nur theoretische Bedeutung als Grenzlage von Kurve 1.

Kurve 1 entspricht dem *Grenzfall* 2, der Lösungsstrom ist zu klein, um die *Sorptionswärme* aufzunehmen, diese (und die Abkühlungs-Enthalpie des Lösungsstromes) wird *vom Gasstrom aufgenommen,* das *trockene Ende* wird zum *warmen* (vgl. „Sorptions-Adiabate" in Kap. VI). Der Fall tritt ein, wenn der *Sättigungsgehalt* x_{max} überhaupt klein, d. h. die Betriebstemperatur relativ *„kalt"*—bezogen auf das betreffende Gemisch — ist. Das *Stromstärkeverhältnis* wird vom *trockenen Ende* bestimmt, am nassen ist die Ausnutzung des Sorbens gering, sie kann verbessert werden durch *Kühlung des trockenen Endes,* insbesondere durch kalte Einspeisung des Sorbens.

Beispiel: Aus einer technischen Waschanlage wird Luft abgesaugt, die bei +25 °C zu 60% mit Trichloräthylen-Dampf gesättigt ist. Die Dämpfe sollen bis auf $x_0 = 0{,}005$ in einem Boden-Wäscher mit einem Öl von 224 mittl. Molekulargewicht und 0,5 spez. Wärme absorbiert werden, wobei $\dot{m}_1/\dot{m}_2 = 1$ gewählt und auf den untersten Böden Fremdkühlung (mit Kühlwasser) auf 25 °C Betriebstemperatur vorgesehen werden soll. Gesucht ist die Zahl gekühlter und ungekühlter Böden.

Die Angabe der Betriebstemperatur (Größe der W.Ü./Kühlwasserverbrauch), des Stromverhältnisses (Öl-Regenerierungs-/Bodenkosten) und des x_0 (Trichloräthylen-Verlust/Kosten des obersten Bodens) nehmen die Ergebnisse der *wirtschaftlichen Optimierung* vorweg, x_0 kann aber auch unabhängig davon z. B. durch *Gesundheits-* oder *Sicherheits-Vorschriften* festgelegt sein.

Man sucht aus der Literatur von Trichloräthylen das Molekulargewicht 131,4, den Sättigungsdruck $p_s = 75$ Torr bei 25 °C und die Kondensationswärme $r = 57$ kcal/kg. Man berechnet

$$x = (75 \cdot \varphi) \cdot 131{,}4/29\,(760 - (75 \cdot \varphi))$$

und $y = \varphi \cdot 131{,}4/224\,(1 - \varphi)$, und zeichnet mit Stromverhältnis 1 und x_0 das $\dot{x}$, $\dot{y} - \varphi$-Diagramm. Aus der Anfangsneigung findet man, daß bei 25 °C $\dot{m}_2/\dot{m}_1 = 0{,}756$ ausreichen würde, das gewählte Verhältnis 1 jedoch maximal etwa 33 °C Betriebstemperatur zulassen würde.

Durch Treppenkonstruktion findet man für die unteren, isotherm gekühlten Böden $x = 0{,}28\,(+0{,}005)$, $x_1 = 0{,}14$, $x_2 = 0{,}082$, $x_3 = 0{,}043$.

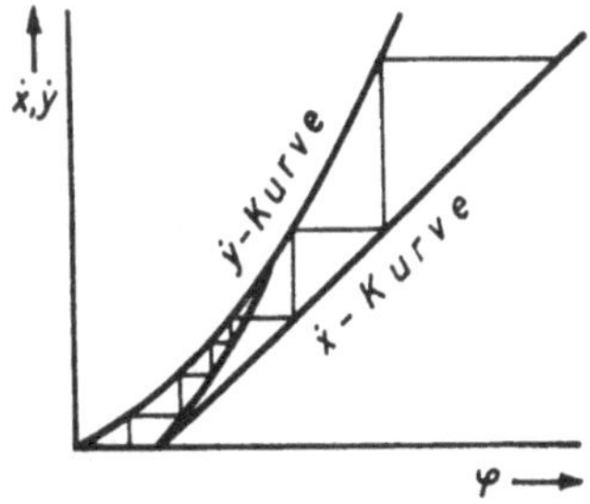

Abb. 27. $\dot{x}$, $\dot{y}-\varphi$-Diagramm für Absorption. Die $\dot{x}$-Kurve wird Konstruiert, hier ist sie etwa gerade für die gekühlten Böden (isotherme Absorption) und gekrümmt für adiabate Absorption. Links im Diagramm entspricht oben in der Kolonne, der Schnittpunkt der gekrümmten Kurven gibt die Grenze, unterhalb derer die Kolonne gekühlt werden muß.

Da in den ungekühlten Teil mit 25 °C sowohl die Luft von unten als auch das Öl oben eintreten, am oberen Ende jedoch Gleichgewicht herrschen muß, trägt die Luft nicht wesentlich zur Wärmebilanz bei, das Öl muß vielmehr durch seine Erwärmung insgesamt die Kondensations (angenommen = Absorptions-) Wärme des in ungekühlten Teil absorbierten Tri. aufnehmen. Rechnet man überschlägig mit 10 grd zulässiger Erwärmung (auf +35 °C, was unter Berücksichtigung von x_0 und der Krümmung der $\dot{y}$-Kurve den o. a. 33 °C entspricht), so gilt

$$10 \cdot \dot{m}_2 c_{p2} = \dot{m}_1 \cdot r \cdot x_{max}, \quad x_{max} = \frac{10 \cdot 0{,}5}{57} = 0{,}088,$$

d. h. 2 gekühlte Böden reichen aus.

Auf dem 3-ten Boden stellt sich aus kalt zuströmender Luft und warm zuströmendem Öl eine Mischtemperatur ein, zur Vereinfachung sei angenommen, daß er wie ein gekühlter Boden absorbiert, aber die Luft mit Öl-Zufluß-Temperatur entläßt. Dann gilt: Die folgenden Böden arbeiten ohne äußere Störung adiabat, d. h. nach einem verhältnismäßig einfachen Gesetz, die Erwärmung des Öles muß Abkühlung der Luft und Kondensation bewirken, für letztere bleibt also nur eine Wärmekapazität $c' = 0{,}5 - 0{,}24 = 0{,}26$, die bei $\dot{x}_{max} = 0{,}046$ für 10 grd erschöpft ist. Konstruiert man die zugehörige, nicht-isotherme $\dot{x}$-Kurve, so findet man durch Treppenkonstruktion, daß der restliche Teil 4 Böden erfordert, es werden also insgesamt 7, davon 2 gekühlte theoretische Böden benötigt.

Das Beispiel zeigt mit der Notwendigkeit von 3 verschiedenen Rechengängen die Kompliziertheit üblicher Anwendungen, die z. T. darin begründet ist, daß Temperatur bzw. Druck ungünstig gewählt sind bzw. das Absorptionsverfahren überhaupt physikalisch unzweckmäßig erscheint.

Aufgabe: Übertrage die oben besprochenen Richtungen 1 bis 5 der Zustandsänderungen im Absorber ins $\log p - 1/T$-Diagramm der Lösung.

Eine Kontakt-Schwefelsäure-Anlage arbeitet mit Röstgas von 20 Vol% SO_2, das aus der Wasser-Wäsche mit 50 °C gesättigt austritt. Es wird nochmal die gleiche Luftmenge, mit $x = 25$ g/kg, zugesetzt und mit Produkt getrocknet. Wie groß wird die Konzentration des Rohproduktes (Schwefelsäure oder Oleum) bei vollst. Reaktion zu SO_3.

In der gleichen Anlage kommt das Röstgas mit 500 °C aus dem Röstofen. Berechne die Wasserwäsche für +95 °C Wasser-Abfluß-, +45 °C Wasser-Zufluß-Temperatur.

6. Sprühtrockner

Die in den vorstehenden Beispielen behandelte Richtung des *Stoffübergangs aus der Gas- in die flüssige Phase* ist verfahrenstechnisch bevorzugt, weil die *Kondensation* des Dampf-Bestandteils in jedem Falle eine *Verdichtung* liefert. Die umgekehrte Richtung kommt fast nur für Wasser in Frage, dessen Dampf dann verlorengehen darf und soll: Neben *Verdunstungskühlung* nach 4 also *Trocknung*.

Meist handelt es sich um *Trockengut* in fester Form, das als Sorptiv-Regenerator nach Kap. VI zu behandeln wäre. Da jedoch nach Bd. 1, 11 die *Masse des Wassers* im *1. und 2. Trockenabschnitt* bei vollem oder annäherndem *Sättigungsdruck* verdunstet, liegen hinsichtlich *Gleichgewicht* und *Bilanz* ähnliche Bedingungen vor, wie beim Trocknen von Lösungen: *Anpassung* über den ganzen Verlauf ist *nicht möglich,* i. a. wird unabhängig vom Verlauf der Gleichgewichtskurve nur nach dem *Gesamteffekt* auszulegen sein. Aus dem Gesichtspunkt des *Energieaufwandes* würde eine *Vortrocknung* mit großen Strömen von *Frischluft* geringer Wasser-Aufnahmefähigkeit — z. B. Heu-Trocknung — naheliegen, dem steht aber der Aufwand für die *Reinigung der Luft* von Staub und Keimen und der *Zeitbedarf* entgegen. Bei Zeitbedarf ist außer der *Wirtschaftlichkeit* der Anlage hier auch der eventuelle *Verderb des Gutes* zu berücksichtigen.

Praktisch arbeitet man bevorzugt mit erhitzter Frischluft, durch die *Erhitzung* wird die *Aufnahmefähigkeit* für Wasserdampf und auch die *Verdunstungsgeschwindigkeit* gesteigert. Vom Trockengut her ist aber meist eine *Grenze der zulässigen Temperatur* festgelegt, die nicht überschritten werden darf. Bisweilen ist daraufhin eine *mehrstufige Trocknung* mit *Zwischenüberhitzung* der Luft vorteilhaft. Eine andere Möglichkeit der Temperaturbegrenzung des Trockengutes liegt in der Anwendung von *Gleichstrom* zwischen Luft und Trockengut.

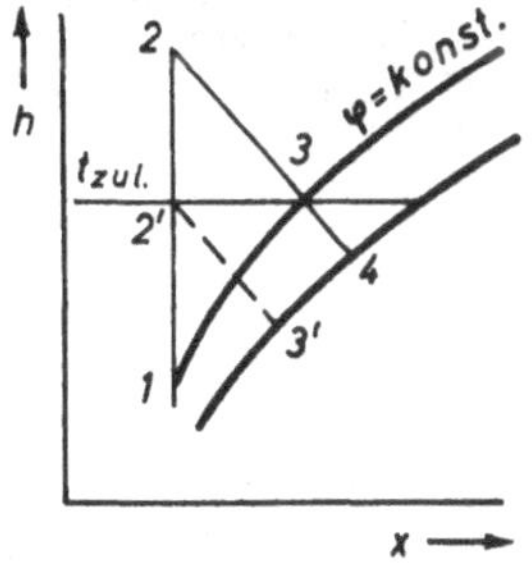

Abb. 28. $h-x$-Diagramm zur Erläuterung der Sprühtrocknung.

Die nebenstehende Skizze des $h-x$-Diagramms feuchter Luft stellt die Zusammenhänge dar. Es ist vorgeschrieben die *zulässige Temperatur* und die relative *Feuchtigkeit* φ, bei deren Unterschreitung die Lösung *eintrocknet* bzw. das Gut *haltbar* wird. Würde man im Gegenstrom trocknen, so dürfte die *Frischluft* 1 nur bis 2′ aufgeheizt werden, als Effekt käme $x_3' - x_2'$ pro kg Luft heraus. Bei Gleichstrom zwischen Gut und Luft stellt sich das Gut zunächst auf die Kühlgrenze ein, man darf die Luft bis 2 aufheizen, ohne daß die Gutstemperatur zunächst t_4 übersteigt. Mit fortschreitender Trocknung und Übergang in den *hygroskopischen Bereich* bewegt sich der Zustands-*Bildpunkt des Trockengutes* von 4 nach 3, als Effekt ergibt sich $x_3 - x_2$ pro kg Luft, was meist absolut und oft auch hinsichtlich der *Wärmeausnutzung* $(h_2 - h_1)/(x_3 - x_2)$ günstiger ist.

Im *Sprühtrockner* wird die heiße Luft und die dem Effekt angemessene Menge Lösung — z. B. Milch, Kaffee etc. — in einer *Düse zerstäubt,* oben zugeführt. Im Absinken mit der Luft trocknen die Tropfen zu *Pulver-Partikeln,* die dann unten z. B. mit *Zyklon* von der Luft getrennt werden.

Da die *Haltbarkeit* der Trockengüter hauptsächlich von der *Restfeuchte,* also φ abhängt, die im hygroskopischen Bereich noch abzuführende Wassermenge aber meist ziemlich gering ist, wird häufig eine *Nachtrocknung,* bevorzugt *Vakuum-Trocknung,* nachgeschaltet. Im Bereich sehr kleiner Restfeuchten sind z. B. bei Eiweiß höhere Temperaturen zulässig, ohne daß Verderb (Gerinnen) eintritt.

VI. Regeneratoren

1. Speicherung, Zeitfunktion, Füllverlust

Regeneratoren sind Übertragungsgeräte mit *Zwischenspeicherung.* Die 3 wesentlich verschiedenen Funktionen des *Dämpfungs-,* gewöhnlichen und *Sorptiv-Regenerators* werden hier im Zusammenhang behandelt, weil wesentliche Eigenarten des Rechenganges bei allen in gleicher Weise auftreten.

Der gewöhnliche Regenerator dient zur *Wärmeübertragung.* Er besteht aus *mindestens 2 Behältern,* die mit *Füllelementen,* im Folgenden *„Steine"* genannt, gefüllt sind und *abwechselnd von den beiden Strömen* $\dot{C}_1$, $\dot{C}_2$ durchflossen werden, zwischen denen die Wärmeübertragung stattfinden soll. Wo im Wärmeübertrager die *Wärmedurchgangszahl* aus den Wärmeübergangszahlen auf beiden Seiten der Fläche und dem Wärme-Widerstand der Wand d/λ einzusetzen ist, treten beim Regenerator als *Wärme-Eindringzahlen* analoge k'-Werte aus den Wärmeübergangszahlen jeweils einer Periode an der gleichen Steinfläche und dem Wärmewiderstand auf, den der Stein dem instationären *„Lade- bzw. Entladevorgang"* entgegensetzt. Hinsichtlich der Wärmeübertragung ist das eine so *indirekt* wie das andere, der entscheidende Unterschied liegt in der *Speicherung.*

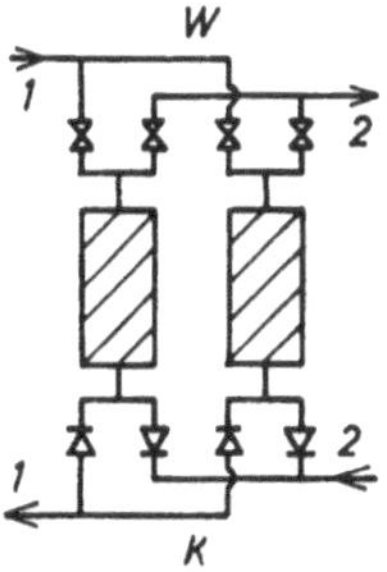

Abb. 29. Fließbild eines Übertragungs-Regenerators. Unten sind Rückschlag-Ventile vorgesehen, dafür muß der Druck des Stromes 1 höher als der des Gegenstromes 2 sein.

Der Regenerator kann Wärme nur übertragen, wenn sie in den Steinen gespeichert wurde. Dabei muß sich die *Steintemperatur* — zum Unterschied als ϑ bezeichnet — ändern. Gespeichert wird eine Wärmemenge, zugeführt und abgeführt werden Wärmeströme $\dot{C} \cdot dt$, der Vorgang im Regenerator muß daher *auch von der Zeit abhängig* sein und durch eine *partielle Differentialgleichung* beschrieben werden:

Im Regenerator ist die Temperatur eine Funktion des Ortes und der Zeit.

Zu den üblichen Verlusten kommt beim Regenerator der *Füllverlust* hinzu, der bei jedem Umschalten im Volumen des Gerätes enthalten ist. Bezeichnet χ den *Füllfaktor* als Verhältnis des *Steinvolumens* V

zum *Hohlraum des Gefäßes* — praktisch 60 ... 80% —, P die *Periodendauer* und $\dot{V}$ den *Volumenstrom* — gleich $\dot{m}/\varrho_p$ bzw. $\dot{C}/c_p\varrho_p$ — und schließlich M die *Steinmasse*, ϱ ihre *Dichte*, so gilt:

66) $$B = \frac{(1-\chi)\cdot V}{\chi\cdot\dot{V}\cdot P} = \frac{(1-\chi)\,M/\varrho}{\chi P\,(\dot{m}/\varrho_p)}$$

Nun überlegt man, daß die *Wärmebilanz* bei gleicher Temperaturänderung von Stein und Strom fordert:

67) $$M\cdot c \geqq \dot{m}\cdot c_p\cdot P$$

Rechnet man hieraus unter vorläufiger Benutzung der Gleichheit M aus und setzt in 66) ein, so wird der Füllverlust B mindestens:

68) $$B = \frac{(1-\chi)\cdot c_p\cdot\varrho_p}{\chi\cdot c\cdot\varrho}$$

Da nun die *Wärmekapazitäten der Volumeneinheit* $c\cdot\varrho$ bei kondensierten Stoffen nicht allzusehr voneinander verschieden sind, dagegen bei Gasen entsprechend der kleineren Dichte bei Normaldruck um etwa 3 Größenordnungen kleiner sind, ist ersichtlich, daß der *Füllverlust die Anwendung von Regeneratoren für den Wärmeaustausch von Flüssigkeiten praktisch ausschließt*, daß er dagegen bei Gasen bis zu mittleren Drucken vernachlässigbar klein bleibt. Man muß nur beachten, daß ein Füllverlust von z. B. 1% durch entsprechende Steuerung der *Umschaltautomatik abgeblasen* wird, damit er nicht eine oft untragbare *Verunreinigung* des Produktes von 1% verursacht.

Hinsichtlich der *Anlagekosten* kann man beim W.Ü. etwa 1 bis 10 DM/m^2 rechnen, während 1 m^2 Steinoberfläche nur Pfennige kostet, also überschlägig vernachlässigt werden kann. Dagegen sind beim Regenerator *Umschaltautomatik* bzw. Mechanismus bei den umlaufenden *Ljungström-Typen* teuer und ein zusätzlicher Aufwand von mindestens 1000 DM. Der Regenerator kommt daher erst ab 10^2 bis 10^{3}m^2 Übertragungsfläche in Frage und wird je größer, um so vorteilhafter.

Da bei Gasen die *Gebläsearbeit* zur Überwindung des *Druckverlustes* proportional $\Delta p/p$ ist, sollte dieser *relative Druckverlust* in beiden Strängen gleich, die *Strömungsquerschnitte* $f_1/f_2 = p_2/p_1$ gemacht werden, wie das beim W.Ü. elementare Regel ist. Beim Regenerator müssen dafür $p_2/p_1 = n$ *Elemente in der Niederdruckleitung parallel geschaltet,* also insgesamt $n+1$ Elemente benutzt und *zyklisch vertauscht* werden, wobei sie $1/n$ der Zeit in der Hochdruckleitung den vollen Strom, dagegen die ganze Zeit $1/n$ Strom in der Niederdruckleitung führen. Zweckmäßig schaltet man dann mit *zeitlicher Überlappung,* womit die beim 2-Element-Regenerator so lästigen *Druckstöße* und *Temperaturschwankungen* wesentlich herabgemindert und wegen der größeren Toleranzen *billigere Schaltelemente* verwandt werden können.

2. Differentialgleichungen, reduzierte Koordinaten

Ansatz und Lösung der *Differentialgleichungen* wurde von H a u s e n [119] entwickelt. Man berechnet die differentielle Wärmemenge dq, die 1) vom *Gasstrom* durch Temperaturänderung dt abgegeben, 2) vom *Stein* durch Temperaturänderung dϑ gespeichert und 3) durch die Steinoberfläche dF mit der *Wärmeeindringzahl* k' übertragen wird:

69) $$(\mathrm{d}q =) -\dot{C} \cdot \mathrm{d}t \cdot \mathrm{d}z = \mathrm{d}C \cdot \mathrm{d}\vartheta = k' \cdot \mathrm{d}F\,(t-\vartheta) \cdot \mathrm{d}z$$

Der linke Teil der *Doppelgleichung* enthält die *Wärmebilanz der Speicherung,* der rechte die *Friktion der Wärmeübertragung.* Man bildet 2 Friktionsgleichungen:

70) $$\begin{aligned} -\dot{C} \cdot \mathrm{d}t \cdot \mathrm{d}z &= k' \cdot \mathrm{d}F \cdot (t-\vartheta) \cdot \mathrm{d}z \\ \mathrm{d}C \cdot \mathrm{d}\vartheta &= k' \cdot \mathrm{d}F \cdot (t-\vartheta) \cdot \mathrm{d}z\,. \end{aligned}$$

In der ersten läßt sich dz kürzen, in der zweiten $\mathrm{d}F/\mathrm{d}C = F/C$ integrieren, man hat also 2 partielle

Diff.Gl. für t und ϑ als Funktionen der Zeit z und des Ortes F.

Man zieht die außer den Variablen noch vorhandenen Größen mit den unabhängigen Variablen zu neuen *„reduzierten Koordinaten"* zusammen:

71) *reduzierte Länge* $\Lambda = k' \cdot F/\dot{C}$

$$d\xi = k' \cdot dF/\dot{C}$$

72) *reduzierte Periodendauer* $\Pi = k' \cdot F \cdot P/C$

$$d\eta = k' \cdot F \cdot dz/C.$$

Λ und Π sind die *Endwerte* der Koordinaten. ξ bzw. η. Einsetzen in 70) liefert, wieder als Doppelgleichung:

73) $$\partial t/\partial\xi = -\partial\vartheta/\partial\eta = (\vartheta - t).$$

Um die Variablen zu trennen differenziert man 73) nach ξ und η, ersetzt aus dem linken Teil, der Bilanzgleichung, jeweils die unerwünschte Größe durch die andere und erhält:

74) $$\frac{\partial^2\vartheta}{\partial\xi\partial\eta} + \frac{\partial\vartheta}{\partial\eta} + \frac{\partial\vartheta}{\partial\xi} = 0 \qquad \frac{\partial^2 t}{\partial\xi\partial\eta} + \frac{\partial t}{\partial\xi} + \frac{\partial t}{\partial\eta} = 0.$$

Beide Temperaturen unterliegen also der gleichen part. Diff.Gl. nun 2. Ordnung, linear und homogen. Ihre *Lösung* ist die *Exponentialfunktion,* für t ausgeschrieben:

75) $$t = A \cdot e^{(u\xi + v\eta)}.$$

Durch Differenzieren und Einsetzen erhält man die *Charakteristische Gleichung:*

76) $$uv + u + v = 0.$$

Um den mathematischen Aufwand in Grenzen zu halten wird nur ein einfaches Problem hier gelöst und aus dieser Lösung, wie schon an anderer Stelle, allgemeine Folgerungen gezogen, auf Grund derer die komplizierteren Probleme dann in guter Näherung abgeschätzt werden können.

Die *einfachste Anwendung* ist der *Gleichstrom-Regenerator,* also ein einzelnes, mit Steinen gefülltes Gerät, daß von einem Strom mit *periodisch schwan-*

kender Temperatur durchflossen wird. Die Eintritts-Temperatur ($\xi=0$) kann dann als Fourier-*Reihe* der *Grundfrequenz* ω dargestellt werden:

77) $$\omega=2\pi/\Pi=2\pi C/(k'FP)$$

$$t(\xi=0)=\sum_{n=1}^{n=\infty} A_n\, e^{(in\omega\eta)}$$

In der komplexen Schreibweise ist $v=in\omega$, aus 76) berechnet man:

$$u=-\frac{v}{1+v}=-\frac{in\omega}{1+in\omega}=-\frac{in\omega}{1+n^2\omega^2}-\frac{n^2\omega^2}{1+n^2\omega^2}$$

Die rechts stehende *Normalform der komplexen Zahl* ist durch Erweitern mit dem konjugiert-komplexen Nenner $(1-in\omega)$ gewonnen. Das *imaginäre Glied* bildet mit dem *imaginären Zeitglied* den Exponenten einer mit dem Gasstrom fortschreitenden *Welle*, das negative *reelle Glied* bedeutet die *Dämpfung dieser Welle*, d. h. die mit wachsendem ξ abnehmende Amplitude der Temperaturschwankungen. Es interessiert nun nur diese Dämpfung, da hierin die technische Bedeutung des Gleichstrom-Regenerators liegt. Die Diskussion der *Wellenlänge* und *Phasengeschwindigkeit* kann daher fortbleiben.

3. Dämpfungs-Regenerator, optimaler Steindurchmesser

Der *Gleichstrom-Regenerator* ist ein Analogon zum *Rührkessel* oder *Wirbeltopf*, indem ein Ausgleich der Temperaturschwankungen einerseits durch Mischung, hier aber durch *Zwischenspeicherung* erfolgt. Man will dabei also *maximale Dämpfung* erreichen. Das bedeutet zunächst für die Grundfrequenz ($n=1$), daß mit *gegebenem Aufwand* der *Dämpfungsexponent* $\Lambda\omega^2/(1+\omega^2)$ möglichst groß wird. Begrenzter Aufwand bedeutet *gegebene Speichermasse* bzw. Kapazität $C=V\cdot\varrho\cdot c$. Es kann dann nur noch der *Steindurch-*

messer d variiert werden, der mit V und F über einen *Geometriefaktor* G verknüpft ist:

79) $V/F = d/G$ mit $G_{Kugel} = 6$, $G_{Zylinder} = 4$, $G_{Platte} = 2$.

Mit 79) eliminiert man F in den Ausdrücken des vorigen Abschnitts für ω 77) und Λ 71), setzt in den Dämpfungsexponenten ein und findet durch *Extremal-Rechnung* maximale Dämpfung für:

80) $$d = k' \cdot G \cdot P/(2\pi \cdot c \cdot \varrho).$$

Der *Dämpfungsexponent* nimmt damit die einfache Form an:

81) $$\Lambda \cdot n^2\omega^2/(1+n^2\omega^2) = \frac{\pi \cdot C}{\dot{C} \cdot P} \cdot \frac{2n^2}{1+n^2}$$

Der zweite Faktor hat für die Grundwelle den Wert 1, für die 1. Oberwelle ($n=2$) schon 1,6 und steigt weiter bis 2 für $n=\infty$. Die *Oberwellen sind also stärker gedämpft,* die ursprünglich beliebige periodische Funktion geht im Dämpfungsregenerator unter stetiger Abnahme der Amplitude in eine *Sinusfunktion der Grundfrequenz* über. Es ist daher berechtigt, wenn man die technische Behandlung auf die Grundwelle beschränkt.

Das *Dämpfungs-Maximum* bei *optimalem Steindurchmesser* nach 80) ist daraus zu erklären, daß zu große Steine zu kleine Fläche und daher zu wenig Wärmeaustausch haben, während zu kleine die Temperaturschwankung voll mitmachen und daher nicht dämpfen.

Bei der im Folgenden behandelten *Wärmeübertragung mit Umschalt-Regenerator* soll *keine* Dämpfung auftreten. Das bedeutet einfach, daß dann der *Steindurchmesser kleiner* oder höchstens gleich dem nach 80) berechneten sein muß. Man stellt dann fest, daß bei den praktisch infragekommenden Materialien, der *innere Wärmewiderstand* d/λ gegen den äußeren $1/\alpha$ *vernachlässigt,* also praktisch $\alpha = k'$ gesetzt werden kann. Lediglich bei sehr langen Periodendauern gibt es noch eine Grenze.

82) $$d \leqq \lambda / a .$$

Für Natursteine liegt diese Grenze bei $d=30$ bis 40 mm. Mit abnehmender Periodendauer sinkt der optimale bzw. maximale Durchmesser nach 80). Bei etwa $d=1$ mm kommt man an die Grenze, wo *kugelige Steine* bei technischen Strömungsgeschwindigkeiten anfangen zu *wirbeln,* man muß dann zu *zylindrischen Faser-Materialien* übergehen, z. B. Nylon-Fäden mit $d=7\,\mu$ nach 80) für die *Philips-Maschine* mit 1400 Umdr/min und je 2 Spielen pro Umdr. Bei Fasern ist der Füllfaktor χ und damit auch der Strömungswiderstand kleiner, als bei Kugeln.

Aufgabe: In einer Luftzerlegungs-Anlage für 1000 kg/h Luft bei 6 ata, $c_p=0{,}24$, $\varrho_p=25$ kg/m^3 soll die mit $P=10$ min schwankende Eintrittstemperatur vor der Rektifikationssäule ausgeglichen werden. Für die Steine gilt $c=0{,}5$, $\varrho=2500$, als k' sei 150 kcal/m^{2}h · grd angenommen. Berechne den optimalen Steindurchmesser und die prozentuale Abnahme der Temperatur-Amplitude bei Einsatz von 40 bzw. 80 kg Stein.

4. Linearisierte Näherungslösung und Gütegrad

Für den im *Umschaltbetrieb* zur *Gegenstrom-Wärmeübertragung* benutzten Regenerator setzt sich die exakte Lösung der Diff.Gl. nach Hausen aus Grund- und Oberwellen von Besselschen *Funktionen* zusammen. Da die stärkere Dämpfung der Oberwellen auch dort gilt, kann man sich auf die *Grundwelle* beschränken. Die Grundwelle ist aber sehr einfach, denn natürlich muß die *Temperaturverteilung* — z. B. bei unendlich kurzer Periodendauer überzeugend — mit der im Wärmeübertrager nach Kap. II übereinstimmen. Nachdem die verschiedenen Sonderfälle dort diskutiert sind, kann man sich hier auf den *angepaßten Betrieb* mit $\dot{C}_1=\dot{C}_2$ und *linearem Temperaturverlauf* beschränken, indem Abweichungen davon durch *Korrekturen* nachträglich berücksichtigt werden können.

Es ergibt sich dann ein Temperaturverlauf nach nebenstehender Skizze: ausgezogen in der Mitte die

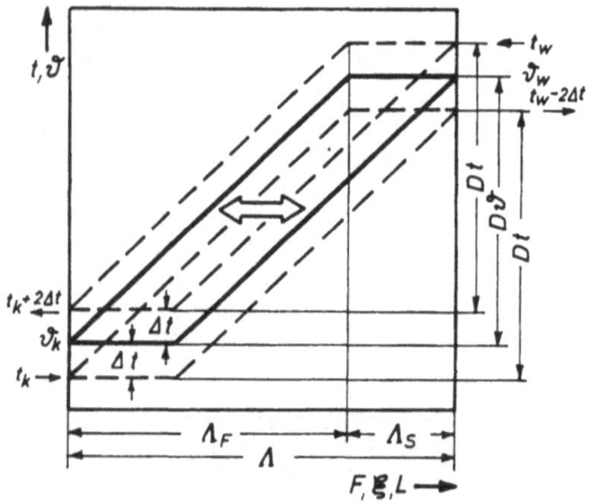

Abb. 30. Linearisierte Darstellung des Temperaturverlaufs im Regenerator. Die starken Striche geben die Steintemperatur jeweils in den Grenzlagen, beim Umschalten. Die Front bewegt sich in Richtung des Gasstromes zwischen den Grenzlagen.

Steintemperatur ϑ und je nach Gasrichtung darüber- oder darunterliegende Gastemperatur t. Das z. B. von links kalt eintretende Gas wird aufgeheizt und kühlt dabei die Steine ab, so daß sich die Temperaturfront im Regenerator nach rechts, also mit dem Gas bewegt. Wenn die Front am Ende angekommen ist, muß umgeschaltet werden.

Man kann nun offenbar die *Gesamtlänge* des Regenerators in 2 *Teile* zerlegen, die *Frontlänge,* in der die *Wärmeübertragung* vor sich geht, und die *Speicherlänge,* die zu Beginn der Kaltperiode, wie gezeichnet, rechts liegt und warm ist, am Ende der Kaltperiode aber kalt links liegt. Die vereinfachende Annahme dabei besagt, daß *in der Front keine Speicherung* und in der *Speicherlänge keine Wärmeübertragung* stattfindet. Da das praktisch doch in geringem Umfang der Fall ist, ist der praktische Gütegrad wenig besser, als der hier berechnete.

Die *Speicherbilanz* 67) ist nun nur auf die *Speicherlänge* zu beziehen:

83) $\dot{C} \cdot P = C_s = M_s \cdot c = (F_s/F) \cdot C$

Löst man das nach der anteiligen Fläche F_s auf und setzt diese in 71) ein, so erhält man die *reduzierte Länge des Speichers:*

84) $\Lambda_s = k'F_s/\dot{C} = k'F \cdot \dot{C} \cdot P/ \ (C \cdot \dot{C}) = k'F \cdot P/C = \Pi$

Die nach 72) definierte *reduzierte Periode* hat also die anschauliche Bedeutung der *Speicherlänge.* Als Differenz erhält man:

85) $\Lambda_F = \Lambda - \Pi$

Der *Gütegrad der Wärmeübertragung* als Quotient der ausgenutzten Temperaturdifferenz Dt zur verfügbaren $(Dt + 2\Delta t)$ ergibt sich nun mit der Frontlänge:

86) $\Lambda_F = k'F_F/\dot{C} = Dt/\Delta t \quad \mu = Dt/(Dt + 2\Delta t) = \Lambda_F/(\Lambda_F + 2)$

Nun ist zu beachten, daß hier auch ein *Gütegrad der Speicherung* auftritt: Wenn der Speicher erschöpft, die tatsächliche Speicherlänge Λ_s kleiner als die „idealisierte" Π ist, gilt:

87) $\mu = \Lambda_s/\Pi \qquad \Lambda_s = \mu\Pi$

Man korrigiert damit 85) und setzt in 86) ein

88) $\Lambda_F = \Lambda - \mu\Pi \qquad \mu = (\Lambda - \mu\Pi)/(2 + \Lambda - \mu\Pi)$

Praktisch dürfte für eine *Projektierung* der Gütegrad μ und die Periodendauer P vorgeschrieben sein, womit nach Festlegung des Steindurchmessers d auch Π durch 79) § 3 festliegt. Man findet dann durch Auflösung von 88):

89) $\Lambda = \mu\,(2/(1 - \mu) + \Pi)$

Die so berechnete *reduzierte Länge enthält,* wie oben gesagt, einen *Sicherheitszuschlag* von wenigen

%. Das genaue Ergebnis würde Berücksichtigung der hier vernachlässigten Oberwellen erfordern. Anschaulich gesprochen bewirken diese eine Abrundung und Verflachung der Front, wodurch sie vor jedem Umschalten ein wenig ausgeschoben und dann nach dem Umschalten aufgerichtet wird. Dadurch stellt sich der Regenerator bei jedem aufgezwungenen Betrieb automatisch so ein, daß μ den größtmöglichen Wert annimmt. *Der Betrieb ist also sehr stabil,* auch gegen Störungen und z. B. beim Anfahren, so daß die Verfolgung dieser Vorgänge im einzelnen technisch nicht interessiert. Die gesamte, leicht zu berechnende Speicher-Wärme muß beim *Anfahren* natürlich zugeführt werden, vielfach in besonderer *Anfahrschaltung.* Danach stellt sich der optimale Zustand in einigen Perioden ein.

Wegen des *Druckverlustes* ist man geneigt, die *Baulänge L* des Regenerators möglichst kurz zu halten. Dem setzt die körnige Struktur der Füllung eine Grenze, man überlegt leicht, daß $L \geqq d \cdot \Lambda$ sein muß. Außerdem ist die *Kaltperiode instabil* — ein zufällig kälteres Strömungskanälchen läßt mehr Gas durch und wird dadurch noch kälter, es treten daher Mischungsverluste auf — so daß man die Länge i. a. viel größer, möglichst größer als den Durchmesser des Behälters wählt.

Hinsichtlich der Anwendungen sei auch auf Regenerativ-Öfen, insbesondere Schacht- und Ringöfen, in Kap. XI. verwiesen.

Aufgabe: Ein Kino für 1000 Personen soll gelüftet werden mit 20 m³/h und /Person. Bei $t_a = -10$, $t_i = +20$ soll die Frischluft mit +14 °C eintreten. Berechne und konstruiere einen scheibenförmigen, umlaufenden Regenerator zur Wärmeübertragung zwischen Ab- und Frischluft. Als Speichermasse ist Glaswatte mit $d = 40\,\mu$, $c = 0{,}2$, $\varrho = 2000$, Packungsdichte 300 kg/m³ zu verwenden.

Ein Regenerator für eine Luftzerlegungsanlage für 5000 m³/h, $c = 0{,}31$ kcal/Nm³ · grd soll mit etwa kugeligen

Steinen mit $d = 15$ mm, $c = 0{,}4$ kcal/kg · grd und 2900 kg/m^3 Dichte gefüllt werden. Es soll eine Abkühlung um 215 grd mit $2 \times 0{,}5 = 1$ grd mittlerer Temperaturdifferenz und $\alpha_1 = \alpha_2 = 40$ kcal/m^2 hgrd erreicht werden. Berechne die kürzest zulässige Periodendauer P_0 und die erforderliche Steinmenge für $P = 3 \cdot P_0$. Gib das Schaltbild und die Schaltwalze der Ventilautomatik sowie das vollständige Fließbild einschließlich Spül-Ventilen und Rückschlagventilen für die dem Druckverhältnis 6 entsprechende Aufteilung der N_2-Elemente und gleichgroße O_2-Elemente an.

In einer Schwefelsäure-Fabrik soll ein Teil des gereinigten und getrockneten Röstgases ($t = 50$ °C, 16 Vol% SO_2 auf SO_2 verarbeitet werden. Die Kondensation beginnt bei -45 °C und soll bis -60 °C (6 Vol%) getrieben werden. Für den Wärmeaustausch zwischen warmem, SO_2-reichem und dem armen Gas ist ein Regenerator vorgesehen. Wieviel Nm^3 Röstgas ist zu verarbeiten, wenn 10 Tato SO_2 gewonnen werden sollen?

Lege die Temperaturen symmetrisch so fest, daß im Regenerator gerade noch keine Kondensation eintritt. Wähle geeignete Füllkörper und gib die Auslegung für das 3-fache der Mindestperiode an.

5. Nasser Regenerator-Betrieb

Einer der Hauptvorteile des Regenerators gegenüber dem W.Ü. liegt darin, daß *kondensierbare Komponenten* des Gases in ihm ausgefroren und nach dem Umschalten wieder ausgetragen werden können. Dadurch wird z. B. bei der Luftzerlegung Wasser- und CO_2-Eis von der Rektifikationskolonne ferngehalten. Damit die *Austragung* funktioniert, ist eine zusätzliche *Bilanzbedingung* zu erfüllen. Praktisch muß das Gas in der Kaltperiode einen etwa um den Faktor 3 verminderten Druck, d. h. 3-faches Volumen, haben. Der Zahlenwert ist von μ abhängig und geht mit $1/\mu$ gegen 1.

Im *Kondensationsbereich* erscheint die *spezifische Wärme* des Gases um $r \cdot dx/dt$ vergrößert. Den Einfluß dieser Vergrößerung von $\dot{C}$ auf den Temperaturverlauf im Regenerator ersieht man aus einer auch für das Folgende wichtigen Diskussion der *Bilanzgleichung*. Man schreibt den linken Teil von der Doppelgleichung 73) § 2 um:

$$90)\quad -\partial t/\partial\vartheta = \partial\xi/\partial\eta = (k'\mathrm{d}F\mathrm{d}C)/\dot{C}k'\mathrm{d}F\mathrm{d}z) = \mathrm{d}C/(\dot{C}\cdot\mathrm{d}z)$$

Man sieht, daß sich $k'\mathrm{d}F$ herauskürzt, die Bilanz ist vom Wärmeübergang unabhängig. Die rechte Seite als Quotient von reduzierter Länge und Zeit bedeutet eine *reduzierte Geschwindigkeit*. Die linke Seite zeigt, daß im Bereich der linearen Front — und kürzere Abschnitte kann man immer als linear ansehen — die *reduzierte Geschwindigkeit den Zahlenwert 1* haben muß. Wo daher $\dot{C}$ im Nenner der rechten Seite vergrößert ist, muß das zugehörige dC ebenfalls vergrößert und daher die *Front flacher* sein. Auf C, ξ oder L bezogen, läuft die Front im Kondensationsbereich in beiden Richtungen schneller, dieser Teil richtet sich daher in der Warmperiode auf, in der Kaltperiode verflacht er wieder. Zur Aufnahme der Kondensationswärme muß zusätzliche *Speicherkapazität* vorgesehen werden, die nur mit relativ kleinem $D\vartheta$ ausgenutzt wird.

In Luftzerlegungsanlagen ist das Druckverhältnis durch die Linde'*sche Doppelsäule* auf etwa 6 festgelegt, also größer als zum Austragen der Kondensate erforderlich. Überraschenderweise folgt daraus ein thermodynamischer Verlust: Die Verdunstungskälte wird im Anfang der Kaltperiode, bei zu hoher Temperatur gewonnen. Man könnte die *Austrag-Reserve* für eine *zusätzliche Verdunstungskühlung* — mit eingespritztem Wasser — ausnutzen und damit eine Begradigung der Front, Ersparnis an Speicherkapazität bzw. Verbesserung von μ erreichen.

Aufgabe: Röstgas einer Schwefelsäurefabrik, 10^5 kg/h, soll von 40 °C, $x=50$ g/kg auf 32,8 °C, $x=32$ g/kg in einem nassen Regenerator getrocknet werden im Gegenstrom mit Frischluft von 20 °C und $\varphi=50\%$. Der Regenerator soll mit Raschig-Ringen 8×8×1,5, $\varrho=1670$, $c=0{,}22$ kcal/kg·grd Schüttdichte $\varrho_s=600$ kg/m³ gefüllt und mit 1 min Schaltperiode betrieben werden. Setze $k' = \alpha$ und $\alpha_{tr} = 20$. a) Wie sind die Betriebstemperaturen festzulegen, damit Wärme- und Stoffbilanz gleichzeitig erfüllt werden? Wähle die Δt_m so, daß die Λ_F für beide Perioden gleich werden! b) Wie groß ist $\dot{C}$ und α_{ges}? ($\alpha_{nass} = \infty$) c) Prüfe, ob 1 min Schaltperiode zulässig ist. d) Gib Bau-Volumen und Füllgewicht jedes Regenerators an.

6. Sorptiv-Regenerator, Sorptions-Adiabate

Benutzt man als „Stein" adsorbierende feste oder — z. B. in poröse Körner eingesogene — absorbierende flüssige Substanzen, so erhält man im *Sorptiv-Regenerator* ein periodisch arbeitendes Gerät zum *Wärme- und Stoffaustausch.*

Zu den 2 abhängigen Variablen t, ϑ kommen hier 2 weitere und demzufolge auch 2 Diff.Gl hinzu: Der *Dampfgehalt des Gases* x und der *Kondensat bzw. Sorbatgehalt des Sorbens* · y. In den Stoff-Gleichungen tritt die *Stoffeindringzahl* s' an die Stelle von k', es ist daher nicht mehr möglich, durch reduzierte Koordinaten alle 4 Gleichungen frei von Koeffizienten zu machen. Man erhält eine symmetrische Schreibweise, wenn man die spezifischen Wärmen aus den reduzierten Koordinaten ausklammert, zumal diese hier zusammengesetzte Ausdrücke erfordern:

91 $$c_g = c_p + x \cdot c'' + r \cdot dx/dt \qquad c_s = c + y \cdot c'$$

Die neuen Koordinaten seien mit ′ gekennzeichnet, die Grundgleichungen 71) bis 73) schreiben sich dann:

92) $$d\xi' = k' dF/\dot{m} \qquad \Lambda' = k'F/\dot{m} = c_g \Lambda$$
$$d\eta' = k' F dz/M \qquad \Pi' = k' FP/M = c_s \Pi$$

93) $$c_g \partial t/\partial \xi' = -c_s \partial \vartheta/\partial \eta' = (\vartheta - t)$$
$$\partial \xi'/\partial \eta' = -(c_g/c_s)\, \partial t/\partial \vartheta$$

Die analog 90) umgeschriebene Bilanzgleichung zeigt, daß die *reduzierte Geschwindigkeit in den neuen Koordinaten vom Quotienten der spezifischen Wärmen* abhängt.

Für die *Stoffgleichungen* wird der Umrechnungsfaktor β eingeführt, der wie folgt näherungsweise bestimmt werden kann:

94) $$\beta = k'/s' \approx a/\sigma \approx c''$$

Für die Formulierung der Stoff-Gleichungen wird zunächst der *Dampfgehalt* der Gasphase X eingeführt, der mit dem mit y beladenen *Sorbens im Gleichgewicht* steht. Man erhält analog den Wärmegleich.:

95) $$\beta \partial x/\partial \xi' = -\beta \cdot \partial y/\partial \eta' = (X - x)$$

Wenn man vorerst von der Nichtlinearität der Zusammenhänge absieht, so kann man x und y bzw. deren Differentiale proportional den *Sättigungsgehalten* x_{max} und y_{max} setzen. Damit liefert die Abschnitt 3 analoge Optimierung bzw. Begrenzung des Korndurchmessers:

96) $$d \leqq s' \cdot G \cdot P/(2\pi \varrho y_{max}) \qquad d \leqq \delta/\sigma$$

In der letzten, 82) entsprechenden Gleichung bedeuten δ die *Diffusions-* und σ die *Stoffübergangskonstante.* Nach der links stehenden Formel ergibt sich der *Korndurchmesser in Sorptiv-Regeneratoren* normalerweise etwa *um den Faktor 10 kleiner,* als in Regeneratoren, dann ist aber auch die Vereinfachung in 94) zulässig.

Schreibt man aus 95) die umgeformte Bilanzgleichung heraus:

97) $$\partial \xi'/\partial \eta' = -\partial x/\partial y \approx -x_{max}/y_{max}$$

so bemerkt man Folgendes: Mit $x_{max} \approx 3\%$, $y_{max} = 30\%$ — bei guten Sorbentien — wird die *reduzierte Wanderungsgeschwindigkeit der Beladungsfront* wesentlich *kleiner, als die der Temperaturfront* nach 93). Das hat 2 Konsequenzen:

1) Die Beschränkung der Anwendung von Regeneratoren auf Gase ist durch die Wanderungsgeschwindigkeit der Temperaturfront und deren Auswirkung auf den *Füllverlust* verursacht. Nachdem die Beladungsfront etwa eine Größenordnung langsamer wandert, können *Sorptiv-Regeneratoren auch für Flüssigkeiten* benutzt werden, ohne daß der Füllverlust

übermäßig groß wird. Da hierbei analog der im Kap. III behandelten Extraktion die Temperaturdifferenzen und Wärmeumsätze verschwindend klein werden, kann sich die Berechnung auf die Stoffgleichungen 95) beschränken.

2) Wie oben der *Einfahr-Vorgang* eines Regenerators als technisch uninteressant ausgeklammert worden war, kann man beim Sorptiv-Regenerator das Durchwandern der Temperaturfront während des ersten Teiles jeder Periode vernachlässigen und sich auf den eingefahrenen Zustand des *stationären Fortschreitens der Beladungsfront* beschränken. Es gibt dann nur noch *eine Front, in der sowohl Temperatur- als Konzentrationsänderungen ablaufen.* Es zeigt sich, daß dabei eine charakteristische *Zustandsänderung* zustandekommt, die als *Sorptions-Adiabate* zu bezeichnen ist. Ihre Differentialgleichung folgt aus der Gleichsetzung der Wanderungsgeschwindigkeiten nach 93) und 97):

98) $$(-\partial\xi'/\partial\eta'=)\ (c_g/c_s)\ \partial t/\partial\vartheta = \partial x/\partial y$$

Da 98) aus den *Bilanzgleichungen* entsteht, also vom Wärme- und Stoffübergang unabhängig ist, kann man sie auch „klassisch" interpretieren, also $x = X$, $dx = dX$, $t = \vartheta$ und $dt = -d\vartheta$ setzen. Damit erhält man durch Einsetzen der spez. Wärmen nach 91):

99) $$r \cdot dX + ((c + yc')\,dX/dy + c_p + Xc'')\,dt = 0$$

dX/dy folgt aus dem *Beladungs-Gleichgewicht,* ist also eine bestimmbare Funktion von X und t, 99) ist daher eine *gewöhnliche Diff.Gl.,* deren Lösungen, die *Schar der Sorptions-Adiabaten,* ins $h-x$-Diagramm eingezeichnet werden können. Da nach 97) dX/dy klein ist, andererseits die Sorptionswärme r in 99) i. a. etwas größer als die Verdampfungswärme ist, kann man die beiden Korrekturen näherungsweise gegeneinander aufheben und erhält die bekannte Diff.Gl.:

100) $$r \cdot dX + (c_p + Xc'') \cdot dt = 0$$

der *Isenthalpe,* näherungsweise fallen also die *Sorptions-Adiabaten* mit den *Isenthalpen* im *h—x-Diagramm zusammen.*

Im *Sorptiv-Regenerator* ist also das *nasse Ende kalt, das trockene warm.* Beim Umschalten läuft ein schneller, ziemlich komplizierter *Übergang von der Sorptions- zur Desorptions-Adiabate* und umgekehrt ab, dem das langsame Wandern der Beladungsfront folgt. Man kann das *Desorbieren erleichtern* durch *niedrigeren Druck* — wie im nassen Regenerator — oder *höhere Temperatur.* Da der Zustandsverlauf aus der Bilanz festliegt, kann die *Friktions-Berechnung in einer Komponente,* z. B. durch den *Wärmeübergang allein* durchgeführt werden.

7. Die „ausgezeichnete" Sorptions-Adiabate (ASA)

Mit Einführung der *Sorptionsadiabaten* ist das Problem reduziert, aber noch nicht gelöst. Aus 95) muß noch eine Größe durch die *Gleichgewichtsbedingung* $y = f(X)$ eliminiert werden. Formal mathematisch ist das sehr kompliziert, es wird daher ein experimentell-graphisches Verfahren angewandt.

Nach 97) bestimmt $\partial x/\partial y$ die Wanderungsgeschwindigkeit der Beladungsfront. Setzt man gerade Front voraus, so ist $dx = dX$, man braucht also nur X über y aufzutragen, um die Wanderungsgeschwindigkeit als Steilheit der Kurve ablesen zu können.

Da die Gleichgewichte üblicherweise bei konstanter Temperatur gemessen werden, ist in der Abb. 31 zunächst gestrichen das System der *Sorptions-Isothermen* für Luft-Wasser-Silikagel als Beispiel aufgetragen. Legt man die Langmuir-*Formel* zugrunde (vgl. Bd. 1, II, 11), so gilt z. B.

101) $$y = aX/(X_{max} + bX) = a\varphi/(1 + b\varphi)$$

Korrekt wäre der *Sättigungsgrad* X/X_{max} statt der *rel. Feuchte* φ einzusetzen, jedenfalls wird aber durch die experimentellen Werte der y-Skala eine φ-Skala zugeordnet. Falls y_{max} temperaturabhängig ist, ergibt sich ein schief- und krummliniges, aber in jedem Falle eindeutiges $\varphi - X$-Koordinaten-System. Damit wird die Zeichnung zum $X - \varphi$-*Diagramm* mit eingezeichneten *Isothermen,* in dem jedem Punkt ein Luftzustand ein-eindeutig zugeordnet ist.

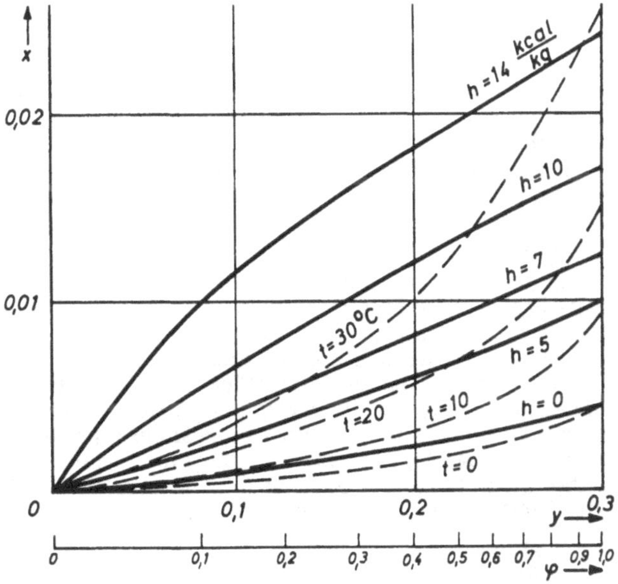

Abb. 31. x – y-Diagramm des Systems Luft-Wasserdampf-Silikagel.

Man kann nun den tatsächlichen Verlauf der *Sorptions-Adiabaten messen,* indem man z. B. eine Beladungsfront durch einen Sorptiv-Regenerator bläst. Bei konstantgehaltenem Eintrittszustand durchläuft der Austrittszustand nacheinander alle Punkte der

Sorptions-Adiabate. Trägt man die gemessene Sorptions-Adiabate mit den Koordinaten X, φ in die Zeichnung ein, so erhält man die ausgezogenen Kurven, beim vorliegenden System nahezu mit den angegebenen Isenthalpen zusammenfallend. Diese Kurven geben die tatsächlich zusammengehörigen X und y, ihre *Steilheit* also die *tatsächliche Wanderungsgeschwindigkeit der Beladungsfronten.* Man erkennt:

Bei kleinem h bzw. t, X_s etc. ist die Temperaturdifferenz längs der Sorptions-Adiabate klein, deren Verlauf zeigt dieselbe Krümmung, wie die Sorptions-Isotherme. Das nasse Ende (rechts, steiler) wandert schneller als das trockene, beim *Adsorbieren* richtet sich die Front daher steil auf, man bekommt hohe Ausnutzung des Sorbens. Beim Desorbieren bekommt man jedoch die langsam wandernden kleinen Beladungen nicht heraus, die Desorption wird ungünstig.

Bei hohen t etc. sind die Temperaturdifferenzen zwischen dem heißen, trockenen Ende und dem kühlen, nassen beträchtlich, am trockenen Ende liegt man auf einer heißen und daher steilen Isotherme, am nassen dagegen auf dem Endstück einer kühlen und daher flachen Kurve. Die Krümmung ist also hier umgekehrt, die kleinen Beladungen wandern schneller, man kann *leicht desorbieren,* aber nicht mehr mit guter Ausnutzung des Sorbens adsorbieren, weil auch eine steil einlaufende Front schnell verflacht.

Zwischen beiden Fällen liegt eine *ausgezeichnete Sorptions-Adiabate* mit gleicher Neigung am trockenen und nassen Ende und offensichtlich praktisch *konstanter Neigung im ganzen Verlauf.*

Die ASA ist gleichgut für Ad- und Desorption geeignet, der Vorgang ist im Grenzfall verlustlos und umkehrbar. Damit ist hier von allen bisher behandelten Stoffübertragern erstmalig die *Anpassungsbedingung erfüllt,* und zwar *über den ganzen Konzentrations-Bereich.*

Technisch wird man auf einer etwas *kälteren Sorptions-Adiabate absorbieren* — 5 grd Temperaturdifferenz am nassen Ende — und auf einer entsprechend *wärmeren desorbieren.* Man erreicht dann nicht nur eine befriedigende *Austragung* mit gleichen Volumenströmen, sondern auch bereits eine beträchtliche *Steilheit der Fronten.* Die verschiedene Wanderungsgeschwindigkeit läßt die Welle kentern, die daher rührende Front-Steilheit führt zu $L < d \cdot \Lambda$. Die experimentell ermittelte ASA wird bei höherem Druck und bei Sorbentien mit höherer Sorptionswärme nach höheren Temperaturen verschoben. Die Anpassung gelingt nur mit Sorptionsstoffen, die etwa dem Langmuir-*Gleichgewicht* nach 101) genügen.

Der allgemeine Fall starker Abweichung von der ASA arbeitet technisch unbefriedigend und konnte auch mathematisch noch nicht gelöst werden.

Aufgabe: Warum und wie läßt sich ein Sorptiv-Regenerator beim Betrieb auf der ASA aus den Wärmeübergangs-Gleichungen allein berechnen?

8. Chromatographie

Befinden sich in einem fluiden Strom 2 oder mehr sorbierbare Komponenten, so ist deren *Wanderungsgeschwindigkeit* im Sorptiv-Regenerator i. a. gemäß der Flüchtigkeit verschieden. Für physikalische Sorption besteht *Proportionalität mit den Dampfdrucken,* bei der Behandlung mit Diagrammen wäre daher die molare Konzentration $\varkappa$ anstelle des bisher benutzten x vorzuziehen. Praktisch bestimmt man die Wanderungsgeschwindigkeiten experimentell und kann sie bisweilen durch die Wahl des *Trägers,* bei Wasser z. B. durch verschiedenen p_H-Wert, so beeinflussen, daß die Unterschiede größer werden.

Hierauf gründen sich analytische und präparative Trennverfahren, die als *Chromatographie* bezeichnet werden. Die Bezeichnung rührt von den bekannten

Farb-Ringen her, die Tinten-Tropfen auf Löschpapier hinterlassen: *Papier-Chromatographie.* Man speist in einen *Gleichstrom-Sorptiv-Regenerator impulsweise* abwechselnd reinen Träger und Träger mit dem zu trennenden Gemisch. Mit wachsender reduzierter Länge Λ ziehen sich die Impulse der verschiedenen Komponenten entsprechend ihrer verschiedenen Wanderungsgeschwindigkeit auseinander und können daher am Ende voneinander getrennt, jedoch natürlich mit dem Träger verdünnt entnommen werden.

Den *Eingabe-Impuls* mit rechteckiger Form kann man mathematisch als Fourier-*Integral,* d. h. als Überlagerung aller Periodendauern bzw. Frequenzen von 0 bis ∞ beschreiben. Zufolge der in 3 erläuterten Dämpfung vorzugsweise der hohen Frequenzen im Gleichstrom-Regenerator wird der *Impuls* laufend *sowohl abgerundet als auch verflacht.* Die entstehende Form entspricht der Gauß'*schen Glockenkurve.* Man muß daher grundsätzlich mit einer *Verdünnung* der einzelnen Komponenten mit Träger und einer Verbreiterung der Impulse rechnen; bei 2 Komponenten muß auch im günstigsten Fall das Verhältnis von *Impulsdauer* zu *Impulsperiode* kleiner als 1/2 sein. Bei sehr kleinen Geschwindigkeitsunterschieden, d. h. bei großem Λ und starker Dämpfung kommen bei periodischem Betrieb 2 um π verschobene Sinuswellen an, von denen die mittleren Teile als stark angereicherte Produkte entnommen, der Rest zurückgegeben werden kann.

Infolge der Abrundung treten im wandernden Impuls alle Konzentrationen von 0 bis zu einem Höchstwert auf. Der Vorgang funktioniert daher nur dann, wenn in diesem Bereich die *Wanderungsgeschwindigkeit von der Konzentration unabhängig* ist. Nach den Ergebnissen der beiden vorhergehenden Abschnitte ist aber i. a. die Wanderungsgeschwindigkeit von der Konzentration abhängig. Die Frage, ob für schwertrennbare und daher hinsichtlich der Adsorbierbarkeit ähnliche Komponenten auch die ASA so nahe benachbart sind, daß ein praktisch für beide brauchbarer Temperaturbereich besteht, ist noch nicht geklärt.

Vorerst besteht der Ausweg darin, mit so *geringen Konzentrationen* zu arbeiten, daß das Anfangsstück der *Sorptionsgleichgewichte* als *geradlinig* angesehen werden darf. Praktisch arbeitet man nicht nur in der Flüssigkeits-, sondern auch in der Gaschromatographie *isotherm,* da die Verhältnisse beim adiabaten Betrieb schwer zu übersehen und auch regelungstechnisch schwer zu beherrschen sind.

Bei der *Gas-Chromatographie* bevorzugt man *Absorptions-Gleichgewichte,* also *in porösen Körnern* aufgesaugte absorbierende *Flüssigkeiten,* weil man damit eine größere Auswahl hat und weil die kleinen Beladungen dann eine Tendenz haben, schneller zu laufen, so daß die Säule jedenfalls keine Reste zurückbehält. Das geradlinige Stück der Gleichgewichtskurve ist jedoch so kurz, daß die geringen Konzentrationen im allgemeinen eine *präparative Aufarbeitung unwirtschaftlich* machen, das Verfahren hat daher vorerst überwiegend *analytische Anwendung* gefunden.

Eine *Verlängerung* des geradlinigen Stückes ist durch *Kombination* von Ab- und Adsorbierenden Körnern möglich, wenn man folgende Bedingungen beachtet:

1) Es ist eine *Paarung von Ab- und Adsorbens* zu suchen, die für das zu trennende Stoffpaar *gleiches Verhältnis der Wanderungsgeschwindigkeiten* liefert.

2) Das *Verhältnis der Korndurchmesser* ist so zu wählen, daß die *Wanderungsgeschwindigkeiten gleich* werden.

3) Das *Mischungsverhältnis* ist so zu wählen, daß die *Krümmungen* von Ad- und Absorbens-Kurve sich auf einem möglichst langen Stück zu einer *Geraden kompensieren.* Nach großen Konzentrationen über-

wiegt immer die Krümmung der Absorptionskurve, die ja im x—y-Diagramm mit waagerechter Tangente nach $y = \infty$ ausläuft!

VII. Gleichstrom-Reaktor

1. Der Apparat

Wir greifen nun den in Kap. II, 8 entwickelten Gedanken wieder auf, einen *Wärmeübertrager* durch Einbau einer inneren *Rückführung* zu modifizieren. Der Unterschied gegenüber dem Wärmeübertrager liegt nur im *besseren Wirkungsgrad,* hinsichtlich der praktischen Funktion ist es immer zulässig — und oft wirtschaftlich —, auf die Rückführung zu verzichten und damit exergetische Verluste in Kauf zu nehmen.

Da hier der „Nutzstrom" auf derselben Seite und damit im Grenzfall bei gleicher Temperatur zu- und abgeführt wird, kann die über den Wärmeträger in der Leitung A . . B zu- oder abgeführte Wärme nur als *Umwandlungswärme* in Erscheinung treten. Da weiter die Rückführung bei einer isothermen Umwandlung ja sinnlos wäre, kommen nur *Misch- und Trennvorgänge* oder *chemische Reaktionen* in Frage. Da jedoch schließlich kein besonderer Trennmechanismus eingebaut ist, können jedenfalls Trennungen nur als elementare *Phasentrennungen* auftreten. Damit sind die Anwendungen umrissen. Von den 4 einfachen Trennungen scheidet die gleichzeitige Bildung von Dampf und Kristall aus der gesättigten Lösung als isothermer Vorgang aus. Dafür wird die *(fraktionierte) Destillation und Kondensation* hier mit behandelt, da es sich dabei ja um nicht-isotherme Umwand-

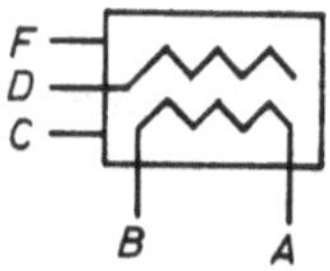

Abb. 32. Fließbild-Symbol des Gleichstrom-Reaktors.

lungen handelt. Schließlich werden die *chemischen Reaktionen* an dieser Stelle im Zusammenhang behandelt, nachdem sie beim Wärmeübertrager übergangen waren. Darauf weist auch die Kapitel-Überschrift hin, es handelt sich um alle *homogenen Reaktionen,* die ja nur im *Gleichstrom aller Reaktanden* ablaufen können, während bei den heterogenen Reaktionen neben den hier behandelten die typischen *Gegenstrom-Reaktoren* wie *Röst- und Hochofen* zu unterscheiden sind.

Konstruktiv kommen dieselben Lösungen in Frage, wie beim Wärmeübertrager, also *Bündelrohr-, Rohrschlangen- und Platten-Apparate.* Der Zwischenraum ist, wie gesagt, meist mit 2-phasigen Systemen erfüllt, wobei *Flüssigkeitsfilme auf den Wärmeübertragungsflächen, Blasen-* und *Tropfen-Gemische* sowie *Kornschüttungen* vorkommen.

Betrachtet man z. B. die Kondensation aus Gas-Dampf-Gemischen, so tritt das dampfreiche Gemisch bei F auf der warmen Seite ein, auf den Kühlflächen kondensiert die Dampf-Komponente als Flüssigkeitsfilm, der abtropft und bei C, ebenfalls wieder aufgewärmt, austritt. Das kalte, dampfarme Gemisch tritt am offenen Ende rechts in die Rückführung ein und links warm bei D aus. Um technisch brauchbare Temperaturdifferenzen für die Wärmeübertragung zu erhalten, wird man die Kühlfläche der Leitung $A\,..\,B$ am kalten Ende, die der Rückführung D am warmen Ende konzentrieren.

Da das rechte Ende geschlossen ist, wird der Förderstrom exakt Null, es gilt für das vorstehende Beispiel:

102) $\dot{m}_F = \dot{m}_C + \dot{m}_D \qquad \dot{m}_A = \dot{m}_B$

103) $d\dot{H}_F - d\dot{H}_C - d\dot{H}_D = d\dot{H}_A \qquad (\dot{H} = \dot{m} \cdot h)$

Die *Bilanzgleichungen* gelten für jeden Querschnitt, $\dot{m}_D$ ist konstant, die spezifischen Wärmen für $A\,..\,B$, C und D haben ihre übliche geringe Temperaturabhängigkeit, bei $d\dot{H}_F$bzw. $d\dot{H}_C$ ist das entscheidende

Glied die *Umwandlungswärme* $r \cdot \dot{m} \cdot dx$.

Bei den *Gleichgewichten* ist *Temperatur-* und *Umwandlungs-Gleichgewicht* zu beachten. Für ersteres gilt:

104) $$t_A = t_C = t_D = t_F$$

praktisch im Beispiel: $t_F \gtreqless t_A$, $t_F \gtreqless t_D$, $t_F \gg t_C$

Da die Heiz- oder Kühlleistung $d\dot{H}_A$ technisch entweder isotherm oder mit annähernd konstanter spezifischer Wärme verfügbar zu sein pflegt, die *Umwandlungsgleichgewichte* jedoch allgemein *nichtlinear* von der Temperatur abhängen, ist eine vollständige *Anpassung* i. a. nicht möglich. Man hilft sich, wie schon früher erwähnt, durch *Unterteilung* in mäßig große *Temperaturbereiche,* die mit angepaßten Stromstärken beaufschlagt werden, so daß die *Anpassungsfehler* im Rahmen der durch wirtschaftliche Optimierung bedingten Differenzen bleiben.

Die *Friktionsgleichungen* umfassen neben Druck- und Temperaturverlust (wie im Wärmeübertrager) die Hemmungen des *Stoffübergangs* und der *chemischen Kinetik.* Das läßt sich i. a. durch das Bild einer Serienschaltung von Widerständen erfassen, wobei praktisch nur der größte entscheidet: *„geschwindigkeitsbestimmender Schritt"*. Bei den Phasenumwandlungen muß ja in jedem Falle die Umwandlungswärme übertragen werden, man behandelt das Ganze zweckmäßig als reines Wärmeübertragungsproblem, zumal man vielfach — wie schon in Kap. V, 2 erwähnt — nur nach der *fühlbaren Wärme* auszulegen braucht, da die latente mit wesentlich größerer Übergangszahl praktisch zusätzlich übertragen wird. Es tritt dann allenfalls ein *Diffusions-Widerstand* in der *Mischphase* auf, der noch zusätzlich zu berücksichtigen ist.

2. Die Systeme mit reinen Phasen

Für die Anwendungen wenden wir uns zunächst den bereits in Kap. II, 8 behandelten einfachen Fällen zu. Der letzte, Bildung von Dampf und Kristall aus der gesättigten Lösung und umgekehrt, verläuft isotherm, der neue Apparat bietet dafür also keinen Vorteil. Für die anderen 3 Fälle muß nun jedoch auch gleich die *Umkehrung* mit betrachtet werden, also die *Mischung* neben der *Trennung*. Dabei zeigen sich charakteristische Unterschiede hinsichtlich der zweckmäßigen Anordnung:

Bei der *Trennung* entsteht die neue *reine Phase* im wesentlichen durch Wärmezu- oder -abfuhr aus dem Gemisch, praktisch am einfachsten *an den eingebauten Wärmeübertragungsflächen:* Kondensation aus Gas-Dampf-Gemischen, Verdampfung und Kristallisation aus der Lösung. Im ersten Fall liegen die Flächen daher im Gas-Raum, in den anderen beiden untergetaucht in die Lösung. Das muß indessen nicht so sein, man könnte z. B. das Gas-Dampf-Gemisch auch durch das Kondensat perlen lassen, wobei an der Fläche zunächst das Kondensat unterkühlt wird und die Kondensation dann an den Blasenoberflächen stattfindet. Da jedoch $\dot{V}_{Gas} \gg \dot{V}_{Kond},$ werden an den Wärmeübertragungsflächen in der üblichen Ausführung größere Wärmeübergangszahlen erreicht.

Bei der *Umkehrung* muß die Wärme jedoch der *Phasengrenzfläche* zur Verdunstung zugeführt werden. Da eine freie Oberfläche im Apparat begrenzt und i. a. kleiner als die Wärmeübertragungsflächen ist, muß man daher die Phasengrenzfläche dadurch vergrößern, daß man das Gas durch die Flüssigkeit perlen läßt. Die Wärme wird dann primär der Flüssigkeit bzw. dem Blasensystem über die Wärmeübertragungsflächen zugeführt und durch Temperaturdifferenzen in diesem zu den Grenzflächen transportiert. Bei der Auflösung oder auch Sublimation von *Kristallen* können diese als Festbett von der fluiden Mischphase durchströmt oder besser als Wirbelbett eingesetzt werden. Da hier die Kristalloberfläche groß gegen die Wärmeübertragungsfläche ist, liegt der Widerstand vorwiegend in der Wärmeübertragung. Man kann sich dann die gute Wärmeübertragung und Wärmeleitung im *Fließbett* zunutze machen und zum Aufbau des Wirbelbettes sogar einen inerten Stoff — z. B. Sand — benutzen, in den nur vereinzelt die aufzulösenden Kristalle eingemischt sind.

In den vorgenannten Fällen mit reinem Kondensat ist dessen *Dampfdruck* klein gegen den Gesamtdruck im System. Bei Austreiben oder Absorbieren ist jedoch der von Konzentration und Temperatur abhängige *Sorptionsdruck* im Apparat *gleich dem Gesamtdruck* und natürlich konstant. Das geht beim Austreiben mit Einspeisung und Entnahme am kalten Ende gut; trotz der Abkühlung erreicht der Sorptionsdruck nicht die Sättigungsgrenze, da auch für die reiche Lösung am kalten Ende ja noch $\psi' = \varphi'' < 1$ bleibt. Beim umgekehrten Mischvorgang durch Absorption wird die arme Lösung am warmen Ende eingespeist, von dem — hier vielfach vom kalten Ende kommenden — Dampf durchperlt und reichert sich bei konstantem Dampfdruck mit der Abkühlung an. In der Rückführung zum warmen Ende würde aber nun der Dampfdruck überschritten, daher muß die reiche Lösung hier vor der Rückführung mit einer *Pumpe* auf höheren Druck gebracht werden. Das Ergebnis zeigt Abbildung 33.

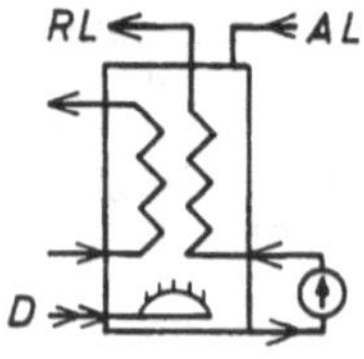

Abb. 33. Fließbild für Absorption.

Aus den Komplikationen des Stoff- und Wärmeübergangs und den besprochenen konstruktiven Lösungen wird ersichtlich, daß eine strenge *Gegenstromführung* mit systematischer Temperaturänderung längs des Apparates technisch nicht immer erreicht werden kann. Da i. a. eine vollständige Anpassung ohnehin nicht möglich ist, arbeitet man praktisch meist annähernd isotherm und schaltet für größere Temperatur- und Konzentrationsbereiche mehrere Apparate mit *stufenweiser Temperaturänderung in Reihe.* Erfahrungsgemäß sind die exergetischen Anpassungsverluste kostenmäßig von kleinerer Bedeutung, als die zu ihrer Vermeidung aufzuwendenden Anlagekosten.

3. Fraktionierte Destillation und Kondensation

Bei den durch *Rektifikation* trennbaren Gemischen aus Stoffen vergleichbaren Dampfdrucks erhält man weder durch Kondensation aus dem Dampf-Gemisch noch durch Verdampfung aus dem flüssigen Gemisch eine reine Phase, wohl aber in beiden Richtungen eine *partielle Trennung.* Der erste Tropfen des Kondensates steht im Gleichgewicht mit dem Dampf, ebenso besteht beim Fortschreiten der *Kondensation* Gleichgewicht zwischen der Konzentration des Restdampfes und dem zusätzlich gebildeten Kondensat. Die Dampfkonzentration ändert sich dabei laufend in Richtung auf reines Kopfprodukt, die *Konzentration des Kondensates* entsteht jedoch durch *Mischung* und Summierung über die sukzessive kondensierten Tropfen, im Endergebnis liegt sie zwischen denen des ersten und letzten Tropfens. Diese Mischung in der gebildeten Phase begrenzt und *verschlechtert die Trennwirkung* um so mehr, je weiter der *Bereich der Konzentrationsänderungen* ist. Einen brauchbaren Wirkungsgrad erhält man durch Unterteilung in viele *kleine Schritte = Fraktionierung.* Das Verfahren findet vor allem im *Labor* Anwendung, wo die Trennung in langwierigem Nacheinander mit großem Arbeitsaufwand, aber mit sehr einfacher, universeller Apparatur ausgeführt wird. Man verzichtet auf die Rückführung unseres Apparates und wendet vor allem die *Destillation* mit *Destillier-„Blase"* und kondensierender *„Vorlage"* an. Daher sei der Rechengang für diese Richtung ausgeführt.

Mit den Bezeichnungen wie in Kap. IV, 1 gelten die Stoffbilanzen:

105) $F+D=E \qquad \psi'\cdot F+\psi''\cdot D=\psi_E\cdot E$

Durch Differenzieren erhält man:

106) $\mathrm{d}F+\mathrm{d}D=0 \qquad \psi'\mathrm{d}F+F\mathrm{d}\psi'+\psi''\mathrm{d}D+D\mathrm{d}\psi''=0$

Da hier nur *einseitiger Stoffübergang*, aber keine gegenseitige Gleichgewichtseinstellung auf *„Böden"* erfolgt, bleibt bei der Verdampfung $\mathrm{d}\psi''$, bei der Kondensation $\mathrm{d}\psi'$ ohne Wirkung. Durch die entsprechende Vernachlässigung erhält man für die Destillation:

107) $0=\psi'\mathrm{d}F+F\mathrm{d}\psi'+\psi''\mathrm{d}D=\psi'\mathrm{d}F+F\mathrm{d}\psi'-\psi''\mathrm{d}F=$
$=(\psi'-\psi'')\,\mathrm{d}F+F\mathrm{d}\psi'$

108) $\mathrm{d}F/F=\mathrm{d}\psi'/(\psi''-\psi')$

Die *Integration* wird für die rechte Seite *graphisch* ausgeführt, indem man $1/(\psi''-\psi')$ über ψ' aufträgt und die Fläche zwischen dem Anfangswert ψ'_E und dem Endwert ψ'_S planimetriert. Man erhält mit der Abkürzung f für diese Fläche:

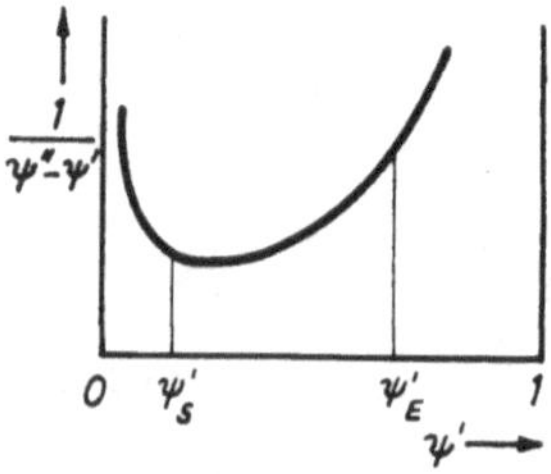

Abb. 34. Diagramm zur graphischen Berechnung der fraktionierten Destillation.

109) $\ln(S/E)=-f$
$S=E\cdot\exp(-f)$

Die durch *Mischung* entstehende, zwischen den Gleichgewichtswerten ψ''_E und ψ''_S liegende *Endkonzentration des Dampfes* sei als ψ''_K bezeichnet, man findet sie aus der *Stoffbilanz* 105):

110) $\psi'_S S+\psi''_K(E-S)=\psi'_E E$
$\psi''_K=(\psi'_E E-\psi'_S S)/(E-S)$

Für die *fraktionierte Kondensation* ist wieder ψ' gegen ψ'', F gegen D zu vertauschen, die Kurve $1/(\psi''-\psi')$ über ψ'' aufzutragen.

Für *ideale Gemische*, deren Gleichgewicht nach Bd. 1, II, 15 durch Π bestimmt ist, können die Integrale in 108) gelöst werden, man erhält unsymmetrisch für *Destillation*

111) $(S/E)^{(\Pi-1)} = (\psi'_S/\psi_E)\,[(1-\psi'_E)/(1-\psi'_S)]^{\Pi}$

und für *Kondensation* bei dampfförmiger Einspeisung

112) $(K/E)^{(\Pi-1)} = (\psi''_E/\psi''_K) \cdot (1-\psi''_K)/(1-\psi''_E)$

Die Mischkonzentration ψ''_K des Kopfproduktes zu 111) erhält man aus 110) bzw. ψ'_S aus der Umformung für Kondensation.

Die Gleichungen 111) und 112) können nur mit den angegebenen molaren Konzentrationen und Mol-Mengen E, S, K benutzt werden, für die vorhergehenden ist jedoch auch Schreibweise mit ξ, Anwendung mit Massen-Konzentrationen und -Mengen zulässig.

Verglichen mit der *Rektifikation* ist die hier bei gleicher *Reinheitsforderung* gewonnene *Menge viel kleiner*, für reines Produkt verschwindend. Bei Kombination von Kocher und Dephlegmator ist der *Wärmeaufwand* für eine der Rektifikation vergleichbare Trennung *vervielfacht*, Rektifikation ist also das „bessere" Verfahren.

Technische Bedeutung hat die *„Dünnschicht-Verdampfung"*, wo ein Film an einer geheizten Wand herunterrieselt. Die *Verweilzeit* in der heißen Zone ist hier sehr *kurz*, daher können im Dünnschicht-Verdampfer *temperaturempfindliche Stoffe* noch getrennt werden.

Aufgabe: Zeichne für Äthanol/Wasser das Hilfsdiagramm zur Destillation und berechne die Geist-Konzentration, wenn von $\xi_E = 5\%$ bis $\xi_S = 1\%$ „gebrannt" wird.

Ein Himbeerenwein von $\xi_E = 12\%$ Alkoholgehalt soll durch einmaliges Brennen auf Himbeergeist von $\xi_K = 40\%$ verarbeitet werden. Gesucht ist die Gesamt- und die Alkohol-Ausbeute in Gew.-%.

4. Reaktions-Typen

Bei der Behandlung *chemischer Reaktionen* müssen, analog wie in Abschnitt 2, mehrere *Typen* unterschieden werden, die sich wie dort auf die *konstruktive*

Ausführung und auch die formale Darstellung des hier *„Reaktor"* genannten Apparates auswirken:

1) *Heterogene Reaktionen* mit nur *einem gasförmigen Reaktanden,* z. B. $CaCO_3 \rightleftarrows CaO + CO_2$ verlaufen wie eine *Verdampfung* bzw. *Kondensation,* bei konstantem Druck und reiner Gasphase isotherm, bei Zusatz von Inertgas mit gleitender Temperatur analog der Verdunstung. Im isothermen Fall ist die komplizierte Rückführung sinnlos, mit Zusatz von Inertgas zeigt sich jedoch der *formale Unterschied der Reaktoren,* daß die *Zahl der Komponenten* und daher auch der *Anschlüsse* am, der *Leitungen* im Reaktor ansteigen kann. Im vorliegenden Falle sind 2 Rückführungen (Luft$+CO_2$ und CaO) erforderlich, um *Rückreaktionen* zu vermeiden und trotzdem die Wärme zurückzugewinnen. Es liegt dann nahe, zu *Gegenstrom-Reaktor* überzugehen, worin ein doppelter, dem *Regenerator* ähnlicher Wärme- und Stoffaustausch zwischen 1) kalter Luft und warmem CaO und 2) warmen Luft$+CO_2$-Gemisch und kaltem $CaCO_3$ im *Schacht-* oder *Ring-Ofen stattfindet.* Die Wärmezufuhr für die endotherme Brenn-Reaktion wird durch Zusatz von Kohle zum Karbonat und deren Verbrennung zwischen 1) und 2) erreicht. Auch abgesehen davon, daß die Verbrennung selbst irreversibel ist, zeigt die Nachrechnung, daß die Anpassungsbedingungen in 1) und 2) i. a. nicht erfüllt werden können. Der später zu behandelnde Gegenstrom-Reaktor ist also das *konstruktiv* wesentlich *einfachere* und meist *wirtschaftlichere,* aber grundsätzlich *irreversible Gerät,* während der Gleichstrom-Reaktor, soweit konstruktiv und wirtschaftlich brauchbare Lösungen gefunden werden, eine umkehrbare und im Grenzfall reversible Führung der Reaktion erlaubt.

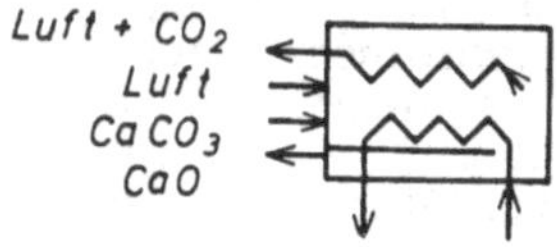

Abb. 35. Kalk-Brennen im Gleichstrom-Reaktor.

2) *Heterogene Reaktionen* mit *beiderseits einem gasförmigen Reaktanden, z. B.* $C + O_2 \rightleftarrows CO_2$, sind insofern noch einfacher als homogene Gas- oder auch Flüssigkeits-Reaktionen, als man die heterogenen Reaktanden — z. B. Kohle — auch im *Gegenstrom* einbringen kann. Damit ist man noch bzw. wieder bei der Grundform des Apparates. Der Sinn der Rückführung liegt darin, daß bei sehr hohen, im Grenzfall unendlichen Temperaturen die Reaktion nicht einsetzt, weil das Gleichgewicht ganz auf der linken Seite liegt. Die *Reaktion verläuft dann im Apparat bei sinkender Temperatur,* die *Reaktionswärme* wird nahe bzw. im Grenzfall längs der Gleichgewichtskurve jeweils *bei der höchstmöglichen Temperatur* und damit *mit maximaler Exergie frei.* Die Reaktion ist *umkehrbar,* weil sich der heterogene Reaktand automatisch absetzt. Die *Anpassung* an einen Heiz- bzw. Kühlstrom *konstanter Wärmekapazität* ist hier ebenso wenig möglich, wie bei den Vorgängen in 2, 3, es ist wieder *Unterteilung* in mehrere Temperaturbereiche nötig. Dabei zeigt es sich allerdings, daß hier auch Bereiche mit *Umkehr des Wärmestromes* vorkommen, z. B. müßte bei der Verbrennung von Kohle im Bereich tieferer Temperaturen Wärme zugeführt werden, die dann *zusätzlich zur Verbrennungswärme* im Bereich hoher Temperaturen wieder abgegeben wird. Daraus wird verständlich, wie die *Reaktions-Exergie gleich oder sogar größer als die Reaktionsenthalpie* sein kann.

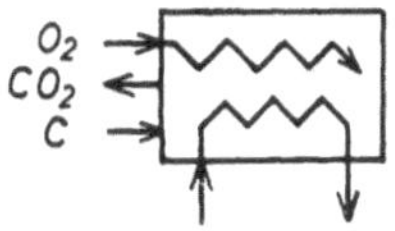

Abb. 36. Kohle-Verbrennung im Gleichstrom-Reaktor.

3) Bei *homogenen Reaktionen* ist zu unterscheiden, ob *Katalyse* erforderlich bzw. Inhibierung möglich ist (4) oder nicht (3). Eine *ungehemmte Reaktion* wie $H_2 + Cl_2 \rightleftarrows 2HCl$ erfordert 2 Zuführungen. Die *Mischung* der Reaktanden erfolgt irreversibel unter Verlust; bedenklich ist weniger der relativ geringe exer-

getische Mischungsverlust als vielmehr, daß der Vorgang deshalb *nicht umgekehrt werden kann.* Die Weiterentwicklung müßte offenbar noch ein *Trennverfahren* am heißen Ende hinzufügen — analog etwa der Pumpe in 2 —, was technisch z. B. mittels Thermodiffusion bei beliebig hohen Temperaturen möglich wäre.

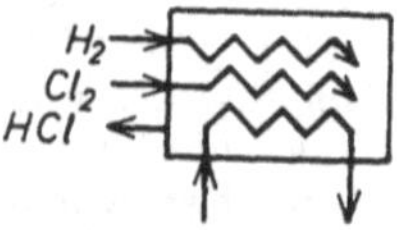

Abb. 37. Chlor-Wasserstoff-Reaktion im Gleichstrom-Reaktor.

4) Wenn die Reaktion durch *heterogene Katalyse,* d. h. durch ein Bett von Katalysator-Körnern, zum Ablauf gebracht oder unterbunden werden kann, kommt man wieder zur Grundform zurück. Z. B. wird eine Veresterung: Alkohol + Säure ⇄ Ester + Wasser durch H-Ionen-Austauscher so stark beschleunigt, daß demgegenüber die Reaktionsgeschwindigkeit ohne diesen Katalysator vernachlässigbar werden kann. Die skizzierte *Reaktionsrichtung ist dann umkehrbar,* d. h. man kann in dem Apparat sowohl die endotherme als die exotherme Reaktionsrichtung *entlang dem Gleichgewicht* ablaufen lassen.

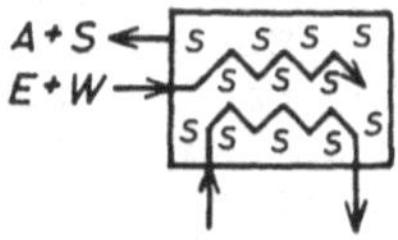

Abb. 38. Umkehrbare Veresterung mit Katalysator im Gleichstrom-Reaktor.

Aufgabe: Berechne für die H–Cl-Reaktion die Wärmeentwicklung als Funktion der Temperatur und entwirf eine Anpassung der Kühlstrom-Kapazitäten in unterteilten Temperaturbereichen.

5. Reaktions-Adiabate

Der Apparat hat immer ein warmes und ein kaltes Ende, der physikalische Vorgang (Mischung oder Trennung) oder die chemische Reaktion verläuft daher immer bei *gleitender Temperatur.* Sieht man von dem eigentlich interessierenden Vorgang zunächst einmal ab, betrachtet also z. B. die Strömung eines reinen

Gases durch den Apparat, so würde sich durch die Wärmeübertragung ein *Temperatur-Profil* ausbilden. Dieses Profil ist bekanntlich bei der laminaren Strömung parabolisch, bei der turbulenten Trapez-förmig. Bisher ließ sich dieser Zusammenhang so ausdrücken, daß der *turbulente Kern „isotherm"* sei. Das ist jedoch eine zu spezielle Formulierung, allgemeiner muß man den *Kern als „isenthalpisch"* bezeichnen, was normalerweise natürlich mit isotherm gleichbedeutend ist.

Im Falle der homogenen Reaktionen ist nur *Gleichstrom-Führung der Reaktanden* möglich. Was dabei passiert, kann man sich an dem *analogen Vorgang* der Gleichstrom-Führung von Luft und Wassertropfen im *Verdunster* klarmachen. Sprüht man in abwärts strömende, warme, trockene Luft Wasser derselben Temperatur, so bleibt nicht die Temperatur, sondern die Enthalpie des Gemisches konstant, beide Komponenten kühlen sich bei der Verdunstung ab, bei passendem Mengenverhältnis kann unter Sättigung gerade die Feuchtkugeltemperatur der zugeführten Luft erreicht werden. Verdunstung und Abkühlung erfolgen hier nach einem bestimmten Zeitgesetz, abhängig vom Tropfen-Durchmesser, das bei turbulenter Strömung für jeden einzelnen Turbulenz-Ballen anzuwenden wäre. Die Temperatur ergibt sich dabei nicht nur als Folge der Wärmeübertragung zu benachbarten Turbulenzballen, Grenzschicht und Wand, sondern zusätzlich als Folge der *„Verweilzeit" des Turbulenzballens im Apparat* bzw. gezählt von der Mischung ab. Die Verweilzeit allein würde ein Temperaturprofil mit *kaltem Rand* zufolge der kleinen Strömungsgeschwindigkeit in der Grenzschicht ergeben, durch Wärmezufuhr von der Wand her ergibt sich umgekehrt ein Temperaturprofil mit *warmem Rand,* aber nicht isothermem, sondern *isenthalpischem Kern* und etwa *parabolischem Temperaturprofil auch im turbulenten Kern.*

Geht man von dem physikalischen *Modell* zur *chemischen Reaktion* zurück, so verläuft diese unter ihrem Zeit*gesetz* der *Reaktions-Kinetik* auf einer *„Reaktions-Adiabate"*, d. h. einer *Isenthalpe* im *h–s-Reaktionsdiagramm* nach Bd. 1, II, 19, zum Gleichgewicht hin. Stellt man nach Algermissen die Zusammenhänge im *h–ξ-Reaktionsdiagramm* so dar, daß durch passende, willkürliche Wahl der Enthalpie-Nullpunkte die Isothermen etwa waagrecht verlaufen, so ergeben die *Reaktions-Adiabaten* steil *ansteigende Gerade* — ansteigend *in Richtung des exothermen Reaktionsablaufs.*

Die technische Behandlung kann näherungsweise ziemlich einfach angefaßt werden. Da das Temperaturprofil in jedem Falle parabolisch ist — allerdings i. a. keine Parabel 2ter Ordnung, sondern höhere Parabeln, bisweilen mit Unendlichkeitsstelle im Zentrum entsprechend negativer Ordnung —, kann man den Vorgang in erster Näherung durch eine *„effektive Wärmeleitung"* λ' zur Wand hin beschreiben, unabhängig davon, ob die Strömung nun laminar, turbulent, homogen oder im Fest- oder Fließbett verläuft. Wie es ohne die *Wärmeentwicklung* nur bei laminarer Strömung gültig wäre, erhält man hier allgemein mit der wärmeübertragenden Fläche der Wand F und dem charakteristischen Durchmesser d des Reaktors den übertragenen Wärmestrom $\dot{q}_L$:

113) $$\dot{q}_L = \lambda' \cdot F \cdot \Delta t / d$$

Darin bedeutet Δt die Temperaturdifferenz zwischen Wand und Zentrum der Strömung, die allgemein wegen des dadurch verursachten Exergieverlustes, praktisch vor allem wegen der starken Temperaturabhängigkeit der Reaktionsgeschwindigkeit — daher das *„Durchgehen"* im Kern mit sehr hohen Temperaturen — und der *Ausbeute-Verluste durch Nebenreaktionen* interessiert. Es besteht also ein praktisches Interesse daran, *Δt begrenzt* zu halten. Dazu ist erforderlich, daß der von der Reaktion erzeugte Wärmestrom $\dot{q}_R$ abgeführt wird. Dieser ergibt sich aus der Reaktionswärme $\Delta\mathfrak{H}$, Konzentration der Reaktanden in der Strömung c (mol/m^3) Reaktionsgeschwindigkeitskonstante k (h^{-1}) und Volumen des Reaktionsraumes $V = F \cdot d$ zu:

114) $$\dot{q}_R = \Delta\mathfrak{H} \cdot c \cdot k \cdot V = \Delta\mathfrak{H} \cdot c \cdot k \cdot F \cdot d$$

Der Quotient der beiden Wärmeströme bildet eine *dimensionslose Kenngröße:*

115) $$\dot{q}_L / \dot{q}_R = \lambda' \Delta t / \Delta\mathfrak{H} c k d^2$$

Diese dimensionslose Kenngröße sollte gleich 1 oder einem bestimmten, durch *Erfahrung* und *Sicherheitszuschläge* ermittelten *Zahlenwert* sein, woraus man den zulässigen konstruktiven Durchmesser *d der Reaktionsrohre* etc. findet.

Eine bekannte Folge ist z. B., daß brennende Kohlenlager von einer bestimmten Mächtigkeit d ab nicht mehr von außen gelöscht werden können.

In der Praxis ist zu beachten, daß λ' und k von der Temperatur abhängen, die ja quer über das Profil und längs des Reaktors verschiedene Werte hat, daß weiterhin c (und damit bei Reaktionen von anderer als 1ter Ordnung auch das hier formal eingesetzte k) vom Reaktions-Ablauf, also dem Ort im Reaktor abhängen. Wenn man im Sinne der vorliegenden Überlegungen Annäherung an die reversible Reaktionsführung anstrebt und die exotherme Reaktion mit sinkender Temperatur ablaufen läßt, kann man nach Bd. 1, Gl. 147) eine Abweichung vom Gleichgewicht $(c - c_0) \sim (a - a_0)$ vorschreiben und die Veränderungen der dimensionslosen Größe auf die Temperaturabhängigkeit von $c_0 \sim a_0$ und $k \sim \zeta$ zurückführen. Da dieser Weg jedoch wegen der Nebenreaktionen vielfach nicht gangbar und außerdem nur selten wirtschaftlich ist, hat man es in der Praxis meist mit gänzlich irreversiblen Reaktions-Führungen zu tun, deren Berechnungen sehr schwierig sind. Soweit die Daten der Reaktion gemessen sind, kann der Durchmesser d des Reaktors auf elektronischen Rechenanlagen ermittelt werden, meist führt eine empirisch-experimentelle Erprobung schneller zum Ziel.

6. Technische Reaktoren, Flammen-Reaktionen

Technische Reaktoren stellen *degenerierte Formen* des vorstehend diskutierten Apparates dar. Allgemein wird die *Rückführung fortgelassen,* die exotherme Reaktion bei mindestens anfangs *steigender Temperatur* geführt. Man kommt zu Typen, die dem gewöhnlichen *Wärmeübertrager* entsprechen, evtl. durch Einsatz von *Katalysator-Betten* — in den Symbolen durch *S* = Sorptiv- und Katalysator-Schüttung angedeutet — modifiziert sind.

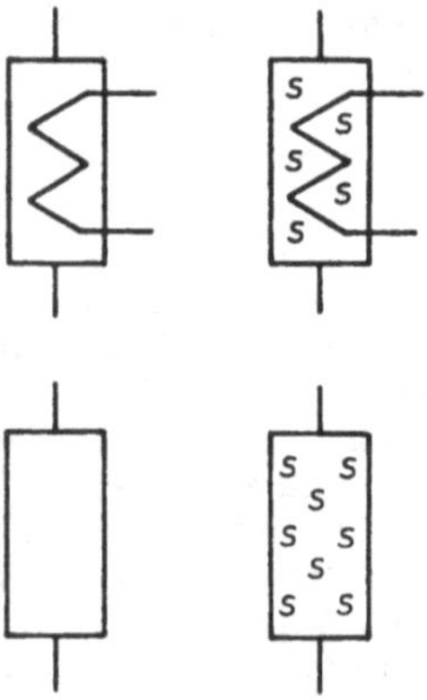

Abb. 39. Fließbild-Symbole degenerierter technischer Reaktoren.

Sofern die Reaktionswärme gering ist wird vielfach auch noch die Wärmeübertragungsleitung weggelassen, allenfalls bei hohen Reaktionstemperaturen eine *Kühlung des Reaktor-Mantels* vorgesehen, um dessen mechanische *Festigkeit* zu erhalten. Auch bei sehr energiereichen Reaktionen wird neuerdings der eigentliche Reaktionsraum als *„Brennkammer"* vom nachgeschalteten Nutzenergie-Umsetzer konstruktiv getrennt, vor allem wenn statt des *Wärmeübertragers* eine *Schub-Düse* nachgeschaltet wird.

Wie die Bemerkung am Schluß des vorigen Abschnitts zeigt, führt die *konstruktive Vereinfachung* auf *Schwierigkeiten der Berechnung* des nun völlig irreversiblen Vorgangs. Die Reaktion verläuft nach ihrem kinetischen Zeitgesetz zunächst in Richtung auf das Gleichgewicht, der Vorgang bleibt um so mehr auf einer Reaktions-Adiabate, je schneller er abläuft, je weniger Zeit also für die Wärmeabfuhr zu den Wänden hin verfügbar ist. Durch das Überwiegen der Erzeugung von Reaktionswärme steigt die Temperatur zunächst an, später überwiegt die Wärmeabfuhr und die Temperatur sinkt gegen Ende des Reaktors wieder ab, sofern überhaupt eine Kühlung eingebaut ist.

Bei sehr *schnellen Reaktionen* spricht man von *Flammen,* es wird dann praktisch die *Flammtemperatur* als *Schnittpunkt* der *Reaktions-Adiabate* mit der *Gleichgewichtskurve* erreicht. Die Reaktionsgeschwindigkeit äußert sich in einer räumlichen *Ausbreitungsgeschwindigkeit* der *„Flammenfront"* u und in deren *Dicke.* Der steile Temperatur-Gradient in der Front fördert durch Wärmeleitung und Strahlung Wärme, außerdem durch Diffusion *„Radikale"* (die die Reaktion anregen) in das unverbrannte Gemisch zurück, so daß dort die *Zündtemperatur* erreicht und die Reaktion zum Fortschreiten gebracht wird. Aus der *Strömungsgeschwindigkeit* w der Reaktanden und der *Flammengeschwindigkeit* u ergibt sich die Gleichung

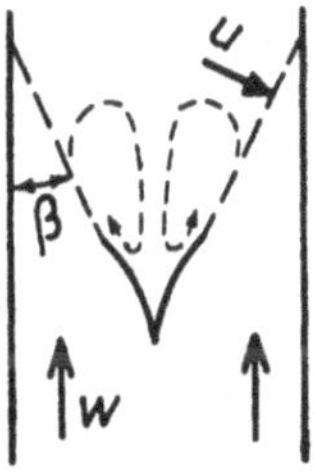

Abb. 40. Flammen-Reaktion, am Flammenhalter stabilisiert.

1) $$u = w \cdot \sin \beta$$

worin β den *Öffnungswinkel* des *Flammenkegels* bedeutet. Bei $w < u$ *schlägt die Flamme zurück,* bei $w \gg u$ wird sie jedoch *ausgeblasen.* Um sie zu *stabilisieren* benutzt man *Flammenhalter,* deren Wirkung im wesentlichen darauf beruht, daß hinter dem Strömungshindernis eine tote und *Rückströmung* entsteht, die heiße Gase mit Radikalen in die Strömung des unverbrannten am Flammenhalter fördert, so daß dort *u örtlich vergrößert* und das *Haften der Flamme am Halter stabilisiert* wird.

7. Rohr- und Rührkessel-Reaktor

Bei den eigentlich *chemischen Vorgängen,* bei denen nicht der *Wärmeumsatz,* sondern die Erzeugung bestimmter *Produkt-Stoffe* interessiert, gibt es meist mehrere simultane Reaktions-Möglichkeiten. Die Bedeutung der *Katalyse* liegt dann weniger darin, die Geschwindigkeit der Reaktion überhaupt zu steigern, als vielmehr das *Geschwindigkeitsverhältnis* zugunsten der *erwünschten Reaktion* gegenüber den unerwünschten *Nebenreaktionen* zu verschieben. Wie in Bd. 1, II, 21 erläutert geht die *Ausbeute* an dem erwünschten Produkt, über der Reaktionszeit aufgetragen, dann durch ein *Maximum,* es kommt also darauf an, die Reaktion nach definierter Reaktionsdauer im Maximum der Ausbeute *abzubrechen.* Diese Aufgabe wird auf 2 Wegen gelöst:

1) Im klassischen *Chargen-Betrieb* werden die Reaktanden zur Zeit 0 in den Reaktor eingefüllt, möglichst schnell gemischt und solange auf in sich konstanter Temperatur gehalten, bis der Zeitpunk zum *Abbruch der Reaktion* gekommen ist. Das kann zum Beispiel durch *Trennen vom Katalysator, Abschrecken der Temperatur* — z. B. durch Zugabe von Eis in den Reaktor — etc. geschehen. Der Reaktor ist bei den sehr häufigen Reaktionen in flüssiger Phase ein *Rührkessel,* dieses Wort hat sich daher als Typenbezeichnung eingebürgert.

2) Im modernen *Fließbetrieb* laufen die Reaktanden stetig durch den *„Rohr-Reaktor"* — auch das wieder als Typenbezeichnung zu verstehen. Im Rohr wäre *Kolbenströmung* zu fordern, der man mit turbulenter Strömung geringer Dicke der laminaren Grenzschicht recht nahe kommt. Der äußere Temperaturverlauf entlang des Reaktors wird vorgeschrieben und aufgezwungen, damit ist zugleich der zeitliche Tempe-

raturverlauf für die einzelnen Turbulenzballen festgelegt, das Temperaturprofil sollte verschwindendes Δt haben. Ein erheblicher Vorteil des Rohr-Reaktors liegt darin, daß man seine verschiedenen Teile relativ leicht und verlustlos auf beliebigen Temperaturen betreiben und damit die Reaktion zumindest beschleunigen, oft auch die Ausbeute zusätzlich verbessern kann. Andererseits läuft die Reaktion in den einzelnen Turbulenzballen natürlich nicht genau gleich weit. Maßgebend dafür ist weniger das eigentliche *Verweilzeitspektrum,* das leicht gemessen werden kann und sich wenig vom Ideal unterscheidet, als vielmehr die *Inhomogenität der örtlichen Temperaturverteilung* — bei höherer Temperatur müßte die Verweilzeit kleiner sein. Insgesamt kommen unvermeidbar Turbulenzballen aus dem Reaktor, die teils zu lange, teils zu wenig lange reagiert haben, in der Ausbeute also vor oder hinter dem gewünschten Maximum liegen. Je breiter und flacher das Maximum ist, desto größere Breite des Verweilzeit-Spektrums und desto größere Temperaturdifferenzen in den Profilen sind zulässig.

Außer den beiden Wegen, die beide durch Beachtung der Konstruktionsbedingungen dem Ideal beliebig angenähert werden können, gibt es jedoch noch die Methode, den *Rührkessel im Fließbetrieb* zu benutzen. Statt einer einigermaßen begrenzten Spanne von Verweilzeiten nahe dem Sollwert gibt es dabei natürlich ein sehr langes Spektrum von 0 bis ∞. In diesem Sinne einer eigentlich falschen Anwendung wird die Typenbezeichnung des *„Rührkessel-Reaktors"* meist gebraucht. Zwischen den Extremen liegt das Verweilzeitspektrum einer *Rührkessel-Kaskade* mit dauerndem Zu- und Ablauf in jedem einzelnen Kessel. Mit zunehmender Kesselzahl nähert sich das Spektrum dem des Rohrreaktors.

Die Tatsache, daß es sich hier insgesamt um Gleichstrom-Reaktoren mit gleichsinnig strömenden Reaktanden und Produkten handelt, soll uns nicht davon abhalten, die *Analogie zur Wärmeübertragung* im *Gleich- und Gegenstrom* heranzuziehen. Wie dort der Gegenstrom die einzige thermodynamisch und exergetisch befriedigende Lösung war, so ist es hier der *Rohr-Reaktor.* Nun war beim Gleichstrom-Wärmeübertrager erwähnt worden, daß dieser im Betrieb *„Dämpfungs-Eigenschaften"* besitzt, indem z. B. die Ausström-Temperatur viel weniger von Änderungen der *k*-Werte, Eintrittstemperaturen und Stromstärken abhängt, als beim Gegenstrom-Übertrager. Derselbe Vorteil der *betrieblichen Stabilität* zeigt sich auch beim *Rührkessel-Reaktor,* der deshalb viel leichter zu bedienen und billiger zu automatisieren ist. Hinsichtlich der Stabilität sei z. B. auf den Einfluß der Radikale und die Diskussion über den Flammenhalter verwiesen.

Praktisch läuft der Gegensatz vielfach darauf hinaus, daß man *Großanlagen mit Rohr-Reaktoren* und teurer moderner *Regelanlage* ausrüstet und auf *optimale Ausbeute* fährt, während man kleinere und insbesondere auch wirtschaftlich weniger krisenfeste, schwankende Produktionsraten vorteilhafter in Rührkessel-Reaktoren umsetzt. Man nimmt dann höhere Betriebskosten, insbesondere infolge kleinerer Ausbeute zugunsten erheblich kleinerer Anlagekosten in Kauf.

VIII. (Nicht a-)diabate Stoff-Übertrager

1. Kombination von Wärmeübertragung und „Böden"

Die bisherige Darstellung lieferte 2 Spezialfälle eines allgemeineren Gerätes. In den Kapiteln III bis V wurden die *adiabaten Stoffübertrager* behandelt und gezeigt, daß und wie Konzentrationsänderungen im Gegenstrom bei intensiver Wärme- und Stoffübertragung über einen weiten Bereich erzielt werden können. Als Maß für die Intensität der Übertragung kam zunächst die Übertragungsfläche, dann die dimensionslosen Größen: reduzierte Länge, *Halbwertaustauscher* und insbesondere *theoretischer Boden* zur Anwendung, wobei die beiden letzten zu zählen waren.

Danach war in Kapitel VII gezeigt, daß Konzentrationsänderungen auch ohne wechselseitige Stoffübertragung, durch *einseitiges Ausdampfen bzw. Kondensieren* etc. erzielt werden können.

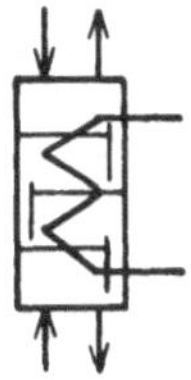

Abb. 41. Fließbild-Symbol des diabaten Stoffübertragers.

Beide Gerätetypen bilden die Grundlage praktisch genutzter Verfahren, wobei es wohl bevorzugte Anwendungen, aber keine gegenseitige Ausschließlichkeit gibt. Die Frage, was besser ist, wird also von der Praxis nicht eindeutig beantwortet. Wir suchen daher die Antwort bei der Theorie, indem wir nach dem *verlustlosen Grenzfall* fragen.

Verlustlosigkeit bedeutet *Verschwinden* der Differenzen der Intensitätsgrößen, hier also der *Aktivitäts- und Temperatur-Differenzen* in jedem Querschnitt des Apparates. Als Beispiel seien die rektifizierbaren Gemische herausgegriffen und die Betrachtung auf die *Komponente* der *Aktivitäts-* bzw. *Konzentrationsdifferenzen* beschränkt. Dann besteht im *Dünnschichtverdampfer* eine Differenz zwischen der Konzentration der neu ausdampfenden Teilmenge und der des Gesamtdampfes. In der *Rektifizierkolonne* besteht jedoch gleichfalls im Zwischenraum zwischen den Böden eine Differenz zwischen der Dampfkonzentration auf der Betriebsgeraden und der zur Konzentration der Flüssigkeit gehörigen Gleichgewichtskonzentration auf der Gleichgewichtskurve. Offenbar können daher beide Geräte grundsätzlich nicht verlustlos betrieben werden.

In der Darstellung des McCabe-Thiele-*Diagramms* kann man die *Gleichgewichtskurve* als die der *Flüssigkeit* zugeordnete Dampfkonzentration, die *Betriebsgerade* aber als Darstellung des *Dampfes* deuten. Entsprechend der Differenz, die der *Aktivitätsdifferenz* proportional ist, steigt die Konzentration des aufsteigenden Dampfes, die der abwärtsfließenden Flüssigkeit sinkt, d. h. beide Zustandsverläufe streben zur *Annäherung* analog wie in Figur 8 die Temperaturen im Wärmeübertrager. Wie nun dort Δt und die Fläche zwischen den beiden Zustandskurven ein Maß für den *Verlust* (Gl. 12) war, stellt die Fläche zwischen Betriebsgerade und Gleichgewichtskurve im McCabe-Thiele-Diagramm — in der Skizze schraffiert — ein angenähertes Maß für den *thermodynamischen Verlust* dar. Abgesehen von kleinen Konzentrationsbereichen, wo Kurve und Sehne zusammenfallen, kann daher Verlustlosigkeit nur mit *gekrümmter Betriebskurve erreicht* werden, das bedeutet: *mit längs der Kolonne verändertem Rückfluß Φ*. Da die Änderung des Rückflusses Kondensation oder Verdampfung erfordert, erkennt man, daß der Kolonne zusätzlich Wärme zu- oder abgeführt werden muß, d. h. erst eine *Kombination von Wärmeübertrager und adiabatem Stoffübertrager zum diabaten Stoffübertrager die Anpassungsbedingungen erfüllen und im Grenzfall verlustlos arbeiten kann.*

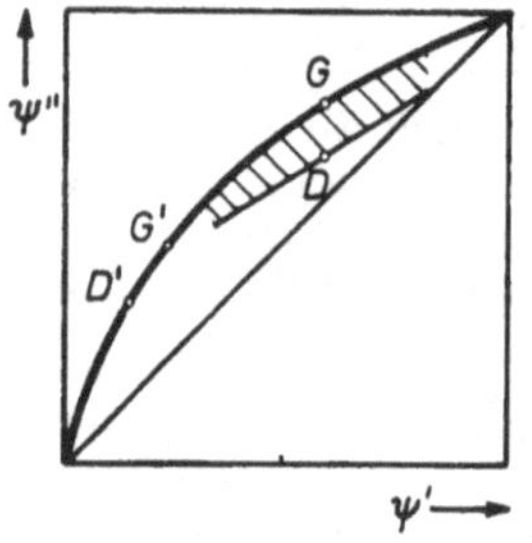

Abb. 42. McCabe-Thiele-Diagramm.

Da der theoretische Boden bereits unendlicher Austauschfläche entspricht und bei Annäherung von Betriebs- und Gleichgewichts-Kurve die Bodenzahl gegen unendlich geht, unterliegt man leicht dem *Trugschluß,* der Grenzfall erfordere ∞^2-Übertragungsfläche. Richtig ist vielmehr, daß durch die Anpassung die Kurven zusammenfallen, die Zustandspunkte von Dampf D' und Flüssigkeit G' also *auf derselben Kurve*, aber zunächst *in Längsrichtung verschoben* mit Abstand hintereinander herlaufen (siehe Skizze). Der Abstand wird dann z. B. in der Füllkörperkolonne mit $1/F$ kleiner und im Grenzfall 0 für $F=\infty^1$. Die zweite Unendlichkeit stammt aus dem *Konzentrations-Kurzschluß* in der Definition des theoretischen und Konstruktion der meisten praktischen Böden.

Nach dem theoretischen Bedenken entsteht ein praktisches: Wenn man z. B. der Flüssigkeit Wärme zu- oder abführt, wird der wechselseitige Stoffaustausch in einseitige Verdampfung oder Kondensation verwandelt, es besteht die Befürchtung, daß nur entweder der eine oder der andere Vorgang funktioniert. Nun hat aber offenbar die Diskussion des diabaten Stoffübertragers nur Sinn, wenn man eine *Verbesserung des Wirkungsgrades* anstrebt, also eine Vergrößerung der Anlagekosten und Bodenzahlen bzw. Höhe bei Füllkörperkolonnen in Kauf nehmen kann. Dann wird aber der *spezifische Wärmestrom je Boden klein*, die Störung des gegenseitigen Stoffaustausches also gering. Man beachte, daß ja auch im adiabaten Übertrager z. B. der Flüssigkeitszufluß auf den Boden vom nächsthöheren her zu kalt ist, eine vergleichbare Störung dort also vorhanden und bisweilen wohl sogar günstig ist, da einige Gemische dort, wo die Störung am größten ist, *in der Mitte der Kolonne, den besten Bodenwirkungsgrad* zeigen. Man kann die Störung übrigens beim diabaten Apparat um den Faktor 100 verkleinern, indem man die *Kondensatorflächen im Dampf*, die *Heizflächen* als Verdampferflächen *im Flüssigkeitsstrom* — z. B. zwischen den Böden — anordnet. Die übertragene Wärme tritt dann von vornherein überwiegend als latente Wärme der gebildeten Flüssigkeitstropfen bzw. Dampfblasen und nur zu einem verschwindenden Teil als fühlbare Wärme in deren Unterkühlung bzw. Überhitzung auf.

Konstruktiv ergibt sich daraus für die *Bodenkolonnen: Kühlrohre* werden *im Dampfraum* zwischen bzw. dicht unter den Böden angeordnet, *Heizrohre* wohl am besten hinter den Überlauf-Wehren *in der Flüssigkeit* vor ihrem Ablauf auf den nächsten Boden. Bei der *Füllkörper-Kolonne* könnte man evtl. durch *Heizung am Mantel, Kühlung im Kern* versuchen, der *Randgängigkeit* entgegen zu wirken.

Übrigens könnte man auch die in III, 7 erwähnte Methode benutzen, die Kühlflüssigkeit direkt mit dem Rückfluß durch die Kolonnen laufen zu lassen, wenn sie nur keine merkliche Löslichkeit mit den verarbeiteten Gemischen und allerdings auch keinen merklichen Dampfdruck hat.

2. Diabate Rektifikation

Wie in Kap. IV, 1, Gl. 46) findet man die *Stoffbilanz* — wieder in molaren Größen für die *Verstärkungssäule* — mit den Strömen von Dampf D, Flüssigkeit F und Erzeugnis K (Kopfprodukt):

116) $$K = D - F \qquad K\psi_K = D\psi'' - F\psi'$$

Da hier Wärme abgeführt wird, bringt die Einführung der *Wärmebilanz keinen Vorteil* für eine geschlossene Gesamtlösung. Man eliminiert einfach D und findet:

117) $$D = K + F \qquad K(\psi_K - \psi'') = F(\psi'' - \psi')$$

$$\frac{F}{K} = \Phi_v = \frac{\psi_K - \psi''}{\psi'' - \psi'}$$

Hier ist aber Φ_v nicht konstant, sondern variabel, nimmt vom Kopf nach unten zu. An jeder Stelle ist $\psi'' \leqq \psi''_{Gl}$, der zu ψ' gehörigen Gleichgewichtskonzentration und daher $\Phi_v \geqq \Phi_{v0}$, dem in jeder Höhe erforderlichen Mindestrückfluß. Statt eines gemeinsamen Poles im Enthalpie-Konzentrations-Diagramm erhält man eine *Folge von Polen,* die für jeden Boden beliebig, jedoch so gewählt werden müssen, daß die Betriebsgeraden mindestens so steil wie die Konoden verlaufen.

Von *praktischer Bedeutung* könnte gerade die *Verstärkungssäule bei Wasserkühlung* werden. Während bei der adiabaten Rektifikation der gesamte Rückfluß am Kopf, also bei tiefster Temperatur erzeugt werden muß, kann nun der nach unten steigende Rückflußbedarf der Verstärkungssäule bei steigender Temperatur sukzessive kondensiert werden. Es kann daher das *Kühlwasser* theoretisch und praktisch *bis zu höherer Temperatur ausgenutzt* und damit an Kühlwasser-Menge gespart werden. Man könnte auch bei gleichbleibendem Kühlwasser-Strom die Gesamtfläche der Wärmeübertragung verkleinern, wenn man *einen Teil der Fläche vom Dephlegmator in die Kolonne verlegt.*

Im einzelnen hängt der *Anfangs-Rückfluß am Kopf* stark von ψ_K ab, für $\psi_K \rightarrow 1$ ergibt sich ein endlicher Wert, für $\psi_K \ll 1$ geht der Kopfrückfluß gegen 0. Der Rückfluß am unteren Ende ist hauptsächlich von der dortigen (Einspeise-)Konzentration abhängig, der Verlauf längs der Kolonne von der Form der Gleichgewichtskurve.

Technisch-wirtschaftlich wird man die Rückfluß-Erzeugung in der Kolonne mit konstantem Kühlwasserstrom und konstanter Temperaturdifferenz Δt versuchen. Die nebenstehende Skizze erläutert das Ergebnis. Es ist über der Flüssigkeitskonzentration aufgetragen der Rückfluß, und zwar zunächst Φ_{v0}, der aus dem Gleichgewicht bzw. Konodenrichtung erforderliche *Mindestrückfluß bei jeder Konzentration.* Der tatsächlich verfügbare Rückfluß Φ_w ergibt sich aus dem Kühlwasserstrom, seiner Anfangstemperatur und dem Temperaturverlauf als Funktion von ψ' in der Kolonne. Φ_w ist der Temperaturdifferenz proportional, im einfachsten Fall wird der Verlauf wie in der

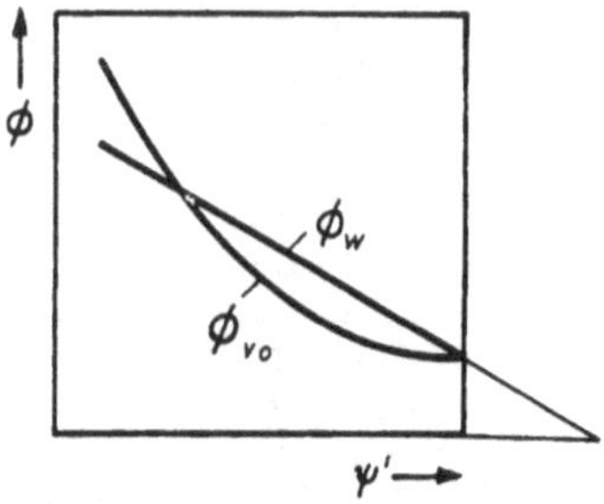

Abb. 43. Über der Flüssigkeits-Konzentration ψ' der Kolonne ist aufgetragen der Mindestrückfluß φ_{vo} und der mit gegebenem Kühlwasser in den verschiedenen Höhen der diabaten Kolonne erreichbare Rückfluß φ_{w}

Skizze linear. Für den Wasserstrom maßgebend ist einer der *kritischen Punkte, Rückfluß am Kopf oder an der Einspeisestelle.* Am anderen Punkt und im übrigen Verlauf der Kolonne ist dann $\Phi_w > \Phi_{vo}$, d. h. es ist *immer mehr als der Mindestrückfluß verfügbar.* Ins McCabe-Thiele-Diagramm übertragen, bedeutet das, daß aus der *Betriebsgeraden* eine *Betriebskurve* wird, die im gleichen Sinn, aber *schwächer gekrümmt* ist, *als die Gleichgewichtskurve.* Bei dieser wirtschaftlichen Betriebsweise bleiben also thermodynamische Verluste übrig, der Kühlwasserverbrauch ist aber je nachdem, z. B. in der Skizze auf die Hälfte, verringert.

Es ist noch zu erwähnen, daß beim Differenzieren der Gleichung 52) in IV, 4 entsprechenden:

118) $$\psi'' = \frac{\psi'\Phi + \psi_K}{\Phi + 1}$$

nun die *Veränderlichkeit von Φ* zu beachten ist. Man erhält

119) $$\frac{d\psi''}{d\psi'} = \frac{1}{\Phi+1}\left(\Phi - \frac{d\Phi}{d\psi'} \cdot \frac{\Phi+1}{\psi_K - \psi'}\right)$$

Zu dem üblichen $\Phi/(\Phi+1)$ kommt also ein Zusatzterm. Da $d\Phi/d\psi'$ negativ ist, können so mit *endlichem Φ auch Betriebskurven mit mehr als 45° Neigung* erreicht werden.

Indem man in der Bodenkolonne $d\Phi/d\psi' = \Delta\Phi/\Delta\psi'$ die Differenzen von Boden zu Boden einsetzt, kann man mit Hilfe von 119) die Betriebskurve als Polygonzug konstruieren oder umgekehrt zu einem Polygonzug die erforderliche Kühlung und Rückfluß-Änderung berechnen.

3. Diabate Ab- und Adsorption

In der geometrischen Betrachtungsweise der *Diagramme* besteht der Effekt des diabaten Gerätes in einer *Richtungsänderung* und *Krümmung* der Zustandskurven bzw. Betriebs-Geraden und -Kurven. Unter dem Gesichtspunkt der *Anpassung* kann nach *Erfüllung der Stoffbilanz* nun die *Wärmebilanz unabhängig* durch den zusätzlichen Kapazitätsstrom befriedigt werden. Damit wird die Anpassung zumindest verbessert oder, bei vorgegebener zulässiger Toleranz des Anpassungsfehlers, der Bereich der Zustandsänderung erweitert. Unter praktisch-technischem Gesichtspunkt resultiert daraus eine *Verbesserung des Wirkungsgrades,* die beträchtlich sein kann und dann auch wirtschaftlich interessant wird.

Gegenüber der Rektifikation sind die Effekte bei Ab- und Ad-Sorption offensichtlicher, insbesondere wird die *isotherme Zustandsänderung* realisierbar, indem man einen Naßdampf durch die Wärmeübertragungs-Leitung strömen läßt, der je nachdem durch Verdampfung oder Kondensation die Temperatur konstant hält. Ein Beispiel isothermer Absorption war bereits in V, 5 behandelt, wobei sich zeigte, daß eine echte Anpassung nicht möglich war. Diese gelingt allenfalls am trockenen Ende stückweise, wie in VI, 8 erläutert. Demzufolge ist später bei den Sorptionsverfahren die *beste Lösung für die der Abtriebs- und der Verstärkungssäule analogen Teile verschiedenartig:* Auf der trockenen Seite isotherme Adsorption mit dem diabaten Gerät, auf der nassen jedoch etwa isenthalpe Adsorption.

In VI, 7 hatte sich ergeben, daß es für jedes System nur eine *„ausgezeichnete Sorptions-Adiabate"* bei gegebenem Druck gibt, in deren Nähe Ad- und Desorption technisch durchzuführen ist. Da deren Lage letztlich von der *Sorptionswärme* bestimmt wird, im diabaten Gerät jedoch ein Teil dieser Sorptionswärme von dem zusätzlichen Kapazitätsstrom aufgenommen werden kann, ist man mit dem diabaten Gerät in der Lage, die *ASA zu verschieben,* den Vorgang also in technisch günstigere Temperaturbereiche zu verlegen etc.

Für die ohnehin bekannten Anpassungsfälle liefert das diabate Gerät eine Verbesserung und Modifikation, neue Anpassungsfälle ergeben sich jedoch nicht. Dagegen sind im nichtumkehrbaren Betrieb sehr weite Variationsmöglichkeiten gegeben, deren Diskussion im Einzelnen hier zu weit führen würde.

XI. Elektro-Reaktoren

1. Fundamentalgleichungen und Allgemeines

Es beginnt nun die Behandlung der Geräte, in denen *elektrische Energie* umgesetzt wird. Im vorliegenden Kapitel wird der Umsatz von elektrischer gegen *chemische Energie,* im Folgenden dann gegen *Konzentrations-Energie* behandelt. Hier handelt es sich also im wesentlichen um *Reaktoren,* im nächsten Kapitel um Misch- und Trenngeräte. Mit dem Charakter der elektrischen Energie als *„Edel-Energie",* also *reine Arbeit,* hängt es zusammen, daß der verfahrenstechnische Effekt der Elektro-Geräte viel weiter geht, als der bisher behandelten, daß die *Elektrogeräte schon zumindest Verfahrensschritte* repräsentieren, d. h. selbständig wichtige Aufgaben erfüllen können. Bei der Beurteilung der relativ einfachen und billigen Anlagen ist allerdings zu beachten, daß der elektrische

Strom ja kein Rohstoff, sondern ein sehr wertvolles und auch teures Industrieprodukt ist und daß darüber hinaus die Anwendbarkeit der Elektrogeräte in der Verfahrenstechnik beschränkt ist auf die ionisierbaren Stoffe.

Es bewährt sich wieder, vom Ansatz der *Fundamentalgleichungen* als Schema zum Verständnis und zur Beurteilung der Vorgänge auszugehen.

1) Die *Stoffbilanzen* werden hier durch die chemischen *Reaktionsgleichungen* erfaßt, z. B. $2H_2O \rightleftarrows 2H_2 + O_2$. Man beachte, daß mit einer Reaktion immer eine *Reaktions-Enthalpie* ΔH verknüpft ist, die dann in der *Wärmebilanz* auftreten muß, und weiterhin eine *Reaktions-Exergie* ΔE. Daneben gibt es Vorgänge wie die Kupfer-Elektrolyse, bei denen die tatsächlich auftretende chemische Energie und Umwandlung zwischen Cu und Cu^{++} sich im Ergebnis wieder heraushebt, so daß schließlich keine chemische Änderung des metallischen Kupfers, sondern nur eine *physikalische Reinigung* resultiert. Daher ist dort weder ΔH noch ΔE, sondern lediglich die physikalische *Trennarbeit* zu berücksichtigen. Etwas vereinfacht dargestellt gilt für die *Stoffbilanz,* daß elektrisch äquivalente Mengen unreines Kupfer gelöst und reines Kupfer abgeschieden werden, die Differenz führt zu einer Änderung der Bad-Zusammensetzung: Abnahme des Cu-Gehaltes, Zunahme der Verunreinigungen.

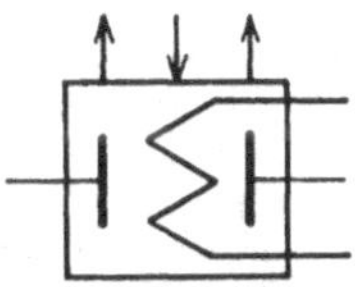

Abb. 44. Fließbild-Symbol der Elektrolyse-Zelle.

2) *Energiebilanzen* treten 2 auf, für *Wärme* und *elektrischen Strom.* In Bd. 1, III, 14 war bereits auf eine Mehrdeutigkeit der elektrischen Größen bei der Einordnung in das thermodynamische System hingewiesen. Es gilt: Energie = Leistung · Zeit = $\Delta u \cdot i \cdot z = \Delta u \cdot$ Ladung. Wir müssen hier eine Festlegung treffen und wollen die *Spannung* bzw. das *Potential* Δu

unter 3, *Gleichgewichte* behandeln, hier bei *„Energie"-Bilanzen* aber nicht die Energie, sondern den anderen Faktor neben der Spannung, *Ladung bzw. Strom* einordnen. Tatsächlich gilt ja der physikalische Erhaltungssatz, der jeder Bilanz zugrunde liegt, für die Ladung. Die elektrische Bilanzgleichung besagt also, daß die Stromstärken an Anode und Kathode — abgesehen von Isolierungsverlusten gegen Erde — gleich sein müssen.

Die Kopplung zwischen Stoffbilanz und Strombilanz sollte über die ganzzahlige *Ionenladung* und die Faraday-*Konstante* exakt gelten, praktisch ist indessen ein *Stromverlust* zu beobachten, der bei den Vorgängen dieses Kapitels meist gering, bei der *Elektrodialyse* aber grundsätzlich recht groß ist. Der Stromverlust und die damit zu definierende *Stromausbeute* bei der *Elektrolyse* ist daraus zu erklären, daß *Ionen verschiedener Ladung* vorkommen, teils sozusagen offiziell —z. B. Cupri- und Cupro-Ionen —, teils als instabile Gebilde. Man kann sich z. B. vorstellen, daß bei der Wasser-Elektrolyse gelegentlich auch ein Wasser-Molekül eine Ladung aufnimmt und transportiert, so daß ein elektrischer Nebenschluß entsteht. Die Wahrscheinlichkeit derartiger Ionisierungen, die nicht zur Elektrolyse beitragen, steigt naturgemäß mit der *Überspannung* (und diese mit der *Stromdichte), so daß die Stromausbeute einer Zelle mit steigender Belastung sinkt.*

Die *Wärmebilanz* umfaßt die Summe aller zu- und abgeführten Energien. Für den elektrolysierten Stoff sind das eventuelle *Enthalpien zufolge Temperaturdifferenzen* zwischen Ein- und Austritt, vor allem aber die *(negative) Reaktions-Enthalpie ΔH.* Zugeführt wird die *elektrische Gesamtleistung,* die im Folgenden noch aufgeschlüsselt wird. *Die Summe kann positives oder negatives Vorzeichen haben* und muß über die im Fließbild-Symbol eingezeichnete Wärmeübertragungsleitung durch einen Hilfsstrom abgeführt werden. In spezieller Betriebsweise kann die Summe auch verschwinden, womit der materielle Hilfsstrom und die konstruktiv vorzusehende Wärmeübertragung entbehrlich werden.

3) Das *Gleichgewicht* der Elektrolyse wird durch die *EMK (elektro-motorische Kraft = Potential)* Δu_0 ausgedrückt, die mit der *Reaktionsexergie* $\Delta \mathfrak{e}$ der *Ladungszahl* z und der Faraday-Konstanten $\mathfrak{F}$ durch: $\Delta \mathfrak{e} = z \cdot \mathfrak{F} \cdot \Delta u_0$ zusammenhängt. Δu_0 ist die Mindestspannung, $z \cdot \mathfrak{F} \cdot \dot{n} = i_0$ der Mindeststrom, wobei $\dot{n}$ die Formelumsätze (Mol) pro Zeiteinheit (sec) bedeutet. Auf die tatsächliche Vergrößerung des Stromes von i_0 auf i und die *Stromausbeute* i_0/i war oben schon hingewiesen, sie wird zweckmäßig als *Bilanz-Defekt* und nicht als *Friktion* eingeordnet.

Die EMK Δu_0 setzt sich wie die Exergie aus dem Standard-Wert bei Normalbedingungen und dem *Konzentrationspotential* zusammen. Dieses hat vor allem bei der elektrolytischen Gasabscheidung große Bedeutung. Für ein Druckverhältnis 10 ergibt sich bei Normaltemperatur eine Spannungsdifferenz von etwa 0,06 V für einfach, 0,03 V für doppelt geladenes Ion/Molekül-Umwandlung etc. Da diese Spannung relativ gering ist, benutzt man den Vorgang zweckmäßig als *elektrischen Verdichter*, um Gase, die unter Druck gewonnen werden sollen, direkt aus der *Druckzelle* komprimiert zu erhalten.

4) Die hier fast ausschließlich interessierende elektrische Friktion setzt sich aus mehreren Anteilen zusammen, die gemeinsam die EMK auf die Betriebs- oder Zellen-Spannung Δu erhöhen.

Der erste Anteil rührt vom Ohm'*schen Widerstand* des *Elektrolyten* her, neben dem der Widerstand der *Zuleitungen* und *Elektrodenbleche* meist vernachlässigt werden kann. Wie in Bd. 1, III, 2 bei der Behandlung der Wärmeleitung erklärt, kommt es auf die Geometrie an, wir beschränken uns hier auf den einfachen Fall der Platte, die komplizierteren werden übrigens vorteilhaft nicht durch Rechnung, sondern durch Nachbildung der Geometrie im *elektrolytischen Trog* und elektrische Widerstandsmessung gelöst.

Für den plattenförmigen Elektrolyten ist der *Widerstand* $R = d/\Lambda \cdot c \cdot F$, worin d den *Elektrodenabstand*, F die *Elektrodenfläche*, c die *Konzentration* der Ladungsträger und Λ ihre spezifische oder *Äquivalent-Leitfähigkeit* bedeutet. Das Produkt $\Lambda \cdot c$ durchläuft bisweilen ein Maximum, bei dem dann die günstigste Konzentration liegt. Bei sehr kleinen Konzentrationen ist $\Lambda \rightarrow \Lambda_\infty$ etwa konstant.

Aus dem Ohm'schen Widerstand resultiert ein konstruktiv beeinflußbarer *Spannungsabfall* $\Delta u_R = R \cdot i$.

In all den Fällen, in denen der Elektrolyt ein *Gemisch* ist — z. B. bei der Wasserelektrolyse: Wasser + gelöstes Salz, Lauge oder Säure — entstehen unter dem Einfluß des elektrischen Feldes *Konzentrationsunterschiede* im Elektrolyten, die zu *Konzentrationspotentialen* $\Delta u_K = \mathfrak{R}T/(z\mathfrak{F}) \cdot \ln a_A/a_K$ führen. An der Kathode (Aktivität a_K) wird die wäßrige Lösung alkalisch, an der Anode (Aktivität a_A) sauer. Vgl. dazu Bd. 1, III, 14. Durch *Rühren des Bades* lassen sich die Konzentrationsunterschiede und damit diese sekundäre *Polarisation* unterdrücken.

Zu den genannten Verlusten kommt die sogenannte *Überspannung* Δu_E, die vom *Elektrodenmaterial* und seiner *Oberflächengestaltung* (glatt oder besser schwammig) abhängt. Sie tritt vor allem bei dei elektrolytischen Gasentwicklung auf und kann dort erhebliche Beträge annehmen. Eucken setzt sie in Analogie zum Siedeverzug. Die Beständigkeit auch unedler Metalle als Elektroden (vor allem als Anode kritisch) kann durch Einstellen des p_H-*Wertes* und Wahl der gelösten Stoffe sowie evtl. Zusätze erreicht werden.

Infolge dieser verschiedenen Einflüsse ist der Gesamtwiderstand der Zelle $R' = \Delta u/i$ natürlich nicht konstant.

5) Die *wirtschaftliche Optimierung* muß zunächst das günstigste Elektroden-Material, Zellengröße, Schaltung und Stromversorgung festlegen. Als Betriebsvariable bleibt dann die *Stromdichte*, mit deren Vergrößerung die Betriebs- (hier Strom-) Kosten steigen, die Amortisation jedoch abnimmt. Die notwendigen Zahlenwerte werden i. a. durch Versuch ermittelt (vgl. die Aufgabe zu 2).

2. Elektrolyseur

Die Abb. 45 zeigt eine einfache *Zelle* zur Wasser-Elektrolyse. Die Vergrößerung führt auf große Elektrodenflächen, wovon bei diesen *„unipolaren" Elektroden* ja nur eine Seite genutzt wird, und mit *Stromdichten* der Größenordnung 1000 A/m^2 auf sehr große Stromstärken bei kleiner Spannung, deren Gleichrichtung und Fortleitung (Kupfer-Schienen) einen erheblichen Aufwand verursacht.

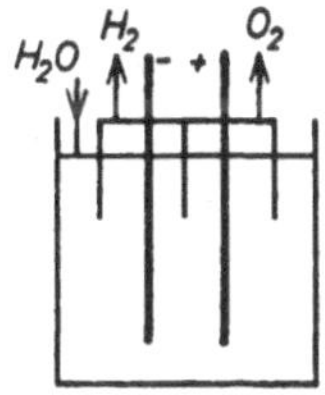

Abb. 45. Querschnitt durch Elektrolyse-Zelle, Einzel-Zelle mit nur einseitig genutzten Elektroden. Trennwände im Gasraum, etwas in die Flüssigkeit eintauchend.

Man schaltet nach Möglichkeit *viele Zellen elektrisch in Serie*, konstruktiv am einfachsten und günstigsten durch *„bipolare" Elektroden*, wie in der Abb. 46 gezeigt. Es sind das Bleche — evtl. einseitig *plattiert* —, die auf der einen Seite Anode, auf der Rückseite Kathode sind.

Die *Konstruktion* entspricht der der *Filterpressen*, zwischen den Elektroden liegen isolierende und dichtende *Rahmen*, in denen auch die Bohrungen zur Ableitung der gebildeten Gase und zur Zuleitung des destillierten Wassers liegen. Es ist darauf zu achten, daß die *Flüssigkeits-Zuleitung* weder durch das Wandmaterial noch durch die Flüssigkeit selbst einen *Kurzschluß* der Zellen verursachen darf.

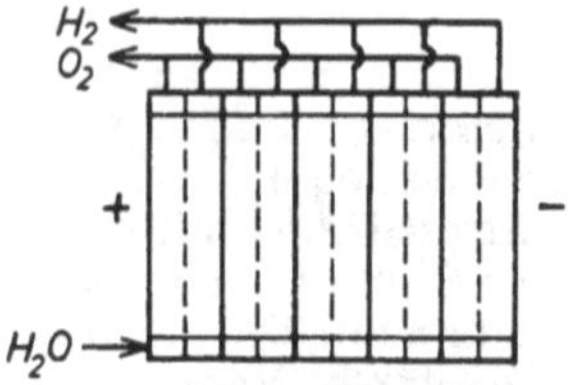

Abb. 46. Vielzelliger Elektrolyseur mit (gestrichen) Diaphragmen.

Statt dichter *Trennwände* zwischen den Gasräumen, wie in der ersten Skizze, benutzt man bevorzugt *poröse, „Diaphragma"* genannte Wände — z. B. Tontafeln, Asbest-Pappen etc. —, die die ganze Zelle unterteilen. Der Flüssigkeitsspiegel steht dann fast am oberen Rande.

Der Nachteil des erhöhten Widerstandes durch das Diaphragma und der Konzentrationspolarisation wird durch den Vorteil aufgewogen, daß die *Elektroden* nun sehr *nahe aneinander rücken* können.

Wie die Filterpressen können auch diese *Elektrolyseure* für *hohe Drucke* gebaut werden.

Die größten Energie-Umsätze werden bei der *Chlor-Alkali-Elektrolyse* und der *Aluminium-Reduktion* erreicht. Hierbei sind noch 2 Besonderheiten zu erwähnen.

Aluminium, z. T. auch Alkali, wird mit der *„Schmelzfluß-Elektrolyse"*, also bei *hohen Temperaturen* gewonnen. Um die Leitfähigkeit der Schmelze zu erhöhen und ihren Schmelzpunkt herabzusetzen, kann man andere Salze etc. zugeben. Es werden hierbei i. a. auch eventuelle Verlust-Wärmen mit dem Strom, d. h. durch *elektrische Heizung* zugeführt.

Für die Chlor-Alkali-Elektrolyse wendet man als Kathoden-Material gern *Quecksilber* an. Das elektrolytisch abgeschiedene Alkali-Metall löst sich darin als

Amalgam und kann dann z. B. durch Destillation abgetrennt werden. Üblicherweise wird jedoch das aus der Zelle entnommene Amalgam mit Wasser gewaschen, wobei das *Metall* unter Wasserstoff-Entwicklung als *Lauge* in Lösung geht. Aus wässriger Lösung kann an Blechelektroden Alkalimetall nicht gewonne werden, es entsteht in diesem Falle direkt in dem durch Diaphragma abgeteilten Kathodenraum die Alkali-Lauge.

Aufgabe: In [109] findet sich folgende Tabelle über die Wasser-Elektrolyse aus verdünnter Natron-Lauge mit Diaphragmazelle:

Stromdichte A/sq ft	10	25	50	100	200	500
Zellenspannung V	1,8	2,1	2,4	2,9	3,5	4,8
H_2-Stromausbeute %	98,5	98,4	98,2	97,2	96,0	92,0
O_2-Stromausbeute	92,2	92,1	89,9	89,4	88,3	84,8

Wieviel m^2 (bezogen auf Diaphragma-Fläche!) sind für eine Produktion von 30 Nm^3/h H_2 zu installieren, wenn die Investitionskosten 300 DM/m^2 mit 35% jährlicher Amortisation bei 3000 Betriebsstunden pro Jahr betragen und der Strom 8 Pfg/kWh kostet?

Die Gleichrichter-Anlage soll mit Selenzellen von je maximal 30,5 V Klemmenspannung, 3,3 V innerem Spannungsverlust aufgebaut werden, aus Sicherheitsgründen soll eine Spannung von 48 V gegen Erde nicht überschritten werden. Gib die elektrische Schaltung und die aus dem Gleichrichter-Wirkungsgrad resultierende Optimierung an.

Eine Anlage zur Chlor-Alkali-Elektrolyse nach dem Amalgam-Verfahren (Elektrolyse $2NaCl = 2Na + Cl_2$, Folgereaktion $2Na + 2H_2O = 2NaOH + H_2$) mit 200 Zellen je 0,4 m^2 ist vorhanden und erfordert für Amortisation und Gemeinkosten 120 000 DM/Jahr. Der Gleichstrom kostet einschließlich Gleichrichter-Amortisation und Belastung-proportionalen Unterhaltungskosten der Anlage 0,08 DM/kWh. Das NaCl kostet 55 DM/t. Im eigenen Werk werden 2500 Jato NaOH verbraucht, wofür 270 DM/t gutgeschrieben wird, ein eventueller Überschuß ist mit 310 DM/t zu verkaufen. An Chlor besteht ein Eigenbedarf von 1800 Jato für 200 DM/t Verrechnungspreis, Überschuß kann nur mit 100 DM/t abgesetzt werden. Für Wasserstoff wird 900 DM/t Erlös erzielt. Abhängig von der Stromdichte ergibt die Anlage folgende Betriebsdaten:

Stromdichte A/m^2	0	1000	2000	3000	4000	5000
Zellenspannung V	3,00	3,35	3,70	4,08	4,47	4,87
Stromausbeute NaOH	0,98	0,96	0,96	0,95	0,94	0,91
Stromausbeute Cl_2	0,98	0,96	0,95	0,94	0,92	0,90

Die Wasserstoff-Ausbeute in der Folgereaktion entspricht der Chlor-Ausbeute.

Mit welcher Stromdichte muß die Anlage gefahren werden?

3. Brennstoff-Element

Der Vorgang der *Elektrolyse* kann *umgekehrt* werden, dann wird chemische Energie in elektrische umgewandelt. Diese Geräte nennt man *Element* oder *Batterie*. Z. B. ist die im vorigen Abschnitt beschriebene Bildung von NaOH aus Na – Amalgam + Wasser ein elektrochemischer Vorgang, der *elektrische Energie liefert*. Tatsächlich läuft er nur ab, wenn in das Amalgam eine Eisen-Elektrode taucht, an der sich dann der Wasserstoff bildet. Das Eintauchen der Elektrode bedeutet einen *Kurzschluß des Elements*, bei Trennung könnte man zwischen den nur über das Wasser bzw. Lauge verbundenen Eisen- und Amalgam-Elektroden eine Spannung und damit eine *elektrische Nutzleistung* abnehmen. Damit würde die *Reaktion* der Laugenbildung *verzögert* und im Grenzfall durch die EMK zum Stillstand gebracht.

Da die EMK der *Exergie* der *chemischen Reaktion* entspricht, kann diese mit dem Element im theoretischen Grenzfall vollständig als *nutzbare elektrische Arbeit* gewonnen werden. Im Gegensatz dazu setzen Wärmekraftmaschinen nur den durch den Carnot-*Faktor* bestimmten Anteil der *Reaktions-Enthalpie* in Arbeit um, das ist schon theoretisch und erst recht praktisch viel weniger, als die *Reaktions-Exergie*. Diese Überlegung führt auf das Programm, *Brennstoff-Elemente* zu entwickeln, d. h. unsere chemischen

Brennstoffe nicht über Wärme-Kraft-Prozesse, sondern elektrochemisch zu verwerten.

Leider ist weder Kohle, noch die verschiedenen Brenngase günstig für die Umsetzung im Element geeignet. J u s t i konnte Elemente entwickeln, die bei hoher Temperatur arbeiten, in den USA wurde ein *Propan-Element* zur Betriebsreife entwickelt, der praktische Effekt entspricht aber vorerst noch nicht den theoretisch erwarteten — insbesondere wirtschaftlichen — Vorteilen.

Hochgradige *Energieausnutzung*, verbunden mit geringem *Leistungs-* und *Energie-Gewicht*, ist vor allem für *Fahrzeug-* und *Flug-Triebwerke* von Interesse. Hier benutzt man ja schon immer viel hochwertigere und auch teurere Kraftstoffe, als in ortsfesten Kraftwerken. Es könnte aussichtsreich sein, hierfür veredelte *Sekundär-Brennstoffe* zu produzieren, die dann elektrochemisch ausgenutzt werden.

Praktisch haben sich einige wenige *Batterie-Typen* für bestimmte Anwendungen durchgesetzt. Die *Trockenbatterie* für Taschenlampe, Transistor-Radio etc. beruht auf dem L e c l a n c h é - *Element*, in dem im wesentlichen der Sekundär-Brennstoff *Zink* oxydiert wird. Zinkblech, meist als umschließender Behälter des Elements gestaltet, ist Kathode, Kohle in Braunstein (oder mit „Luftsauerstoff") Anode. Der *Elektrolyt* ist eine Zinksalz-Lösung, in „Trockenbatterien" durch Zusätze *geliert*. Die *Zellenspannung* liegt bei 1,5 V, sie ist abhängig von der Elektrolyt-Zusammensetzung und dem Entladungszustand. Die Elemente sind gut *stabilisiert*, daher *lagerfähig*, und können sogar bis zu einem gewissen Grade *wieder aufgeladen* werden. Sie versagen praktisch meist durch Austrocknen.

Als *ladbare Elemente (Akkumulatoren)* haben sich 2 Typen vor allem als Autobatterie zum Anlassen und zur Stabilisierung des Bordnetzes durchgesetzt. Der *Bleisammler* ist mit *Schwefelsäure* gefüllt, im geladenen Zustand besteht die Anode aus PbO_2, die Kathode aus schwammigem, reduziertem Blei. Bei der Entladung gehen beide Platten in $PbSO_4$ über, wodurch die Säure-Konzentration und die Zellenspannung etwas absinkt, der recht konstante Normalwert liegt bei 2 V. Dieser Akku ist am meisten verbreitet, er liegt mit 80% *Energieausbeute* und auch hinsichtlich des Leistungsgewichtes etwas günstiger als der alkalische *Stahlsammler*, kritisch ist nur die Empfindlichkeit der gepreßten Elektroden-Platten, die insbesondere *keine vollständige Entladung* und Stehen im entladenen Zustand vertragen. Im Edison-*Akku* wird Fe in $Fe(OH)_2$ und $Ni_2O_3 \cdot 1{,}2H_2O$ in $Ni(OH)_2$ umgewandelt, der Elektrolyt ist *Kalilauge*, die Zellenspannung 1,2 V.

Schließlich werden Elemente als *Spannungsnormale*, also zum Eichen elektrischer Präzisions-Meßinstrumente benutzt. Das Weston-*Normalelement* besitzt Elektroden $Hg/HgSO_4$ und Cd-Amalgam/$CdSO_4 \cdot 8/3\,H_2O$. Die gute *Spannungskonstanz* beruht darauf, daß durch die schwerlöslichen Sulfat-Kristalle die Hg- bzw. Cd-Ionen-Konzentration vor den Elektroden stabilisiert wird.

4. Elektro-Öfen

Elektro-Öfen konkurrieren grundsätzlich mit anderen Öfen oder — allgemeiner — *Wärmeübertragern*. Es ist kein Anwendungsfall bekannt, bei dem der Effekt auf einer speziellen Wirkung der Elektro-Energie beruht und nicht ebenso durch Wärme aus anderen Quellen erreicht werden könnte. Da die *Elektrowärme* etwa um den Faktor 4 teuerer ist als die aus Brennstoffen gewonnene, ist die Anwendung nur wirtschaftlich wenn damit erheblich an *Anlagekosten* gespart werden kann

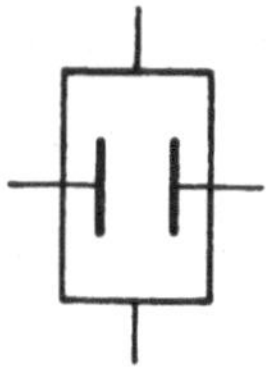

Abb. 47. Fließbild-Symbol für Elektro-Ofen.

zufolge der Eleganz der elektrischen Methoden. Vor allem wird Elektrowärme im kurzzeitigen Betrieb bevorzugt, z. B. zum Anfahren von Anlagen, Vorwärmen von Reaktoren etc. Folgende Methoden kommen zur Anwendung:

Indirekte Erwärmung durch außen angebrachte Heizwiderstände oder Strahlungsheizflächen. Als Widerstandsmaterial werden neben Metallen bevorzugt keramische Leiter (Nernststift) benutzt. Eine oft vorteilhafte Methode ist Widerstandsheizung mit Strömen, die in den metallischen Wänden der Apparatur fließen. Da die Widerstände klein sind, arbeitet man mit heruntertransformiertem Wechselstrom.

Nach dem gleichen Prinzip kann die *direkte Widerstandsheizung* des Gutes bewirkt werden, für die direkte Heizung kommt aber vor allem die *Lichtbogenheizung* infrage. Damit können hohe Temperaturen erreicht werden, die sonst nur schwer — z. B. 3000 °C im *Karbidofen* — oder gar nicht zugänglich wären — in *Plasmabrennern* 20 000 °C. Bei den hohen Temperaturen ist der Carnot-Faktor fast 1, der Einsatz von Elektrizität bedeutet also auch theoretisch kaum noch einen Verlust, wenn man davon absieht, daß der Strom sehr ungünstig aus chemischer Energie gewonnen wurde.

Verfahrenstechnisch sehr interessant, allerdings energetisch meist recht ungünstig sind die Methoden der *induktiven* und *kapacitiven Heizung,* weil hier die Wärme ohne Kontakt-Elektroden direkt im Gut erzeugt wird.

Bei der *induktiven Wirbelstrom-Heizung* bildet das Gut gewissermaßen die sekundäre Kurzschlußwicklung eines Transformators. Man erhält i. a. einfachere und wirtschaftlichere Anlagen, wenn man statt eines mit Netzfrequenz betriebenen Eisenkern-Trafos einen Hochfrequenz-Trafo benutzt. Der Hochfrequenz-Generator kann allerdings von der aus dem Netz aufgenommenen Energie meist nur ¼ bis ½ im Gut nutzbar machen, der Rest sind Umwandlungs- und Streu-Verluste.

Die *kapacitive Heizung* beruht darauf, daß bestimmte *Dielektrika* — insbesondere Wasser — einen großen *Verlustwinkel* haben, sich in einem Hochfrequenzfeld also durch die *Verschiebungsströme* erwärmen. Damit kann z. B. schonend getrocknet werden, da die Wärme unmittelbar nur dem Wasser im Gut zugeführt wird, das äußere, bereits abgetrocknete Gut daher keinen Übertemperaturen ausgesetzt wird.

X. Elektro-Stoffübertrager

1. Membranen

Die im strengen Sinne *selektiven Trennwände* der Theorie sind in der Praxis kaum zu verwirklichen, es gibt jedoch zahlreiche Zwischen-Stufen, die vor allem aus der flüssigen Phase zu Trennungen führen. Die größte Bedeutung haben solche Membranen in der organischen Natur; begünstigt durch die Fähigkeit der *Regeneration*, technisch etwa als vollautomatischer Reparaturdienst zu klassifizieren, können hier sehr geringe Wandstärken und damit geringe Diffusionswiderstände zum Einsatz kommen. Mit den Fortschritten der Makro-Molekül-Chemie gewinnen die Membran-Methoden jedoch auch in der Technik an Bedeutung.

Im vorhergehenden Kapitel waren bereits die *grob porösen Diaphragmen* erwähnt, die im wesentlichen *Diffusions-Widerstände* bilden. Dadurch wird die Vermischung der gelösten Ionen stark verzögert, während die Strömung des Lösungsmittels und die Bewegung der Lösungsmittel-Ionen, die ja mit ihren hohen Überführungszahlen im wesentlichen den Stromtransport übernehmen, nur wenig behindert ist.

Da die Aktivitäten beiderseits der Trennwand sich auszugleichen streben, das Lösungsmittel aber beweglicher ist, wandert durch die Trennwand zwischen konzentrierter und verdünnter Lösung bevorzugt Lösungsmittel zur konzentrierten. Damit wird ein Gegendruck aufgebaut, der dann schließlich als *„osmotischer Druck"* die Strömung zum Stehen bringt. Die Möglichkeit und Zuverlässigkeit einer tatsächlichen *Siebwirkung* steigt mit dem Partikel-Durchmesser. *Zeolithe (Molekular-Siebe)* haben kristallographisch definierte Porendurchmesser zwischen 3,5 und 13 Å, lassen sich aber praktisch nur als Kornschüttungen in Sorptiv-Regeneratoren verwenden. Tierische Häute und Kunststoff-Folien trennen immerhin *Kolloide* und bis zu einem gewissen Grad Makro-Moleküle, so daß damit kolloidale Lösungen von begleitenden molekular gelösten Stoffen getrennt und evtl. konzentriert werden können. Vielfach hängt die *Durchlässigkeit* damit zusammen, daß das Membran-Material ein quellfähiges *Gel* ist. Es zeigt sich dann für die Stoffe durchlässig, die es zum *Quellen* bringen können. Damit können in beachtlicher Selektivität z. B. organische Lösungsmittel von Elektrolyten getrennt werden.

Konstruktiv benutzt man die gleichen Formen, die von der *Filtration* bekannt sind, also *Rahmen-* und *Schlauch-* bzw. *Sack-Filter.* Durch Gegenstromführung erreicht man weitgehende Übertragung, allerdings liegt der Zeitbedarf mit Stunden bis Tagen recht hoch. Angesichts der geringen *Geschwindigkeit der Diffusion* spielt die — an sich auch recht langsame — *freie Konvektion* in den Flüssigkeiten (zufolge der Dichte-Differenzen durch Konzentrations-Unterschiede) eine große Rolle und muß bei der Konstruktion mit dem richtigen Vorzeichen berücksichtigt werden. Die Bezeichnungen schwanken, sind auch außer von theoretischen Vorstellungen z. T. von Patent-Rücksichten beeinflußt. Man spricht von

Osmose, Dialyse etc., die Bezeichnung *Gel-Filtration* bedeutet ein Regenerativ-Verfahren, entspricht also etwa der Chromatographie.

Da die Hemmung gegenüber den verschiedenen Ionen-Sorten differiert, stellen sich sogenannte *„Membran-Potentiale"* ein, das ist eine Sammelbezeichnung. Im einzelnen lassen sich die Potentiale je nach dem Mechanismus bzw. der benutzten *Modell-Vorstellung* auf *Konzentrations-Potentiale* und adsorbierte *Dipol-Schichten* zurückführen, enthalten aber auch Anteile, die den in IX, 1 erwähnten irreversiblen *„Überspannungen"* entsprechen. Praktisch muß man sie daher im Laborversuch ermitteln.

Ausgehend von den Membran-Potentialen als Angriffspunkt hat man immer wieder versucht, durch *Anlegen elektrischer Spannungen die Diffusions-Vorgänge zu modifizieren* und zu beschleunigen. Man hat damit verschiedene „Effekte" wechselnden Vorzeichens erzielt, z. B. wird bei der *„Elektro-Osmose"* beiderseits des Diaphragma durch Elektroden eine Spannung angelegt und damit der osmotische Druck und/oder die *Durchströmungsgeschwindigkeit* beeinflußt.

Demgegenüber bedeutet die Entwicklung der *Ionen-Austauscher* einen grundlegenden Fortschritt. Es handelt sich meist um „Harze" von molekularer Schwammstruktur, die anorganische Ionen mehr oder weniger lose gebunden enthalten und zwar entweder Anionen oder Kationen.

Bei *loser Bindung* erfolgt ein der *Adsoption* entsprechender Austausch z. B. zwischen Ca^{++} und Na^{+} *(Enthärtung)* oder H^{+} *(Vollentsalzung)*. Wie bei der *Verdrängungs-Sorption* wird der Vorgang von der statistischen *Wahrscheinlichkeit* und daneben von evtl. bestehenden selektiven Bevorzugungen beeinflußt.

Bei *fester Bindung* werden die in der Lösung ankommenden *gleichnamig geladenen Ionen* von den im

Harz gebundenen elektrisch abgestoßen und damit an der *Diffusion durch die Membran gehindert.* Hierfür gibt es jedoch eine Grenze der Konzentration, oberhalb derer eine Abschirmung der Harz-Ionen durch die in der Lösung ja immer vorhandenen ungleichnamig geladenen Ionen wahrscheinlich wird, so daß die abstoßende Sperre zumindest teilweise durchlässig wird. Diese Art von Membranen kann man direkt als *Ionen-Siebe* ansehen und auch ausnutzen, indem z. B. durch einen Beutel, der aus entsprechenden Folien besteht, aus Meerwasser Trinkwasser filtriert wird.

Für die *Verstärkung* — sowohl der Geschwindigkeit, als auch der Konzentrationen — durch *elektrische Energie* ergeben die Ionenaustauscher mehrere systematische Möglichkeiten, die im Folgenden diskutiert werden.

2. Konzentrierung mit Elektro-Dialyse

Abb. 48 zeigt das Prinzip der *Konzentrierungs-Verfahren.* Die kationenhaltige Membran (+ + +) ist für Anionen durchlässig, und umgekehrt. Der ionenhaltige Flüssigkeits-Strom A, hier Na^+, Cl^--Lösung, fließt zwischen den zwei Membran-Arten. Unter dem Einfluß der außen angelegten Spannung wandern die Na^+-Ionen zur Kathode durch die Anionen-Austauscher-Membran und die Cl^--Ionen umgekehrt zur Anode. In den Spülströmen *B* und C etwa enthaltene Ionen können nicht in den Strom *A* gelangen, aus *B* z. B. Kationen nicht wegen des elektrischen Feldes, Anionen jedoch nicht wegen der Sperrwirkung der Membran. Demzufolge tritt im Strom *A* eine *Abreiche-*

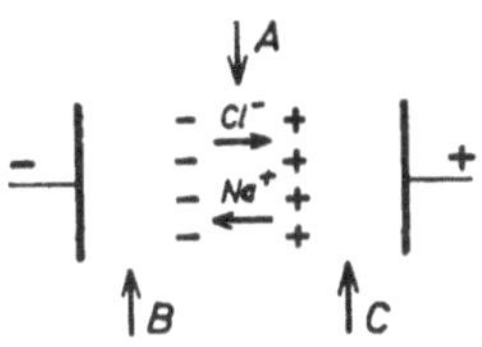

Abb. 48. Einzelne Elektro-Dialyse-Zelle. Die Salzlösung A wird abgereichert (evt. gänzlich entsalzt), die Wasserströme B und C werden zu Lauge bzw. Säure.

rung, in den Strömen *B* und *C* eine *Anreicherung* ein, speziell hier in *B* basisch, in *C* sauer.

Der Bereich vom Wasser bis zu starken Säuren oder Basen umfaßt etwa je 7 Größenordnungen der Ionen-Konzentration (bzw. p_H) entsprechend einem *Konzentrationspotential* von (maximal, für einwertige Ionen) 0,4 V. Durch *Gegenstromführung* wird erreicht, daß beiderseits der Membran nur ein Bruchteil Δu_K hiervon auftritt, eventuell überlagert von einem *Potential längs der Membran,* das sich durch entsprechende Schaltung innerhalb des Mehrfach-Übertragers eliminiert. Entsprechend der geringen Nutz-Spannung wird für die Stromversorgung eine Serienschaltung hier noch dringender, als bei der Elektrolyse, dazu kommt als Argument die Kompensation der genannten Längsspannung und die an den eigentlichen Elektroden (Blechen!) praktisch unvermeidbar auftretende *Zersetzungsspannung.* Mit *n* Zellen erhält man also eine Gesamtspannung $n \cdot \Delta u_K + \Delta u_0 + \ldots$, d. h. die nur einmal an den Enden auftretenden Potentiale werden bei hohen *n* vernachlässigbar.

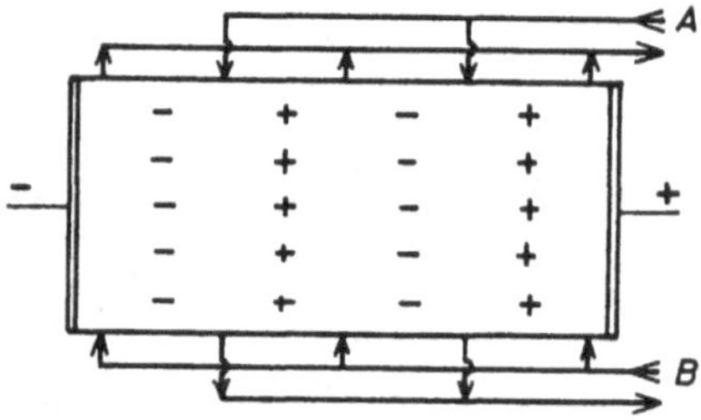

Abb. 49. Vielzellen-Anlage. Die eintretenden Lösungen A und B — z. B. beides Meerwasser — werden zu abgereicherter Lösung (unten) und angereicherter (oben). Die Membranen sind jeweils für ungleichnamig geladene Ionen durchlässig.

Skizze 49 zeigt die Anordnung. Hier können z. B. für die *Meerwasser-Entsalzung* die Zuflüsse *A* und *B* identisches Meerwasser sein. Da dieses ebenso *neutral* wie der entsalzte Abfluß von *A* und der Konzentrat-Abfluß von *B* ist, entfällt hier das Längs-Potential. Es tritt dagegen auf bei der *Konzentrierung reiner Säuren oder Laugen,* wofür das Verfahren in gleicher Weise geeignet ist.

Bei *Umkehrung der Stromrichtungen* (elektrisch und Stoffströme) erhält man eine Vermischung bzw. Verdünnung unter Lieferung *nutzbarer Spannungen,* nun allerdings *abzüglich der Verluste* und auch der Zersetzungsspannung.

Wie schon in Bd. 1, III, 14 erläutert, ist der Vorgang der *Elektrodialyse* grundsätzlich mit *Verlusten* behaftet. Die beabsichtigte Wanderung jeweils einer Sorte der gelösten Ionen entgegen dem Konzentrationsgradienten unter dem diesen überwiegenden Einfluß des Potentials stellt ja nur einen *Teil des Stromes* dar, der im Grenzfalle sogar zu Null wird, während daneben und hauptsächlich die schneller beweglichen *Lösungsmittel-Ionen* den Transport des *(Verlust-)Stromes* übernehmen. Man überlegt nun leicht, daß der *Wirkungsgrad* vom *Verhältnis der Stromanteile* bestimmt ist und gegen Null gehen muß, wenn die Konzentration der gelösten Ionen gegenüber der konstanten Konzentration der Lösungsmittel-Ionen verschwindet. *Technische Aussichten* eröffnet daher die Elektro-Dialyse nur im Bereich relativ *konzentrierter Lösungen,* also zur Anreicherung, aber nicht zur Abreicherung. Es ist also verständlich, wenn der versuchte Einsatz für die *Meerwasser-Entsalzung* wegen der hohen Stromkosten sich als *unwirtschaftlich* herausgestellt hat.

Zufolge der oben erläuterten *Sperrgrenze* bei höheren Konzentrationen ist zu erwarten, daß es *optimale Konzentrationen* mit *Wirkungsgrad-Maximum* für die verschiedenen Membranarten und Lösungen gibt.

3. Säure-Basen-Trennung

Das Prinzip der *Elektro-Dialyse*, wie es eingangs des vorigen Abschnitts skizziert wurde, liefert bereits eine *Trennung in Säure und Lauge*, auch unabhängig von der Art der benutzten Membran, da ja aus der Einzelzelle die verschieden geladenen Ionen ohnehin in verschiedenen Richtungen abwandern. Dieses Prinzip ist aber, wie ebenfalls oben erklärt, wegen des Spannungsverlustes durch die *Zersetzungsspannung unwirtschaftlich*, wenn auch bei der Säure-Basen-Trennung durch die hohen Konzentrations-Potentiale insgesamt vergleichbare Nutzspannungen auftreten, so daß mit dem einfachen Prinzip bereits Spannungsausbeuten um 50% möglich wären.

Eine Serienschaltung stößt hier auf die Schwierigkeit, daß auf der Gegenseite das Einwandern falscher Ionen gesperrt, damit aber das Auswandern der erwünschten Ionen freigegeben werden muß, es sei denn man schaltet Trennzellen mit reinem Wasser dazwischen, was wegen des hohen Ohm'schen Spannungsverlustes unrentabel ist.

Eine Anordnung nach Abb. 50 überwindet diese Schwierigkeit durch das Prinzip der *Gegenstrom-Schleife*. Die Skizze ist für Laugen-Gewinnung ausgeführt, durch das elektrische Feld werden die Kationen aus dem Abfluß-Strang rechts durch die Lauge in den Zufluß-Strang links überführt, am oberen Ende stellt sich daher in allen 3 Strängen eine hohe Kationen-Konzentration ein.

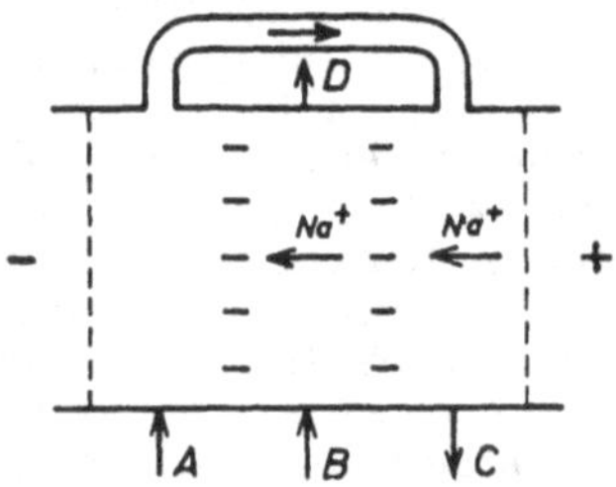

Abb. 50. Gegenstrom-Schleife zur Gewinnung von Lauge D aus Wasser B. Die z. B. neutrale Salzlösung A wird zu gepufferter Säure C.

An den Außenseiten kann nun grundsätzlich

beliebig weiter gekoppelt werden, da die Außenstränge ohnehin unreine *Pufferlösung* enthalten. Bei Zufluß neutraler Salzlösung wird der Abfluß links alkalisch, rechts sauer, es wäre aber wegen der Stromausbeute sicher unwirtschaftlich, hiermit eine Abreicherung der Kationen auf Null, also reine, ungepufferte Säure erreichen zu wollen.

Im einzelnen gibt es verschiedene Schaltkombinationen. Für die Aufgabe, nebeneinander anfallende gepufferte Säuren und Basen aufzuarbeiten, können Schaltungen gefunden werden, die das *Neutralisations-Potential* der Einsatz-Lösungen zur *Spannungs-Ersparnis* ausnutzen. Da es sich bei diesen *Kombinationen* bereits um *Verfahren* handelt, wird die weitere Diskussion auf Bd. 3 verschoben.

Bei den technisch vorkommenden *Ionen-Gemischen* ist zu beachten, daß die verschiedenen Sorten entsprechend ihren *Überführungszahlen* und Ionen-Ladungen verschieden schnell wandern. Im Produkt verbleiben zunächst nur die langsam wandernden, während die schnell wandernden durch den Produktstrom hindurch in den Zufluß-Strang gelangen. Das muß dazu führen, daß die Anreicherung in der Schleife um so höher wird, je schneller die Ionen-Sorte wandert. Eventuell kann es dann durch *Übersättigung zu Fällungen* kommen, in jedem Fall verschlechtert sich durch solche Effekte die *Stromausbeute.*

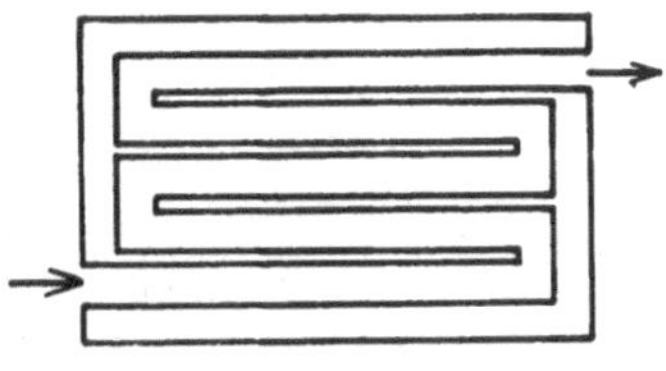

Abb. 51. Distanz-Platte zum Einspannen der Ionenaustauscher-Membranen.

Bleibt man im Bereich *wirtschaftlicher Spannungsverluste,* so kann die *Wanderungsgeschwindigkeit der Ionen* nur wenig über die Geschwindigkeit der *thermischen Bewegung und Diffusion* gesteigert werden, es geht daher ein merklicher Teil der durch Gegenstromführung erreichten Anreicherung durch Diffusion wieder verloren. Es kommt also konstruktiv darauf an, den *Diffusionsweg weit, den Stromweg kurz* zu machen. Man erreicht das bei etwa quadratischer Fläche der Membranen durch *Mäander-Führung* der Strömung mittels eingelegter Distanzstücke entsprechend der Skizze 51. Damit bleiben die ohnehin bevorzugten Platten-Apparate innerhalb handlicher Abmessungen.

4. Regenerativ-Ionenaustauscher mit Längsfeld

Sorptiv-Regeneratoren sind — wie in Kap. VI ausgeführt — wegen der langsamen Wanderungsgeschwindigkeit der Beladungsfront auch für *Stoffübertragungen zwischen Flüssigkeiten* geeignet. Von den beiden Möglichkeiten zur Anreicherung, die bei Gasen bestehen: Druck- und Temperatur-Differenzen zwischen Ad- und Desorption fällt jedoch leider bei Flüssigkeiten die erste fast gänzlich und die zweite weitgehend aus. Bei der Druckabhängigkeit liegt es an der geringen Kompressibilität der Flüssigkeiten. Beim Temperatureinfluß wird das Gleichgewicht bei der Dampf-Sorption durch den exponentiell mit der Temperatur ansteigenden Dampfdruck, in Lösungen jedoch durch die nur wenig, teilweise gar nicht von der Temperatur abhängige Löslichkeitsgrenze bestimmt. Der Gegenstrom-Sorptiv-Regenerator liefert daher mit *Flüssigkeiten immer eine Verdünnung,* die Desorption kann praktisch nur mit Frischwasser erfolgen und wird bisweilen so unwirtschaftlich, daß man auf die *Regenerierung des Sorbens* im Fließbetrieb gänzlich verzichtet.

Bei dieser Sachlage ist es von großer Bedeutung, daß sich der *mit Ionen-Austauscher gefüllte* und betriebene Sorptiv-Regenerator in den interessierenden Anwendungen relativ günstig regenerieren läßt.

Es kommt in Frage die *Wasser-Enthärtung,* wobei die ohnehin nur wenig löslichen Ca^{++}, Mg^{++}, CO_3^{--} und

SO_4^{--}-Ionen adsorbiert und später durch die leichtlöslichen und daher in sehr viel größeren Konzentrationen anwendbaren Na^+- und Cl^--Ionen wieder verdrängt werden. Zu diesem Zweck wendet man *Gemische von An- und Kationen-Austauschern* an.

Für die *Vollentsalzung* können gleichfalls Gemische der Austauscher, nun beladen mit H^+- und OH^--Ionen benutzt werden. Kleinere Patronen werden nach Erschöpfung ausgetauscht; in größeren *regenerierbaren Anlagen* wird das *Mischbett* getrennt — z. B. durch verschiedene Korngröße ermöglicht —, die beiden Austauschersorten einzeln regeneriert und danach wieder gemischt. Man kann auch *beide Sorten getrennt nacheinander* anwenden, das gibt aber u. U. Schwierigkeiten wegen der Löslichkeitsgrenzen.

Da die *Hydroxyde* vieler Metalle zur *Ausfällung* neigen, werden *zunächst* im ersten Apparat *die Kationen gegen* H^+, danach im zweiten die Anionen gegen OH^- ausgetauscht. Die *Desorption* erfolgt durch Gegenstrom-Spülung, des *Kationenaustauschers mit Säure*, des zweiten Apparates mit Lauge. Dafür verwendet man natürlich starke Säuren und Basen, die hohe H^+- bzw. OH^--Ionen-Konzentration liefern — meist Salzsäure und Natronlauge —, so daß ein großes Konzentrationsgefälle vorhanden ist und sogar eine Anreicherung der desorbierten Ionen, bezogen auf die Flüssigkeitsströme, erreichbar ist.

Beim derzeitigen Stand der Technik liefert der Ionen-Austausch das *reinste Wasser* mit kleinerer Leitfähigkeit als Destillations-Verfahren. *Wirtschaftlich* sind hier die *Chemikalien-Kosten* kritisch, während es bei der *Elektrodialyse die Stromkosten* waren.

Soweit handelt es sich um den Sorptiv-Regenerator in Anwendung auf Ionen-Sorption, der lediglich des passenden Zusammenhanges wegen erst hier statt in Kap. VI besprochen wurde. Da sich nun aber Ionen durch elektrische Felder bewegen und konzentrieren lassen, kann es sinnvoll sein, *im Sorptiv-Regenerator ein Längsfeld* derart anzulegen, daß die jeweils auszutauschenden Ionen zum Eingang des Beladungs- und zum Ausgang des Spülstromes getrieben werden. Man kann damit eine höhere Beladung und eine schnellere Desorption erwarten, d. h. das Verhältnis von Beladungs- zu Spülstrom wird größer, der *Chemikalienverbrauch geringer.*

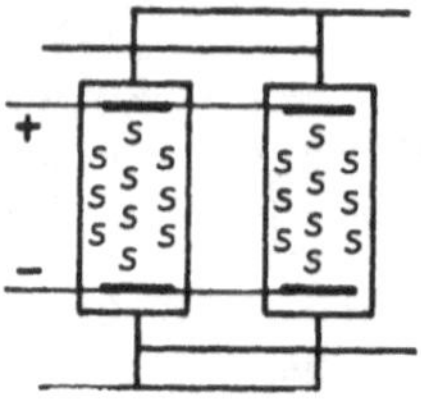

Abb. 52. Fließbild-Symbol für regenerativen Ionenaustauscher mit elektrischem Längsfeld.

Da die Reihenfolge: Kationenaustauscher — Anionenaustauscher festliegt und die Anlage nach außen geerdet sein sollte, wären außen geerdete Kathoden, innen Anoden anzubringen.

Die beiden Teile verhalten sich dann sehr verschieden. Im ersten, dem *Kationenaustauscher,* strömen noch alle Anionen und verursachen einen sehr *großen Stromverlust.* Dafür ist die *Spannungsausbeute relativ gut,* da die Leitfähigkeit im unteren, noch unbeladenen Teil in der Säure i. a. höher als im oberen Teil sein dürfte, so daß die Spannung überwiegend im oberen Teil auftritt, wo sie für die Konzentrierung benötigt wird.

Im *nachgeschalteten Anionenaustauscher* ist es umgekehrt, da nur noch die Ionen des *„Leitfähigkeitswassers"* an der unteren Elektrode ankommen, ist der Strom gering, die *Stromausbeute hoch.* Andererseits ist jedoch die *Spannungsausbeute sehr ungünstig,* da der Spannungsabfall im wesentlichen im reinen Wasser auftritt, wo er nichts nützt.

Für die Vollentsalzung sind daher die *wirtschaftlichen Aussichten* der elektrischen Geräte-Modifikation gering. Bei der Enthärtung ist es möglicherweise anders, wenn nämlich die meist doppelt geladenen Härtebildner durch das Feld bevorzugt angereichert werden können. Auf die Aspekte der Ionentrennung wird im Folgenden gesondert eingegangen.

5. Elektro-Phorese

Als *Chromatographie* war in VI, 8 behandelt die Trennung impulsweise aufgegebener Stoffmengen zufolge der verschiedenen *Driftgeschwindigkeit* unter dem konkurrierenden Einfluß der bremsenden *Sorptionskräfte* und der treibenden *Strömung des Trägers.* Als Analysenmethode für Lösungen ist das als Papier-Chromatographie überhaupt das älteste der einschlägigen Verfahren.

Ersetzt man nun den *Antrieb* des strömenden Trägers *durch den elektrischer Felder,* so kommt man zur *Elektrophorese,* die natürlich nur auf Ionen anwendbar ist. Da hier im Regelfalle das Lösungsmittel ruht, kommt als bremsende Kraft jedenfalls der *Diffusions-Widerstand* der Ionen ins Spiel neben meist, aber nicht notwendig mitwirkenden Sorptionskräften. Die Unterschiede der Diffusionswiderstände lassen sich wieder mit den *Überführungszahlen* (Bd. 1, III, 13) ausdrücken, man erhält also im wesentlichen eine *Trennung nach Überführungszahlen.*

Da die Drift-Geschwindigkeit wieder die thermische Diffusions-Geschwindigkeit übersteigen muß, um saubere Trennungen zu bekommen, werden hohe Spannungen erforderlich *(Hochspannungs-Elektrophorese).* Das macht wiederum, insbesondere bei empfindlichen organischen Substanzen — z. B. Eiweiße — eine *Kühlung* zum Abführen der Joule schen Wärme notwendig.

Wie bei der Chromatographie läßt der Impulsbetrieb und die geringen Konzentrationen i. a. nur analytische und kaum präparative Anwendungen zu. Auf analytischem Gebiet gibt es jedoch auch noch interessante *Kombinationen zwischen Chromatographie und Elektrophorese.*

Meist werden dabei die *Richtungen* der Flüssigkeitsströmung und der elektrischen Feldstärke unter 90° *gekreuzt,* die verschiedenen Komponenten werden dann in der Papierebene in 2 Koordinaten auseinandergezogen. Es können damit Stoffe getrennt werden, bei denen das einzelne Verfahren versagt und insbesondere *Vielstoffgemische* übersichtlich getrennt werden.

Als weitere Möglichkeit kommt die Parallel- und Antiparallel-Richtung von Strömung und Feldstärke in Frage, mit der Antiparallel-Richtung ergibt sich das im Folgenden behandelte Verfahren.

6. Elektro-Sichter

Das hier zu behandelnde Gerät steht in Analogie zum *Windsichter* und wird deshalb als *Elektro-Sichter* klassifiziert. Im Windsichter erfolgt unter dem Einfluß der gegeneinander wirkenden Schwerkraft und des Reibungswiderstandes eine Trennung in „Spreu und Weizen". An die Stelle der Schwerkraft tritt hier nun die elektrische Feldstärke. Die *Trennung* erfolgt nach der Größe der *Überführungszahlen.*

Das *Fließbild-Symbol* soll darauf hinweisen, daß ein stetig variables Verhältnis von Strömungsgeschwindigkeit und Feldstärke im Apparat anzustreben ist, da sich dann jede Fraktion an einer bestimmten Stelle im Apparat anreichert.

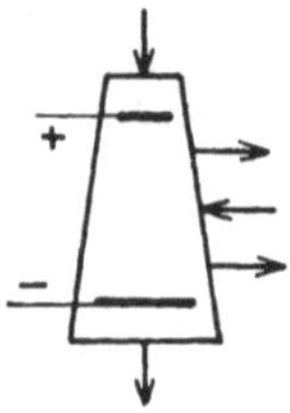

Abb. 53. Fließbild-Symbol für Elektro-Sichter.

Da die *Trennung* hier auf *Friktions-Unterschieden* beruht, ist schon das Grundprinzip des Apparates gänzlich *irreversibel;* es treten auch keine definierten Konzentrationspotentiale auf, die mögliche *Durchsatzgeschwindigkeit* steigt mit dem *Energieaufwand.* In der Praxis ist allerdings darauf zu achten, daß durch die Änderungen der Konzentration und des p_H-Wertes die *Löslichkeitsgrenze* nicht überschritten wird. Im Gegensatz zu den oben beschriebenen Gerätetypen arbeitet der Elektrosichter stetig, ist also für den *Fließbetrieb* geeignet.

Das Gerät befindet sich vorerst noch in der Laboratoriums-Entwicklung, über seine Anwendung und Wirtschaftlichkeit für den Betriebseinsatz kann daher noch nichts ausgesagt werden, ebenso sind die konstruktiven Formen — evtl. unter Verwendung von Ionenaustauscher Membranen mit Mäanderführung der Strömung — noch ungeklärt.

XI. Gegenstrom-Reaktoren

1. Konstruktion der Reaktionsräume

Die *Gegenstrom-Reaktion* setzt *heterogene Reaktionspartner* voraus, die technisch wichtigsten sind die *Oxydationen* von Kohle bzw. Koks *in Feuerungen,* sulfidischer Erze in *Röstöfen* sowie die nur gekoppelt mit derartigen exothermen Reaktionen durchgeführten endothermen *Reduktionen* etc.

Die Gegenstrom-Führung bezweckt und liefert hierbei nicht eine Anpassung an den Verlauf der heterogenen *Gleichgewichte,* sondern eine günstige, gleichmäßige *Reaktionsgeschwindigkeit,* indem sich die Reaktionszone ins Innere der Körner verlagert — womit die Diffusionswege und -Widerstände wachsen —, während die antreibende Aktivitätsdifferenz größer wird.

Die Reaktionsgeschwindigkeit und Diffusionsgeschwindigkeit steigt allgemein mit der Temperatur, die Durchsatzgeschwindigkeit steigt mit der Kontaktfläche, d.h. kleine Körner reagieren schneller bis zum Kern durch als große. Insbesondere bei *Feststoff-Reaktionen* wie Rösten, wo die *Korngröße* etwa erhalten bleibt, kann man die dimensionslose *Kenngröße* $Fo \cdot Pr/Sc = \delta \cdot z/d^2$ bilden, aus der man abliest, daß die *Ausbrandzeit* z mit dem Quadrat des Korndurchmessers steigt. Man erreicht daher erheblich höhere Durchsätze, wenn man auf Durchmesser von einigen mm heruntergeht und in der *Wirbelschicht* reagieren läßt. Noch weiter kommt man mit *Staub,* der mit einer kleinen Menge Primär-Luft eingeblasen wird und im *Flammenstrahl* reagiert. Damit geht man allerdings von der Gegenstrom-Führung auf Zwischenformen des Kreuz- und Gleichstroms über.

Da es sich meist um Hochtemperatur-Reaktionen handelt, spricht man von *Brennkammern* und *Öfen.* Technische „Öfen" sind Kombinationen des *Feuerraumes* mit *Wärmeübertragern,* sei es für die Vorwärmung der Luft im Gegenstrom mit den Rauchgasen, sei es für die Wärmeübertragung von den Flammengasen auf Dampfkessel, Schmelz- und Brenngüter etc. Dabei wird vielfach das Prinzip des Regenerators angewandt.

Die befriedigende schnelle und gleichmäßige Reaktionsführung und Temperaturhaltung wird um so schwieriger, je kleiner die *Reaktionswärme* ist. Besonders kritische Beispiele liefert die Verbrennung von Abfällen wie *Stadt-Müll* und verdorbene Chargen chemischer Betriebe, wo oft hochwertigere Brennstoffe zugesetzt werden müssen.

Die älteste *konstruktive Form* sind *Rostfeuerungen* mit Wurf-Beschickung von oben, Durchfall von Abbrand, Asche etc. durch den Rost nach unten, Luftzufuhr aufwärts durch den Rost. Um gleichmäßigen Abbrand zu erreichen, muß man das Bett *stochern,* was man in neuerer Zeit meist mit automatisch bewegten *Dreh-* oder *Wander-Rosten* erreicht.

Hinsichtlich der ausgebrannten Reste bestehen große Unterschiede. Beim Rösten entsteht etwas Flugstaub, im übrigen geht der *Abbrand* ohne Schwierigkeiten aus dem Ofen. Bei Brennstoffen, vor allem minderwertigen, bildet sich gleichfalls etwas Flug-Asche, im übrigen *Asche,* die bei höheren Temperaturen zu Schlacken zusammen sintert und nur bei sehr hohen Temperaturen (*Höchstdruck-Kessel, Hochöfen*) *flüssig* abgezogen werden kann. Dieses Verhalten beeinflußt entscheidend die Konstruktions-Wahl und Ausführung.

Bei *Röstöfen* benutzt man gern *Etagen-Öfen,* worin mehrere Roste übereinander liegen. Der Kies etc. wird oben aufgegeben und durch einen rotierenden *Rührer* bewegt. Er fällt dann durch Schlitze auf den jeweils nächsten Rost. Die Bewegung kann kreisförmig, die Schlitze radial angeordnet sein, sehr elegant ist die radiale Bewegung durch schrägstehende Schaufeln mit Durchfall abwechselnd außen und innen.

Die Etagenbauweise verringert die *Strahlungsverluste* — ebenso natürlich schon die konstruktive Trennung des „Ofen" vom *„Abhitze-Kessel"* — und erleichtert die Temperaturhaltung. Falls auf den unteren Rosten die Temperatur zu niedrig wird, kann dort frischer Kies mit entsprechend feinerer Körnung nachgegeben werden. Der Abbrand wird unten ausgetragen.

Eine andere, viel benutzte Konstruktion sind die geneigten *Drehrohr-Öfen.* Der oben aufgegebene Brennstoff wird durch die Drehung gleichmäßig gerührt und soll ohne zu rutschen zum unteren Ende wandern. Bei glatten, innen bei höheren Temperaturen meist ausgefütterten Rohren erreicht man oft nur geringe Füllung, man baut daher und um die gleichmäßige Wandergeschwindigkeit sicherzustellen Wehre, Schaufeln etc. ein.

Für *kompliziertere Reaktionen* werden mehrere Rohre nacheinander vom Reaktionsgut durchlaufen, wovon z. B. eines mit oxydierender, andere mit reduzierender Atmosphäre gefahren werden können. Eine Regulierung der Abbrand-Geschwindigkeit und Temperatur kann z. B. durch verschließbare Lufteinlässe auf der Länge des Rohres erreicht werden. Um die Standfestigkeit der Rohre zu erhalten, werden sie bisweilen außen mit Kühlwasser berieselt.

Gas-Flüssigkeits-Reaktoren werden i. a. als *„Konverter"* bezeichnet, die wichtigsten Beispiele sind die

Geräte zur Verbrennung des im flüssigen *Roheisen* gelösten Kohlenstoffes (nebst S und P): Bessemer-*Birne,* Thomas-*Konverter* oder neuerdings mit der *„Sauerstoff-Lanze"* im *LD-Verfahren.*

Die funktionellen Unterschiede zwischen Gegen-, Kreuz- und Gleichstrom zeigen sich meist nur in den *Nebenreaktionen.* Z. B. werden beim Rösten die Nebenprodukte, As, Se-Verbindungen etc., von den abgebrannten Oxyden besser als von den frischen Sulfiden sorbiert, man erhält sie daher bei *Gegenstrom* vorwiegend im *Rohgas,* bei Gleich- und Kreuzstrom, z. B. im *Wirbelschicht-Ofen,* jedoch vorwiegend im *Abbrand.*

Der optimale Betriebszustand wird meist durch Regelung der Luftmenge nach der Abgas-Analyse eingehalten.

2. Gegenstrom-Wärmeausnutzung der Reaktion

Gegenstrom-Reaktoren spielen in der Verfahrenstechnik eine große Rolle für die *Wärmebehandlung von Gütern.* Darunter fallen neben klassischen Zustandsänderungen wie Schmelzen oder chemischen Reaktionen vor allem irreversible Vorgänge, wie z. B. die Überführung in den *Glas-Zustand, Sintern,* Änderung des Kristallit-Gefüges und der inneren Spannungen beim *Tempern, Härten* und *Anlassen* etc. Das sind Änderungen, die sich nicht durch die in Bd. 1, I u. II, festgelegte Mindestzahl der unabhängigen Zustandsgrößen definieren und i. a. auch nicht durch Angabe eines Gleichgewichtszustandes beschreiben lassen. Analoges gibt es auch als *Tieftemperatur-Behandlung,* z. B. die gezielte *Denaturierung von Eiweiß* in Knochenbanken, die *Austenit/Martensit-Umwandlung* bei optimal −80 °C — die wegen der damit verbundenen Vergütung oder als Alterung zum Zwecke der Stabilisierung vor Benutzung, bisweilen auch wegen der Volumenänderung als nachträgliche Aufarbeitung durchgeführt wird. — Auch das *Entgraten* von Gummi-Preßteilen in Tieftemperatur-Kugelmühlen ist ein Beispiel für die verfahrenstechnische Aufgabe, größere Materialmengen kontinuierlich oder chargenweise abwechselnd aufzuheizen und abzukühlen.

Bei den Lösungen der *„Wechseltemperatur-Aufgabe"* handelt es sich offensichtlich um *Verfahren,* die entsprechend den Ausführungen von Bd. 3 mit *Geräte-Kombinationen* durchgeführt werden. Insbesondere im Tieftemperatur-Bereich, wo ohnehin die mit hohen Anlagenkosten behafteten Kältemaschinen und Wärmepumpen benötigt werden, ergeben sich elegante Kombinations-Möglichkeiten.

Im Hochtemperatur-Bereich wird die Wärme i. a. durch exotherme chemische Reaktionen entwickelt. Damit werden die *Anlagen konstruktiv einfach,* die verschiedenen *Gerätefunktionen* mit gleitenden Übergängen in einem „Ofen" vereinigt, so daß sie nur noch gedanklich als einzelne *„Zonen"* zu unterscheiden sind. I. a. arbeitet man mit regenerativer Wärme- und evtl. Stoffübertragung und kann unterscheiden zwischen den *„Schachtöfen"* — vorzugsweise für ungeformtes, stückiges Gut —, in denen die als Füllkörper des Regenerators fungierenden *Körner sich bewegen,* so daß die *Temperaturfront im Apparat ortsfest* stehen bleibt. Die andere Form sind die *„Ringöfen",* in denen vor allem *vorgeformtes Gut* wie Ziegel gebrannt wird. Hier bleibt das Gut ortsfest und die funktionellen Punkte wandern: Guts-Wechsel, Abgas-Auslaß, Guts-Erwärmung, Brennzone, Guts-Abkühlung und Frischluft-Einlaß. Da die Regenerator Funktion vom charakteristischen *Durchmesser der Füllkörper* abhängt, packt man z. B. in der Porzellan-Industrie die Stücke wechselnder Größe in *Schamotte-Kapseln* konstanter Größe.

Hier interessiert lediglich der mittlere Teil, die *Brennzone,* in der die chemische Reaktion als Wärmequelle und die Zustandsänderung als Wärmesenke wirkt. Dabei handelt es sich offenbar um einen sehr komplizierten Vorgang, wenn man bedenkt, daß zumindest die chemische Reaktion, evtl. aber auch die Zustandsänderung mit Stoffübergang zwischen den Gegenströmen von Gas und Gut verbunden ist. Nachdem in den Kap. III—V gezeigt war, daß schon die gleichzeitige Erfüllung der Anpassungsbedingungen für Wärme und Stoff nur ausnahmsweise und angenähert möglich, i. a. erst durch Übergang zum diabaten Gerät nach Kap. VIII lösbar war, leuchtet es ein, daß die zusätzliche Erfüllung der *Anpassungsbedingung für die chemische Reaktion* auf grundsätzliche Widersprüche, d. h. Gegenläufigkeit von Gleichgewicht und tatsächlichem Ablauf, führen kann.

Die Diskussion sei auf den einfacheren und auch häufigeren Fall beschränkt, daß das Gut nur am Wärme-, aber nicht am Stoffaustausch teilnimmt. Dann muß in den beiderseits an die Brennzone anschließenden Regeneratoren die *Anpassungsbedingung* für die Temperatur erfüllt sein: Gas- und Guts-Strom müssen gleiche Wärmekapazität haben, damit die Gegenstrom-Wärmeübertragung über einen sehr großen Temperaturbereich mit wirtschaftlichen Wärmeverlusten möglich ist.

Mit dem Gut wandert nun soviel *Kohle* der Brennzone zu, wie erforderlich ist, um mit ihrer *Verbrennungswärme* den *Wärmebedarf der Zustandsänderung* und die gesamten *Wärmeverluste* des Ofens zu decken. Betrachtet man z. B. eine Sinterung, so sollte theoretisch sogar ein Exergie-Überschuß herauskommen, der Wärmebedarf umfaßt nur die Ofenverluste und kann damit sehr klein gemacht werden.

Fährt man den Ofen mit Luft, so ist der aus der Regenerator-Anpassung festgelegte *Sauerstoffstrom* viel *größer, als zur Verbrennung des kleinen Kohlestromes erforderlich* ist. Die Folge wäre dann, daß die Brennzone mit dem Gasstrom zum oberen Ende des

Schachtes getrieben wird, der Ofen also nicht funktioniert.

Führt man unten nur soviel Luft zu, wie benötigt wird, und daneben *von oben zurückgeführtes sauerstoff-freies Abgas,* so stimmt die Bilanz, man stellt aber fest, daß ja noch das Gleichgewicht der Verbrennungs-Reaktionen zu beachten ist, demzufolge bei hohen Temperaturen in der Brennzone *nur CO gebildet* wird.

Das CO sollte bei der Abkühlung unter 1000 °C nach: $2CO = CO_2 + C$ endotherm reagieren und sekundäre Kohle in den Feststoff absetzen. Selbst wenn dieser Vorgang erwartungsgemäß und betriebssicher funktionieren sollte, ist man doch von einer wirklichen Anpassung weit entfernt; es müßte sich nämlich eine hohe Übertemperatur in der Brennzone ergeben, die dann bei der Rückreaktion inmitten der Regenerator-Zone wieder verschwindet.

Praktisch hilft man sich übrigens meist mit dem Trick, *die Kohle als Staub in das pelletisierte oder brikettierte Gut einzubetten.* Durch den Diffusionswiderstand wird dann die Abbrenn-Geschwindigkeit so verzögert, daß die Brennzone trotz Luftüberschuß stabilisiert werden kann. Eine andere Möglichkeit besteht im Einblasen von Kohlenstaub oder Öl in die Brennzone statt der Aufgabe vom Kopf her. Dann ist aber wiederum eine gleichmäßige *Temperaturverteilung über den Schachtquerschnitt* schwer zu erreichen.

Aufgabe: Wie kann die Bilanz ausgeglichen werden, wenn umgekehrt der Wärmebedarf so groß ist, daß die aus der Regenerator-Anpassung festgelegte Luft nicht zur Verbrennung der Kohle ausreicht? Welcher Verlauf ergibt sich, wenn man die Kohle nicht gleichmäßig, sondern als konzentrierte Schichten mit relativ großem Abstand aufgibt?

3. Kopplungs-Reaktionen im Gegenstrom

Im Gegenstrom-Reaktor können schließlich mit der exothermen Verbrennungs-Reaktion endotherme Reaktionen gekoppelt zum Ablauf gebracht werden. Eine alte *konstruktive Lösung für Chargenbetrieb* ist der *Meiler,* vor allem zum Schwelen von Holz zu Holzkohle.

Im einfacheren Fall verbraucht die gekoppelte Reaktion nur Wärme, wie beim Schwelen oder beim Brennen von Zement, im komplizierteren Fall beteiligt sie sich auch am Stoffumsatz, wofür als Beispiel der *Hochofen* genannt sei. Bemerkenswerterweise werden die Eisenoxyde sämtlich von CO reduziert, es könnte also chemisch gesehen der eingesetzte Koks bis zu CO_2 oxydiert werden und damit die Koksmenge eingespart werden, die verbraucht wird, um dem Gichtgas seinen Heizwert zu geben. Man vergleiche dazu das Krupp-*Renn-Verfahren,* das in Drehrohr-Öfen durchgeführt wird.

Die vorstehende Bemerkung zeigt, daß es sich auch hier wieder um *Verfahren,* also *Geräte-Kombinationen* handelt. Als einfaches Beispiel soll hier nur das *Kalkbrennen* diskutiert werden.

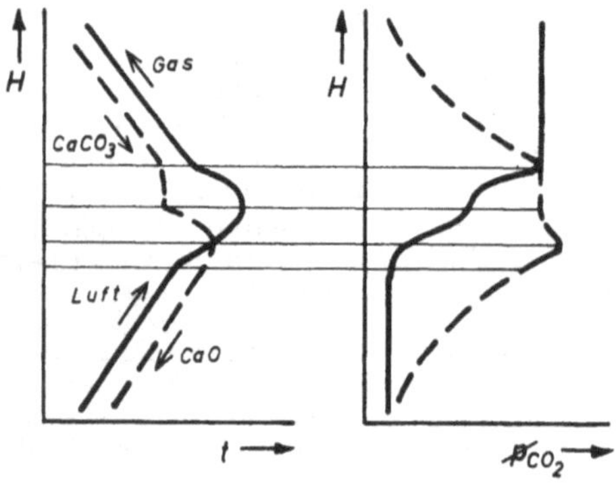

Abb. 54. Die Höhe H entspricht der Höhe des Schachtofens. Als Abszisse ist links die Temperatur, rechts der CO_2-(Partial-)Druck aufgetragen. Die Werte des absinkenden Feststoffes sind gestrichen, des aufsteigenden Gases ausgezogen.

Die Skizzen entsprechen in der Ordinate der Höhe des Schacht-Ofens mit abwärtssinkendem Stein (- - -), aufwärts strömendem Gas (ausgezogen). Als Abszisse ist links die Temperatur, rechts der CO_2-Partialdruck aufgetragen.

Die Temperatur verläuft in den Regeneratoren linear ansteigend bzw. abfallend, der Partialdruck ist dort konstant, der Dissoziationsdruck des Carbonates verläuft jedoch entsprechend einer Dampfdruck-Kurve exponentiell. Er liegt im oberen Teil unter, im unteren über dem tatsächlichen Partialdruck im Gas.

Verfolgt man von unten her die Luftströmung, so steigt in der Verbrennungszone zunächst die Temperatur erheblich und ebenfalls der CO_2-Partialdruck. Zufolge der Wärmeübertragung auf den Stein schneiden sich in dieser Zone die Temperaturkurven von Stein (Maximal-Temperatur) und Gas. Der Dissoziationsdruck hat am Temperatur-Maximum des Steins gleichfalls sein Maximum, der Stein ist dort aber schon ausgebrannt, so daß sich die Stelle im Gas-Druck nicht abbildet.

In der Gegend des Temperatur-Maximum im Gas liegt der Übergang von der Verbrennungs- zur Entgasungszone. Deren oberer Rand liegt am Schnittpunkt der Partialdruck- und Dissoziationsdruck-Kurven. Zufolge der endothermen Entgasungs-Reaktion bleibt die Steintemperatur annähernd konstant, die Gastemperatur sinkt durch Abgabe der Reaktionswärme, der Partialdruck steigt durch Aufnahme des ausgetriebenen Reaktionsgases.

In der Reaktionszone sollte die Steintemperatur von oben nach unten a) steigen in Angleichung an die Gastemperatur, b) sinken in Angleichung an den Partialdruck. Der darin liegende Widerspruch resultiert aus der Nichtumkehrbarkeit des Gerätes bzw. Verfahrens.

Man erkennt die Auswirkung am besten, wenn man die *technische Umkehrung* diskutiert: Es soll CaO mit

CO_2-haltigem Gas — z. B. Rauchgas — zur Karbonat umgesetzt werden. Durch den CO_2-Partialdruck im Gas ist die maximale Sorptions-Temperatur (bzw. Reaktions-Temperatur) festgelegt; sie reicht bei weitem nicht aus, um die Umkehr-Reaktion $CO_2 \rightarrow O_2 + C$ zum Ablauf zu bringen. Solange man keine andere endotherme Reaktion oder eine Kühlung ankoppelt, wäre daher die Wärmeabgabe begrenzt auf die vom heißen ($CaCO_3 + CaO$)-Gemisch und dem noch CO_2-haltigen Abgas ausgetragene Wärme. Diese Wärmemenge legt dann wiederum den CO_2-Umsatz fest und begrenzt ihn. Im Ergebnis wird nun die mangelnde Anpassung an den Enden des Apparates sichtbar: Austritt der Steine mit Übertemperatur, Austritt des Gases mit Partialdruck-Überschuß.

Praktisch verläuft die Reaktion bekanntlich über das Hydroxyd im *Mörtel* ohne Ausnutzung der Arbeitsfähigkeit.

Aufgabe: Entwirf für die beschriebene Umkehr-Reaktion die Darstellung von Temperatur- und Partialdruck-Verlauf analog umstehenden Skizzen.

Literatur

Die im Text mit [ ] angegebenen Ziffern beziehen sich auf dieses Literatur-Verzeichnis.

5. Lehr- und Handbücher der Verfahrenstechnik

[101] Badger, W. L. u. Banchero, J. T.: Introduction to Chemical Engineering. McGraw-Hill, New York 1955.

[102] Badger, W. L. u. McCabe, W. L.: Elemente der Chemie-Ingenieur-Technik. Übers. Kutzner, K. Springer, Berlin 1932.

[103] Berl, E.: Chemische Ingenieur-Technik, Bd. 1—3, Springer, Berlin 1935.

[104] Brown, G. G.: Unit Operations. Wiley, New York 5. Print 1955.

[105] Coulson, J. M. u. Richardson, I. F.: Chemical Engineering. Vol 1 u. 2. Pergamon Press, London Neudruck 1959.

[106] Eucken, A. u. Jakob, M.: Der Chemie-Ingenieur, Bd. 1, Tl 1—3, Bd. 2, Tl. 1—4, Bd. 3, Tl. 1—5, Akadem. Verlagsges. Leipzig 1932—1940.

[107] Kassatkin, A. G.: Chemische Verfahrenstechnik, Übers. VEB Verl. Technik Berlin, 2. Aufl. 1959.

[108] Kirk, R. E. u. Othmer, D. F.: Encyclopedia of Chemical Technology. Vol. 1—15 + Suppl. Vol. The Interscience Encycl. New York 1950 ff.

[109] Kirkbride, Ch. G.: Chemical Engineering Fundamentals. McGraw-Hill, New York 1947.

[110] McCabe, W. L. u. Smith, J. C.: Unit Operations of Chemical Engineering, McGraw-Hill, New York 1956.

[111] Ost, H. u. Rassow, B.: Lehrbuch der chemischen Technologie, Barth, Leipzig 1953.

[112] Perry, J. H.: Chemical Engineers' Handbook, McGraw-Hill, New York, 4, Ed. 1964.

6. Einzelgebiete der Verfahrenstechnik

[113] Aries, R. S. u. Newton, R. D.: Chemical Engineering Cost Estimation, McGraw-Hill, New York 1955.

[114] Arnold, W.: Der Apparatebau. Hanser, München 1959.

[115] Billet, R.: Grundlagen der thermischen Flüssigkeitszerlegung. Bibliograph. Inst. Mannheim 1962.

[116] Broetz, W.: Grundriß der chemischen Reaktionstechnik. Verl. Chemie, Weinheim/Bergstr. 1958.

[117] Gregorig, R.: Wärmeaustauscher, Berechnung, Konstruktion, Betrieb, Wirtschaftlichkeit. Sauerländer, Aarau/Ffm 1959.

[118] Groggins, P. H.: Unit Processes in Organic Synthesis. McGraw-Hill, New York 5. Ed. 1958.

[119] Hausen, H.: Wärmeübertragung im Gegenstrom, Gleichstrom u. Kreuzstrom. Springer, Berlin; Bergmann, München 1950.

[120] Hausen, H.: Erzeugung sehr tiefer Temperaturen, Gasverflüssigung und Zerlegung von Gasgemischen. Springer, Berlin 1957 (Bd. 8. v. 40).

[121] Helfferich, F.: Ionenaustauscher. Verlag Chemie, Weinheim/Bergstr. 1959.

[122] Hengstenberg, J. Sturm, B. u. Winkler, O. Messen und Regeln in der Chemischen Technik, Springer, Berlin 1957.

[123] Hesse, H. C. u. Ruhton, I. H.: Process Equipment Design, van Nostrand, New York/London, 6. Print 1954.

[124] Johnstone, R. E. u. Thring, M. W.: Pilot Plants, Models and Scale-up Methods in Chemical Engineering. McGraw-Hill, New York 1957.

[125] Kirschbaum, E.: Destillier- und Rektifiziertechnik. Springer, Berlin, 2. Aufl. 1950.

[126] Kölbel, H. u. Schulze, J.: Projektierung und Vorkalkulation in der chemischen Industrie. Springer, Berlin. 1960.

[127] Kortüm, G. u. Buchholz-Meisenheimer, H.: Die Theorie der Destillation und Extraktion von Flüssigkeiten. Springer, Berlin, 1952.

[128] Mantell, C. L.: Adsorption. McGraw-Hill, New York 1951.

[129] Nelson, W. L. Petroleum Refinery Engineering, McGraw-Hill, New York 1958, 4. Ed.

[130] Reid, R. C. u. Sherwood, Th. K.: The Properties of Gases and Liquids. McGraw-Hill, New York 1958.

[131] Sherwood, T. K. u. Pigford, R. L.: Absorption and Extraction. McGraw-Hill, New York 1952.

[132] Williams, Th. J.: Systems Engineering for the Process Industries. McGraw-Hill, New York 1961.

7. Buchreihen

[133] Dechema-Monographien. Verlag Chemie, Weinheim/Bergstr. 1930 ff.

[134] Fortschritte der Verfahrenstechnik. Verlag Chemie, Weinheim/Bergstr. 1952/53 ff.

[135] Verfahrenstechnik in Einzeldarstellungen. Springer, Berlin 1953 ff.

Namen- und Stichwort-Register

Griechische Buchstaben als Formelzeichen

■ FULDA — GINSBERG

Tonerde und Aluminium

Ergebnisse und Erfahrungen aus der Betriebspraxis

2 Bände

1. Teil **DIE TONERDE**

Aluminiumoxid

Von H. Ginsberg und Fr. W. Wrigge

2., neubearbeitete Auflage. Groß-Oktav. Mit 54 Abbildungen. XII, 188 Seiten. 1964 Plastikeinband DM 30,—

Die vollständige Neubearbeitung des 1. Teiles ist auf die veränderten Arbeitsverhältnisse in der Tonindustrie abgestimmt. Diese zweite Auflage wahrt den betrieblichen Charakter und bietet bei ausreichender Orientierung über die vergangene Verfahrensentwicklung ein umfassendes Bild vom jüngsten Stand der Aluminiumoxidgewinnung als Vorstufe für die Aluminium-Elektrolyse.

2. Teil **DAS ALUMINIUM**

Von F. Fulda † und H. Ginsberg

Groß-Oktav. Mit 264 Abbildungen und 43 Tabellen. XII, 358 Seiten. 1953. Ganzleinen DM 44,—

WALTER DE GRUYTER & CO. · BERLIN 30

SAMMLUNG GÖSCHEN

GESAMTVERZEICHNIS

Jeder Band DM 3,60 · Doppelband DM 5,80

Februar 1964

WALTER DE GRUYTER & CO., BERLIN 30

Inhaltsübersicht

Geisteswissenschaften

Philosophie

Einführung in die Philosophie von *H. Leisegang †*. 5. Auflage. 146 Seiten. 1963. (281)

Hauptprobleme der Philosophie von *G. Simmel †*. 7., unveränderte Auflage. 177 Seiten. 1950. (500)

Geschichte der Philosophie

I: Die griechische Philosophie von *W. Capelle*. 1. Teil. Von Thales bis Leukippos. 2., erweiterte Auflage. 135 Seiten. 1953. (857)

II: Die griechische Philosophie von *W. Capelle*. 2. Teil. Von der Sophistik bis zum Tode Platons. 2., stark erweiterte Auflage. 144 Seiten. 1953. (858)

III: Die griechische Philosophie von *W. Capelle*. 3. Teil. Vom Tode Platons bis zur Alten Stoa. 2., stark erweiterte Auflage. 132 Seiten. 1954. (859)

IV: Die griechische Philosophie von *W. Capelle*. 4. Teil. Von der Alten Stoa bis zum Eklektizismus im 1. Jh. v. Chr. 2., stark erweiterte Auflage. 132 Seiten. 1954. (863)

V: Die Philosophie des Mittelalters von *J. Koch*. In Vorbereitung. (826)

VI: Von der Renaissance bis Kant von *K. Schilling*. 234 Seiten. 1954. (394/394a)

VII: Immanuel Kant von *G. Lehmann*. In Vorbereitung. (536)

VIII: Die Philosophie des 19. Jahrhunderts von *G. Lehmann*. 1. Teil. 151 Seiten. 1953. (571)

IX: Die Philosophie des 19. Jahrhunderts von *G. Lehmann*. 2. Teil. 168 Seiten. 1953. (709)

X: Die Philosophie im ersten Drittel des 20. Jahrhunderts 1. Teil von *G. Lehmann*. 128 Seiten. 1957. (845)

XI: Die Philosophie im ersten Drittel des 20. Jahrhunderts 2. Teil von *G. Lehmann*. 114 Seiten. 1960. (850)

Die geistige Situation der Zeit (1931) von *K. Jaspers*. 5., unveränderter Abdruck der im Sommer 1932 bearbeiteten 5. Auflage. 211 Seiten. 1960. (1000)

Erkenntnistheorie von *G. Kropp*.
1. Teil: Allgemeine Grundlegung. 143 Seiten. 1950. (807)

Formale Logik von *P. Lorenzen*. 2., verbesserte Auflage. 165 Seiten. 1962. (1176/1176a)

Philosophisches Wörterbuch von *M. Apel †*. 5., völlig neubearbeitete Auflage von *P. Ludz*. 315 Seiten. 1958. (1031/1031a)

Philosophische Anthropologie. Menschliche Selbstdeutung in Geschichte und Gegenwart von *M. Landmann*. 2. Auflage. 214 Seiten. 1964. (156/156a)

Pädagogik, Psychologie, Soziologie

Geschichte der Pädagogik von *Herm. Weimer*. 15., neubearbeitete und vermehrte Auflage von *Heinz Weimer*. 184 Seiten. 1962. (145)
Therapeutische Psychologie. Ihr Weg durch die Psychoanalyse von *W. M. Kranefeldt*. Mit einer Einführung von *C. G. Jung*. 3. Auflage. 152 Seiten. 1956. (1034)
Allgemeine Psychologie von *Th. Erismann †*. 4 Bände. 2., neubearbeitete Auflage.
I: Grundprobleme. 146 Seiten. 1958. (831)
II: Grundarten des psychischen Geschehens. 248 Seiten. 1959. (832/832a)
III: Experimentelle Psychologie und ihre Grundlagen. 1. Teil. 112 Seiten, 7 Abbildungen. 1962. (833)
IV: Experimentelle Psychologie und ihre Grundlagen. 2. Teil. 199 Seiten, 20 Abbildungen. 1962. (834/834a)
Soziologie. Geschichte und Hauptprobleme von *L. von Wiese*. 6. Auflage. 175 Seiten. 1960. (101)
Ideengeschichte der sozialen Bewegung des 19. und 20. Jh. von *W. Hofmann*. 243 Seiten. 1962. (1205/1205a)
Sozialpsychologie von *P. R. Hofstätter*. 2. Auflage. 181 Seiten, 15 Abbildungen, 22 Tabellen. 1964. In Vorbereitung. (104/104a)
Psychologie des Berufs- und Wirtschaftslebens von *W. Moede †*. 190 Seiten, 48 Abbildungen. 1958. (851/851a)
Industrie- und Betriebssoziologie von *R. Dahrendorf*. 2., umgearbeitete und erweiterte Auflage. 142 Seiten, 3 Figuren. 1962. (103)
Wirtschaftssoziologie von *F. Fürstenberg*. 122 Seiten. 1961. (1193)
Einführung in die Sozialethik von *H.-D. Wendland*. 144 Seiten. 1963. (1203)

Religion

Jesus von *M. Dibelius †*. 3. Auflage, mit einem Nachtrag von *W. G. Kümmel*. 140 Seiten. 1960. (1130)
Paulus von *M. Dibelius †*. Nach dem Tode des Verfassers herausgegeben und zu Ende geführt von *W. G. Kümmel*. 3., durchgesehene Auflage. 155 Seiten. 1964. (1160)
Luther von *F. Lau*. 151 Seiten. 1959. (1187)
Melanchthon von *R. Stupperich*. 139 Seiten. 1960. (1190)
Einführung in die Konfessionskunde der orthodoxen Kirchen von *K. Onasch*. 291 Seiten. 1962. (1197/1197a)
Geschichte des christlichen Gottesdienstes von *W. Nagel*. 215 Seiten. 1962. (1202/1202a)
Geschichte Israels. Von den Anfängen bis zur Zerstörung des Tempels (70 n. Chr.) von *E. L. Ehrlich*. 158 Seiten, 1 Tafel. 1958. (231/231a)
Römische Religionsgeschichte von *F. Altheim*. 2 Bände. 2., umgearbeitete Auflage.
I: Grundlagen und Grundbegriffe. 116 Seiten. 1956. (1035)
II: Der geschichtliche Ablauf. 164 Seiten. 1956. (1052)

Die Religion des Buddhismus von *D. Schlingloff*. 2 Bände.
I: Der Heilsweg des Mönchtums. 122 Seiten, 11 Abbildungen, 1 Karte. 1962. (174)
II: Der Heilsweg für die Welt. 129 Seiten, 9 Abbildungen, 1 Karte. 1963. (770)

Musik

Musikästhetik von *H. J. Moser*. 180 Seiten. Mit zahlreichen Notenbeispielen. 1953. (344)
Systematische Modulation von *R. Hernried*. 2. Auflage. 136 Seiten. Mit zahlreichen Notenbeispielen. 1950. (1094)
Der polyphone Satz von *E. Pepping*. 2 Bände.
I: Der cantus-firmus-Satz. 2. Auflage. 223 Seiten. Mit zahlreichen Notenbeispielen. 1950. (1148)
II: Übungen im doppelten Kontrapunkt und im Kanon. 137 Seiten. Mit zahlreichen Notenbeispielen. 1957. (1164/1164a)
Allgemeine Musiklehre von *H. J. Moser*. 2., durchgesehene Auflage. 155 Seiten. Mit zahlreichen Notenbeispielen. 1955. (220/220a)
Harmonielehre von *H. J. Moser*. 2 Bande.
I: 109 Seiten. Mit 120 Notenbeispielen. 1954. (809)
II: In Vorbereitung. (810)
Die Musik des 19. Jahrhunderts von *W. Oehlmann*. 180 Seiten. 1953. (170)
Die Musik des 20. Jahrhunderts von *W. Oehlmann*. 312 Seiten. 1961. (171/171a)
Technik der deutschen Gesangskunst von *H. J. Moser*. 3., durchgesehene und verbesserte Auflage. 144 Seiten, 5 Figuren sowie Tabellen und Notenbeispiele. 1954. (576/576a)
Die Kunst des Dirigierens von *H. W. von Waltershausen †*. 2., vermehrte Auflage. 138 Seiten. Mit 19 Notenbeispielen. 1954. (1147)
Die Technik des Klavierspiels aus dem Geiste des musikalischen Kunstwerkes von *K. Schubert †*. 3. Auflage. 110 Seiten. Mit Notenbeispielen. 1954. (1045)

Kunst

Stilkunde von *H. Weigert*. 2 Bände. 3., durchgesehene und ergänzte Auflage.
I: Vorzeit, Antike, Mittelalter. 136 Seiten, 94 Abbildungen. 1958. (80)
II: Spätmittelalter und Neuzeit. 150 Seiten, 88 Abbildungen. 1958. (781)
Archäologie von *A. Rumpf*. 3 Bände.
I: Einleitung, historischer Überblick. 143 Seiten, 6 Abbildungen, 12 Tafeln. 1953. (538)
II: Die Archäologensprache. Die antiken Reproduktionen. 136 Seiten, 7 Abbildungen, 12 Tafeln. 1956. (539)
III: In Vorbereitung. (540)

Geschichte

Einführung in die Geschichtswissenschaft von *P. Kirn*. 4., durchgesehene Auflage. 127 Seiten. 1963. (270)

GEISTESWISSENSCHAFTEN

Einführung in die Zeitgeschichte von *B. Scheurig.* 101 Seiten. 1962. (1204)

Zeitrechnung der römischen Kaiserzeit, des Mittelalters und der Neuzeit für die Jahre 1—2000 n. Chr. von *H. Lietzmann †.* 3. Auflage, durchgesehen von *K. Aland.* 130 Seiten. 1956. (1085)

Kultur der Urzeit von *F. Behn.* 3 Bände. 4. Auflage der Kultur der Urzeit Bd. 1—3 von *M. Hoernes.*

I: Die vormetallischen Kulturen. (Die Steinzeiten Europas. Gleichartige Kulturen in anderen Erdteilen.) 172 Seiten, 48 Abbildungen. 1950. (564)

II: Die älteren Metallkulturen. (Der Beginn der Metallbenutzung, Kupfer- und Bronzezeit in Europa, im Orient und in Amerika.) 160 Seiten, 67 Abbildungen. 1950. (565)

III: Die jüngeren Metallkulturen. (Das Eisen als Kulturmetall, Hallstatt-Latène-Kultur in Europa. Das erste Auftreten des Eisens in den anderen Weltteilen.) 149 Seiten, 60 Abbildungen. 1950. (566)

Vorgeschichte Europas von *F. Behn.* Völlig neue Bearbeitung der 7. Auflage der „Urgeschichte der Menschheit" von *M. Hoernes.* 125 Seiten, 47 Abbildungen. 1949. (42)

Der Eintritt der Germanen in die Geschichte von *J. Haller †.* 3. Auflage, durchgesehen von *H. Dannenbauer.* 120 Seiten, 6 Kartenskizzen. 1957. (1117)

Von den Karolingern zu den Staufern. Die altdeutsche Kaiserzeit (900—1250) von *J. Haller †.* 4., durchgesehene Auflage von *H. Dannenbauer.* 142 Seiten, 4 Karten. 1958. (1065)

Von den Staufern zu den Habsburgern. Auflösung des Reichs und Emporkommen der Landesstaaten (1250—1519) von *J. Haller †.* 2., durchgesehene Auflage von *H. Dannenbauer.* 118 Seiten, 6 Kartenskizzen. 1960. (1077)

Deutsche Geschichte im Zeitalter der Reformation, der Gegenreformation und des dreißigjährigen Krieges von *F. Hartung.* 2., durchgesehene Auflage. 123 Seiten. 1963. (1105)

Deutsche Geschichte von 1648—1740. Politischer und geistiger Wiederaufbau von *W. Treue.* 120 Seiten. 1956. (35)

Deutsche Geschichte von 1713—1806. Von der Schaffung des europäischen Gleichgewichts bis zu Napoleons Herrschaft von *W. Treue.* 168 Seiten. 1957. (39)

Deutsche Geschichte von 1806—1890. Vom Ende des alten bis zur Höhe des neuen Reiches von *W. Treue.* 128 Seiten. 1961. (893)

Deutsche Geschichte von 1890 bis zur Gegenwart von *W. Treue.* In Vorbereitung. (894)

Quellenkunde der Deutschen Geschichte im Mittelalter (bis zur Mitte des 15. Jahrhunderts) von *K. Jacob †.* 3 Bände.

I: Einleitung. Allgemeiner Teil. Die Zeit der Karolinger. 6. Auflage, bearbeitet von *H. Hohenleutner.* 127 Seiten. 1959. (279)

II: Die Kaiserzeit (911—1250). 5. Auflage, neubearbeitet von *H. Hohenleutner.* 141 Seiten. 1961. (280)

III: Das Spätmittelalter (vom Interregnum bis 1500). Herausgegeben von *F. Weden.* 152 Seiten. 1952. (284)

Geschichte Englands von *H. Preller.* 2 Bände.
I: bis 1815. 3., stark umgearbeitete Auflage. 135 Seiten, 7 Stammtafeln, 2 Karten. 1952. (375)
II: Von 1815 bis 1910. 2., völlig umgearbeitete Auflage. 118 Seiten, 1 Stammtafel, 7 Karten. 1954. (1088)

Römische Geschichte von *F. Altheim.* 4 Bände. 2., verbesserte Auflage.
I: Bis zur Schlacht bei Pydna (168 v.Chr.). 124 Seiten. 1956. (19)
II: Bis zur Schlacht bei Actium (31 v.Chr.). 129 Seiten. 1956. (677)
III: Bis zur Schlacht an der Milvischen Brücke (312 n.Chr.). 148 Seiten. 1958. (679)
IV: Bis zur Schlacht am Yarmuk (636 n.Chr.). In Vorbereitung. (684)

Geschichte der Vereinigten Staaten von Amerika von *O. Graf zu Stolberg-Wernigerode.* 192 Seiten, 10 Karten. 1956. (1051/1051a)

Deutsche Sprache und Literatur

Geschichte der Deutschen Sprache von *H. Sperber.* 4. Auflage, besorgt von *W. Fleischhauer.* 128 Seiten. 1963. (915)

Deutsches Rechtschreibungswörterbuch von *M. Gottschald †.* 2., verbesserte Auflage. 219 Seiten. 1953. (200/200a)

Deutsche Wortkunde. Kulturgeschichte des deutschen Wortschatzes von *A. Schirmer.* 4. Auflage von *W. Mitzka.* 123 Seiten. 1960. (929)

Deutsche Sprachlehre von *W. Hofstaetter.* 10. Auflage. Völlige Umarbeitung der 8. Auflage. 150 Seiten. 1960. (20)

Stimmkunde für Beruf, Kunst und Heilzwecke von *H. Biehle.* 111 Seiten. 1955. (60)

Redetechnik. Einführung in die Rhetorik von *H. Biehle.* 2., erweiterte Auflage. 151 Seiten. 1961. (61)

Sprechen und Sprachpflege (Die Kunst des Sprechens) von *H. Feist.* 2., verbesserte Auflage. 99 Seiten, 25 Abbildungen. 1952. (1122)

Deutsches Dichten und Denken von der germanischen bis zur staufischen Zeit von *H. Naumann †.* (Deutsche Literaturgeschichte vom 5.—13. Jahrhundert.) 2., verbesserte Auflage. 166 Seiten. 1952. (1121)

Deutsches Dichten und Denken vom Mittelalter zur Neuzeit von *G. Müller* (1270 bis 1700). 3., durchgesehene Auflage. 159 Seiten. In Vorbereitung. (1086)

Deutsches Dichten und Denken von der Aufklärung bis zum Realismus (Deutsche Literaturgeschichte von 1700—1890) von *K. Viëtor †.* 3., durchgesehene Auflage. 159 Seiten. 1958. (1096)

Deutsche Heldensage von *H. Schneider.* 2. Auflage, bearbeitet von *R. Wisniewski.* 148 Seiten. 1964. (32)

Der Nibelunge Nôt in Auswahl mit kurzem Wörterbuch von *K. Langosch.* 10., durchgesehene Auflage. 164 Seiten. 1956. (1)

Kudrun und Dietrich-Epen in Auswahl mit Wörterbuch von *O. L. Jiriczek.* 6. Auflage, bearbeitet von *R. Wisniewski.* 173 Seiten. 1957. (10)

Wolfram von Eschenbach. Parzival. Eine Auswahl mit Anmerkungen und Wörterbuch von *H. Jantzen.* 2. Auflage, bearbeitet von *H. Kolb.* 128 Seiten. 1957. (921)

Hartmann von Aue. Der arme Heinrich nebst einer Auswahl aus der „Klage", dem „Gregorius" und den Liedern (mit einem Wörterverzeichnis) herausgegeben von *F. Maurer*. 96 Seiten. 1958. (18)
Gottfried von Strassburg in Auswahl herausgegeben von *F. Maurer*. 142 Seiten. 1959. (22)
Die deutschen Personennamen von *M. Gottschald †*. 2., verbesserte Auflage. 151 Seiten. 1955. (422)
Althochdeutsches Elementarbuch. Grammatik und Texte von *H. Naumann †* und *W. Betz*. 3., verbesserte und vermehrte Auflage. 183 Seiten. 1962. (1111/1111a)
Mittelhochdeutsche Grammatik von *H. de Boor* und *R. Wisniewski*. 3., verbesserte und ergänzte Auflage. 150 Seiten. 1963. (1108)

Indogermanisch, Germanisch

Indogermanische Sprachwissenschaft von *H. Krahe*. 2 Bände. 4., überarbeitete Auflage.
I: Einleitung und Lautlehre. 110 Seiten. 1962. (59)
II: Formenlehre. 100 Seiten. 1963. (64)
Gotisches Elementarbuch. Grammatik, Texte mit Übersetzung und Erläuterungen von *H. Hempel*. 3., umgearbeitete Auflage. 166 Seiten. 1962. (79/79a)
Germanische Sprachwissenschaft von *H. Krahe*. 2 Bände.
I: Einleitung und Lautlehre. 5., überarbeitete Auflage. 149 Seiten. 1963. (238)
II: Formenlehre. 4., überarbeitete Auflage. 149 Seiten. 1961. (780)
Altnordisches Elementarbuch. Schrift, Sprache, Texte mit Übersetzung und Wörterbuch von *F. Ranke*. 2., durchgesehene Auflage. 146 Seiten. 1949. (1115)

Englisch, Romanisch

Altenglisches Elementarbuch. Einführung, Grammatik, Texte mit Übersetzung und Wörterbuch von *M. Lehnert*. 5., verbesserte Auflage. 178 Seiten. 1962. (1125)
Historische neuenglische Laut- und Formenlehre von *E. Ekwall*. 3., durchgesehene Auflage. 150 Seiten. 1956. (735)
Englische Phonetik von *H. Mutschmann †*. 2. Auflage, bearbeitet von *G. Scherer*. 127 Seiten. 1963. (601)
Englische Literaturgeschichte von *F. Schubel*. 4 Bände.
I: Die alt- und mittelenglische Periode. 163 Seiten. 1954. (1114)
II: Von der Renaissance bis zur Aufklärung. 160 Seiten. 1956. (1116)
III: Romantik und Viktorianismus. 160 Seiten. 1960. (1124)
Beowulf von *M. Lehnert*. Eine Auswahl mit Einführung, teilweiser Übersetzung, Anmerkungen und etymologischem Wörterbuch. 3., verbesserte Auflage. 135 Seiten. 1959. (1135)
Shakespeare von *P. Meißner †*. 2. Auflage, neubearbeitet von *M. Lehnert*. 136 Seiten. 1954. (1142)

Romanische Sprachwissenschaft von *H. Lausberg.* 4 Bände.
I: Einleitung und Vokalismus. 2., durchgesehene Auflage. 211 Seiten. 1963. (128/128a)
II: Konsonantismus. 95 Seiten. 1956. (250)
III: Formenlehre. 1. Teil. 99 Seiten. 1962. (1199)
III: Formenlehre. 2. Teil. S. 99—260. 1962. (1200/1200a)
IV: Wortlehre. In Vorbereitung. (1208)

Griechisch, Lateinisch

Griechische Sprachwissenschaft von *W. Brandenstein.* 3 Bände.
I: Einleitung, Lautsystem, Etymologie. 160 Seiten. 1954. (117)
II: Wortbildung und Formenlehre. 192 Seiten. 1959. (118/118a)
III: Syntax. In Vorbereitung. (1218)
Geschichte der griechischen Sprache. 2 Bände.
I: Bis zum Ausgang der klassischen Zeit von *O. Hoffmann †.* 3. Auflage, bearbeitet von *A. Debrunner †.* 156 Seiten. 1953. (111)
II: Grundfragen und Grundzüge des nachklassischen Griechisch von *A. Debrunner †.* 144 Seiten. 1954. (114)
Geschichte der griechischen Literatur von *W. Nestle.* 2 Bände. 3. Auflage, bearbeitet von *W. Liebich.*
I: 144 Seiten. 1961. (70)
II: 149 Seiten. 1963. (557)
Grammatik der neugriechischen Volkssprache von *J. Kalitsunakis.* 3., wesentlich erweiterte und verbesserte Auflage. 196 Seiten. 1963. (756/756a)
Neugriechisch-deutsches Gesprächsbuch von *J. Kalitsunakis.* 2. Auflage, bearbeitet von *A. Steinmetz.* 99 Seiten. 1960. (587)
Geschichte der lateinischen Sprache von *F. Stolz.* 4. Auflage von *A. Debrunner †.* In Vorbereitung. (492)
Geschichte der römischen Literatur von *L. Bieler.* 2 Bände.
I: Die Literatur der Republik. 160 Seiten. 1961. (52)
II: Die Literatur der Kaiserzeit. 133 Seiten. 1961. (866)

Hebräisch, Sanskrit, Russisch

Hebräische Grammatik von *G. Beer †.* 2 Bände. Völlig neubearbeitet von *R. Meyer.*
I: Schrift-, Laut- und Formenlehre I. 3. Auflage. Etwa 224 Seiten. In Vorbereitung. (763/763a)
II: Formenlehre II. Syntax und Flexionstabellen. 2. Auflage. 195 Seiten. 1955. (764/764a)
Hebräisches Textbuch zu *G. Beer-R. Meyer,* Hebräische Grammatik von *R. Meyer.* 170 Seiten. 1960. (769/769a)
Sanskrit-Grammatik von *M. Mayrhofer.* 89 Seiten. 1953. (1158)
Russische Grammatik von *E. Berneker †.* 6., verbesserte Auflage von *M. Vasmer †.* 155 Seiten. 1961. (66)
Slavische Sprachwissenschaft von *H. Bräuer.* 2 Bände.
I: Einleitung, Lautlehre. 221 Seiten. 1961. (1191/1191a)

Erd- und Länderkunde, Kartographie

Afrika von *F. Jaeger*. Ein geographischer Überblick. 2 Bände. 3. Auflage.
I: Der Lebensraum. 179 Seiten, 18 Abbildungen. In Vorbereitung. (910)
II: Mensch und Kultur. 155 Seiten, 6 Abbildungen. In Vorbereitung. (911)

Australien und Ozeanien von *H. J. Krug*. 176 Seiten, 46 Skizzen. 1953. (319)

Kartographie von *V. Heissler*. 213 Seiten, 125 Abb., 8 Anlagen. 1962. (30/30a)

Volkswirtschaft, Statistik, Publizistik

Allgemeine Betriebswirtschaftslehre von *K. Mellerowicz*. 4 Bände. 11., durchgesehene Auflage.
I: 224 Seiten. 1961. (1008/1008a)
II: 188 Seiten. 1962. (1153/1153a)
III: 260 Seiten. 1963. (1154/1154a)
IV: 209 Seiten. 1963. (1186/1186a)

Buchhaltung und Bilanz von *E. Kosiol*. Etwa 114 Seiten, 29 Tafeln. 1964. (1213)

Geschichte der Volkswirtschaftslehre von *S. Wendt*. 182 Seiten. 1961. (1194)

Allgemeine Volkswirtschaftslehre von *A. Paulsen*. 4 Bände.
I: Grundlegung, Wirtschaftskreislauf. 5., neubearbeitete Auflage. 154 Seiten. 1964. (1169)
II: Haushalte, Unternehmungen, Marktformen. 5., neubearbeitete Auflage. 168 Seiten, 35 Abbildungen. 1964. (1170)
III: Produktionsfaktoren. 3., neubearbeitete und ergänzte Auflage. 198 Seiten. 1963. (1171)
IV: Gesamtbeschäftigung, Konjunkturen, Wachstum. 3. Auflage. 174 Seiten. 1964. (1172)

Allgemeine Volkswirtschaftspolitik von *H. Ohm*. 2 Bände.
I: Systematisch-Theoretische Grundlegung. 137 Seiten, 6 Abbildungen. 1962. (1195)
II: Der volkswirtschaftliche Gesamtorganismus als Objekt der Wirtschaftspolitik. In Vorbereitung. (1196)

Finanzwissenschaft von *H. Kolms*. 4 Bände.
I: Grundlegung, Öffentliche Ausgaben. 2., verbesserte Auflage. 162 Seiten. 1963. (148)
II: Erwerbseinkünfte, Gebühren und Beiträge, Allgemeine Steuerlehre. 2., verbesserte Auflage. 150 Seiten. 1964. (391)
III: Besondere Steuerlehre. 178 Seiten. 1962. (776)
IV: Öffentlicher Kredit. Haushaltswesen. Finanzausgleich. 1964. In Vorbereitung. (782)

Finanzmathematik von *M. Nicolas.* 192 Seiten, 11 Tafeln, 8 Tabellen und 72 Beispiele. 1959. (1183/1183a)

Industrie- und Betriebssoziologie von *R. Dahrendorf.* 2., umgearbeitete und erweiterte Auflage. 142 Seiten, 3 Figuren. 1962. (103)

Wirtschaftssoziologie von *F. Fürstenberg.* 122 Seiten. 1961. (1193)

Psychologie des Berufs- und Wirtschaftslebens von *W. Moede †.* 190 Seiten, 48 Abbildungen. 1958. (851/851a)

Einführung in die Arbeitswissenschaft von *H. H. Hilf.* 164 Seiten, 57 Abbildungen. 1964. (1212/1212a)

Allgemeine Methodenlehre der Statistik von *J. Pfanzagl.* 2 Bände.
I: Elementare Methoden unter besonderer Berücksichtigung der Anwendungen in den Wirtschafts- und Sozialwissenschaften. 2. Auflage. 251 Seiten, 42 Abbildungen. 1964. (746/746a)
II: Höhere Methoden unter besonderer Berücksichtigung der Anwendungen in Naturwissenschaft, Medizin und Technik. 295 Seiten, 39 Abbildungen. 1962. (747/747a)

Zeitungslehre von *E. Dovifat.* 2 Bände. 4., neubearbeitete Auflage.
I: Theoretische und rechtliche Grundlagen — Nachricht und Meinung — Sprache und Form. 149 Seiten. 1962. (1039)
II: Redaktion — Die Sparten: Verlag und Vertrieb, Wirtschaft und Technik — Sicherung der öffentlichen Aufgabe. 168 Seiten. 1962. (1040)

Naturwissenschaften

Mathematik

Geschichte der Mathematik von *J. E. Hofmann*. 4 Bände.
I: Von den Anfängen bis zum Auftreten von Fermat und Descartes. 2., verbesserte und vermehrte Auflage. 251 Seiten. 1963. (226/226a)
II: Von Fermat und Descartes bis zur Erfindung des Calculus und bis zum Ausbau der neuen Methoden. 109 Seiten. 1957. (875)
III: Von den Auseinandersetzungen um den Calculus bis zur französischen Revolution. 107 Seiten. 1957. (882)
IV: Geschichte der Mathematik der neuesten Zeit von *N. Stuloff*. In Vorbereitung. (883)

Mathematische Formelsammlung von *F. O. Ringleb*. 7., erweiterte Auflage. 320 Seiten, 40 Figuren. 1960. (51/51a)

Vierstellige Tafeln und Gegentafeln für logarithmisches und trigonometrisches Rechnen in zwei Farben zusammengestellt von *H. Schubert* und *R. Haussner*. 3., neubearbeitete Auflage von *J. Erlebach*. 158 Seiten. 1960. (81)

Fünfstellige Logarithmen mit mehreren graphischen Rechentafeln und häufig vorkommenden Zahlenwerten von *A. Adler*. 4. Auflage, überarbeitet von *J. Erlebach*. 127 Seiten, 1 Tafel. 1962. (423)

Arithmetik von *P. B. Fischer* †. 3. Auflage von *H. Rohrbach*. 152 Seiten, 19 Abbildungen. 1958. (47)

Höhere Algebra von *H. Hasse*. 2 Bände.
I: Lineare Gleichungen. 5., neubearbeitete Auflage. 150 Seiten. 1963. (931)
II: Gleichungen höheren Grades. 4., durchgesehene Auflage. 158 Seiten, 5 Figuren. 1958. (932)

Aufgabensammlung zur höheren Algebra von *H. Hasse* und *W. Klobe*. 3., verbesserte Auflage. 183 Seiten. 1961. (1082)

Elementare und klassische Algebra vom modernen Standpunkt von *W. Krull*. 2 Bände.
I: 3., erweiterte Auflage. 148 Seiten. 1963. (930)
II: 132 Seiten. 1959. (933)

Lineare Programmierung von *H. Langen*. Etwa 200 Seiten. 1964. (1206/1206a)

Algebraische Kurven und Flächen von *W. Burau*. 2 Bände.
I: Algebraische Kurven der Ebene. 153 Seiten, 28 Abbildungen. 1962. (435)
II: Algebraische Flächen 3. Grades und Raumkurven 3. und 4. Grades. 162 Seiten, 17 Abbildungen. 1962. (436/436a)

Einführung in die Zahlentheorie von *A. Scholz* †. Überarbeitet und herausgegeben von *B. Schoeneberg*. 3. Auflage. 128 Seiten. 1961. (1131)

Formale Logik von *P. Lorenzen*. 2., verbesserte Auflage. 165 Seiten. 1962. (1176/1176a)

Topologie von *W. Franz.* 2 Bände.
I: Allgemeine Topologie. 144 Seiten, 9 Figuren. 1960. (1181)
II: Algebraische Topologie. 130 Seiten. 1964. (1182)

Elemente der Funktionentheorie von *K. Knopp †.* 6. Auflage. 144 Seiten, 23 Figuren. 1963. (1109)

Funktionentheorie von *K. Knopp †.* 2 Bände. 10. Auflage.
I: Grundlagen der allgemeinen Theorie der analytischen Funktionen. 144 Seiten, 8 Figuren. 1961. (668)
II: Anwendungen und Weiterführung der allgemeinen Theorie. 130 Seiten, 7 Figuren. 1962. (703)

Aufgabensammlung zur Funktionentheorie von *K. Knopp †.* 2 Bände.
I: Aufgaben zur elementaren Funktionentheorie. 6. Auflage. 135 Seiten. 1962. (877)
II: Aufgaben zur höheren Funktionentheorie. 5. Auflage. 151 Seiten. 1959. (878)

Differential- und Integralrechnung von *M. Barner.* (Früher *Witting*). 4 Bände.
I: Grenzwertbegriff, Differentialrechnung. 2., durchgesehene Auflage. 176 Seiten, 39 Figuren. 1963. (86)

Gewöhnliche Differentialgleichungen von *G. Hoheisel.* 6., neubearbeitete und erweiterte Auflage. 128 Seiten. 1960. (920)

Partielle Differentialgleichungen von *G. Hoheisel.* 4., durchgesehene Auflage. 128 Seiten. 1960. (1003)

Aufgabensammlung zu den gewöhnlichen und partiellen Differentialgleichungen von *G. Hoheisel.* 5., durchgesehene und verbesserte Auflage. 124 Seiten. 1964. (1059/1059 a)

Integralgleichungen von *G. Hoheisel.* 2., neubearbeitete und erweiterte Auflage. 112 Seiten. 1963. (1099)

Mengenlehre von *E. Kamke.* 4., verbesserte Auflage. 194 Seiten, 6 Figuren. 1962. (999/999 a)

Gruppentheorie von *L. Baumgartner.* 4., neubearbeitete Auflage. 110 Seiten, 3 Tafeln. 1964. In Vorbereitung. (837)

Ebene und sphärische Trigonometrie von *G. Hessenberg †.* 5. Auflage, durchgesehen von *H. Kneser.* 172 Seiten, 60 Figuren. 1957. (99)

Darstellende Geometrie von *W. Haack.* 3 Bände.
I: Die wichtigsten Darstellungsmethoden. Grund- und Aufriß ebenflächiger Körper. 4., durchgesehene und ergänzte Auflage. 113 Seiten, 120 Abbildungen. 1963. (142)
II: Körper mit krummen Begrenzungsflächen. Kotierte Projektionen. 3., durchgesehene Auflage. 129 Seiten, 86 Abbildungen. 1962. (143)
III: Axonometrie und Perspektive. 2., durchgesehene und ergänzte Auflage. 129 Seiten, 100 Abbildungen. 1962. (144)

Analytische Geometrie von *K. P. Grotemeyer.* 2., erweiterte Auflage. 218 Seiten, 73 Abbildungen. 1962. (65/65 a)

Nichteuklidische Geometrie. Hyperbolische Geometrie der Ebene von *R. Baldus †.* Durchgesehen und herausgegeben von *F. Löbell.* 4., verbesserte Auflage. 140 Seiten, 70 Figuren. 1964. (970)

Differentialgeometrie von *K. Strubecker* (früher *Rothe*). 3 Bände.
I: Kurventheorie der Ebene und des Raumes. 2. Auflage. 200 Seiten, 18 Figuren. 1964. In Vorbereitung. (1113/1113 a)

II: Theorie der Flächenmetrik. 195 Seiten, 14 Figuren. 1958. (1179/1179a)
III: Theorie der Flächenkrümmung. 254 Seiten, 38 Figuren. 1959. (1180/1180a)

Variationsrechnung von *L. Koschmieder*. 2 Bände. 2., neubearbeitete Auflage.
I: Das freie und gebundene Extrem einfacher Grundintegrale. 128 Seiten, 23 Figuren. 1962. (1074)
II: Anwendung klassischer Verfahren auf allgemeine Fragen des Extrems. — Neuere unmittelbare Verfahren. In Vorbereitung. (1075)

Einführung in die konforme Abbildung von *L. Bieberbach*. 5., erweiterte Auflage. 180 Seiten, 42 Figuren. 1956. (768/768a)

Vektoren und Matrizen von *S. Valentiner*. 3. Auflage. (10., erweiterte Auflage der „Vektoranalysis"). Mit Anhang: Aufgaben zur Vektorrechnung von *H. König*. 206 Seiten, 35 Figuren. 1963. (354/354a)

Wahrscheinlichkeitstheorie und Grundzüge der Maßtheorie von *H. Bauer*. 2 Bände.
I: 1964. Im Druck. (1216)
II: In Vorbereitung. (1217)

Versicherungsmathematik von *F. Böhm*. 2 Bände.
I: Elemente der Versicherungsrechnung. 3., vermehrte und verbesserte Auflage. Durchgesehener Neudruck. 151 Seiten. 1953. (180)
II: Lebensversicherungsmathematik. Einführung in die technischen Grundlagen der Sozialversicherung. 2., verbesserte und vermehrte Auflage 205 Seiten. 1953. (917/917a)

Finanzmathematik von *M. Nicolas* 192 Seiten, 11 Tafeln, 8 Tabellen und 72 Beispiele. 1959. (1183/1183a)

Kinematik von *H. R. Müller*. 171 Seiten, 75 Figuren. 1963. (584/584a)

Physik

Einführung in die theoretische Physik von *W. Döring*. 5 Bände.
I: Mechanik. 2., verbesserte Auflage. 123 Seiten, 25 Abbildungen. 1960. (76)
II: Das elektromagnetische Feld. 2., verbesserte Auflage. 132 Seiten, 15 Abbildungen. 1962. (77)
III: Optik. 2., verbesserte Auflage. 117 Seiten, 32 Abbildungen. 1963. (78)
IV: Thermodynamik. 2., verbesserte Auflage. 107 Seiten, 9 Abbildungen. 1964. (374)
V: Statistische Mechanik. 114 Seiten, 12 Abbildungen. 1957. (1017)

Mechanik deformierbarer Körper von *M. Päsler*. 199 Seiten, 48 Abbildungen. 1960. (1189/1189a)

Atomphysik von *K. Bechert*, *Ch. Gerthsen †* und *A. Flammersfeld*. 7 Bände. 4., durchgesehene Auflage.
I: Allgemeine Grundlagen. 1. Teil von *A. Flammersfeld*. 124 Seiten, 35 Abbildungen. 1959. (1009)
II: Allgemeine Grundlagen. 2. Teil von *A. Flammersfeld*. 112 Seiten, 47 Abbildungen. 1963. (1033)

III: Theorie des Atombaus. 1. Teil von *K. Bechert*. 148 Seiten, 16 Abbildungen. 1963. (1123/1123a)

IV: Theorie des Atombaus. 2. Teil von *K. Bechert*. 170 Seiten, 14 Abbildungen. 1963. (1165/1165a)

Differentialgleichungen der Physik von *F. Sauter*. 3., durchgesehene und ergänzte Auflage. 148 Seiten, 16 Figuren. 1958. (1070)

Physikalische Formelsammlung von *G. Mahler†*. Fortgeführt von *K. Mahler*. Neubearbeitet von *H. Graewe*. 11. Auflage. 167 Seiten, 69 Figuren. 1963. (136)

Physikalische Aufgabensammlung von *G. Mahler †*. Neubearbeitet von *H. Graewe*. Mit den Ergebnissen. 12. Auflage. 127 Seiten. 1964. (243)

Chemie

Geschichte der Chemie in kurzgefaßter Darstellung von *G. Lockemann*. 2 Bände.

I: Vom Altertum bis zur Entdeckung des Sauerstoffs. 2. Auflage. 142 Seiten, 8 Bildnisse. In Vorbereitung. (264)

II: Von der Entdeckung des Sauerstoffs bis zur Gegenwart. 151 Seiten, 16 Bildnisse. 1955. (265/265a)

Anorganische Chemie von *W. Klemm*. 13., neubearbeitete und erweiterte Auflage. 255 Seiten, 35 Abbildungen. 1964. (37/37a)

Organische Chemie von *W. Schlenk*. 9., erweiterte Auflage. 273 Seiten, 16 Abbildungen. 1963. (38/38a)

Physikalische Methoden in der Organischen Chemie von *G. Kresze*. 2 Bände.

I: 119 Seiten, 65 Abbildungen. 1962. (44)

II: 164 Seiten. 1962. (45/45a)

Allgemeine und physikalische Chemie von *W. Schulze*. 2 Bände.

I: 5., durchgesehene Auflage. 139 Seiten, 10 Figuren. 1960. (71)

II: 5., verbesserte Auflage. 178 Seiten, 37 Figuren. 1961. (698/698a)

Einfache Versuche zur allgemeinen und physikalischen Chemie von *E. Dehn*. 371 Versuche mit 40 Abbildungen. 272 Seiten. 1962. (1201/1201a)

Molekülbau. Theoretische Grundlagen und Methoden der Strukturermittlung von *W. Schulze*. 123 Seiten, 43 Figuren. 1958. (786)

Physikalisch-chemische Rechenaufgaben von *E. Asmus*. 3., verbesserte Auflage. 96 Seiten. 1958. (445)

Maßanalyse. Theorie und Praxis der klassischen und der elektrochemischen Titrierverfahren von *G. Jander* und *K. F. Jahr*. 10., erweiterte Auflage, mitbearbeitet von *H. Knoll*. 358 Seiten, 56 Figuren. 1963. (221/221a)

Qualitative Analyse von *H. Hofmann* u. *G. Jander*. 2., durchgesehene und verbesserte Auflage. 308 Seiten, 5 Abbildungen. 1963. (247/247a)

Thermochemie von *W. A. Roth †*. 2., verbesserte Auflage. 109 Seiten, 16 Figuren. 1952. (1057)

NATURWISSENSCHAFTEN

Stöchiometrische Aufgabensammlung von *W. Bahrdt †* und *R. Scheer.* Mit den Ergebnissen. 7., durchgesehene Auflage. 119 Seiten. 1960. (452)

Elektrochemie von *K. Vetter.* 2 Bände.
I: 196.. In Vorbereitung. (252)
II: 1964. In Vorbereitung. (253)

Technologie

Die Chemie der Kunststoffe von *K. Hamann,* unter Mitarbeit von *W. Funke* und *H. D Hermann* 143 Seiten. 1960. (1173)

Warenkunde von *K Hassak* und *E. Beutel †.* 2 Bände.
I: Anorganische Waren sowie Kohle und Erdöl. 8. Auflage. Neubearbeitet von *A. Kutzelnigg.* 119 Seiten, 18 Figuren. 1958. (222)
II: Organische Waren. 8. Auflage. Vollständig neubearbeitet von *A. Kutzelnigg.* 157 Seiten, 32 Figuren. 1959. (223)

Die Fette und Öle von *Th. Klug.* 6., verbesserte Auflage. 143 Seiten. 1961. (335)

Die Seifenfabrikation von *K. Braun †.* 3., neubearbeitete und verbesserte Auflage von *Th Klug* 116 Seiten, 18 Abbildungen. 1953. (336)

Thermische Verfahrenstechnik von *H. Bock.* 3 Bande.
I: Eigenschaften und Verhalten der realen Stoffe. 164 Seiten 28 Abbildungen 1963. (1209/1209a)
II: Funktionen und Berechnung der elementaren Geräte. In Vorbereitung (1210/1210a)
III: Fließbilder, ihre Funktion und ihr Zusammenbau aus Geräten. In Vorbereitung. (1211/1211a)

Textilindustrie von *A Blümcke.*
I: Spinnerei und Zwirnerei. 111 Seiten, 43 Abbildungen. 1954. (184)

Biologie

Einführung in die allgemeine Biologie und ihre philosophischen Grund- und Grenzfragen von *M. Hartmann.* 132 Seiten, 2 Abbildungen. 1956. (96)

Hormone von *G. Koller.* 2., neubearbeitete und erweiterte Auflage. 187 Seiten, 60 Abbildungen, 19 Tabellen. 1949. (1141)

Fortpflanzung im Tier- und Pflanzenreich von *J. Hämmerling.* 2., ergänzte Auflage. 135 Seiten. 101 Abbildungen. 1951. (1138)

Geschlecht und Geschlechtsbestimmung im Tier- und Pflanzenreich von *M. Hartmann.* 2., verbesserte Auflage. 116 Seiten, 61 Abbildungen, 7 Tabellen. 1951. (1127)

Symbiose der Tiere mit pflanzlichen Mikroorganismen von *P. Buchner.* 2., verbesserte und vermehrte Auflage. 130 Seiten, 121 Abbildungen. 1949. (1128)

Grundriß der Allgemeinen Mikrobiologie von *W.* u. *A. Schwartz.* 2 Bände. 2., verbesserte und ergänzte Auflage.
I: 147 Seiten, 25 Abbildungen. 1960. (1155)
II: 142 Seiten, 29 Abbildungen. 1961. (1157)

Botanik

Entwicklungsgeschichte des Pflanzenreiches von *H. Heil.* 2. Auflage. 138 Seiten, 94 Abbildungen, 1 Tabelle. 1950. (1137)

Morphologie der Pflanzen von *L. Geitler.*, 3., umgearbeitete Auflage. 126 Seiten, 114 Abbildungen. 1953. (141)

Pflanzengeographie von *L. Diels †.* 5., völlig neubearbeitete Auflage von *F. Mattick.* 195 Seiten, 2 Karten. 1958. (389/389a)

Die Laubhölzer. Kurzgefaßte Beschreibung der in Mitteleuropa gedeihenden Laubbäume und Sträucher von *F. W. Neger †* und *E. Münch †.* 3., durchgesehene Auflage, herausgegeben von *B. Huber.* 143 Seiten, 63 Figuren, 7 Tabellen. 1950. (718)

Die Nadelhölzer (Koniferen) und übrigen Gymnospermen von *F. W. Neger †* und *E. Münch †.* 4. Auflage, durchgesehen und ergänzt von *B. Huber.* 140 Seiten, 75 Figuren, 4 Tabellen, 3 Karten. 1952. (355)

Pflanzenzüchtung von *H. Kuckuck.* 2 Bände.

I: Grundzüge der Pflanzenzüchtung. 3., völlig umgearbeitete und erweiterte Auflage. 132 Seiten, 22 Abbildungen. 1952. (1134)

II: Spezielle gartenbauliche Pflanzenzüchtung (Züchtung von Gemüse, Obst und Blumen). 178 Seiten, 27 Abbildungen. 1957. (1178/1178a)

Zoologie

Entwicklungsphysiologie der Tiere von *F. Seidel.* 2 Bände.

I: Ei und Furchung. 126 Seiten, 29 Abbildungen. 1953. (1162)

II: Körpergrundgestalt und Organbildung. 159 Seiten, 42 Abbildungen. 1953. (1163)

Das Tierreich

I: Einzeller, Protozoen von *E. Reichenow.* 115 Seiten. 59 Abbildungen. 1956. (444)

II: Schwämme und Hohltiere von *H. J. Hannemann.* 95 Seiten, 80 Abbildungen. 1956. (442)

III: Würmer. Platt-, Hohl-, Schnurwürmer, Kamptozoen, Ringelwürmer, Protracheaten, Bärtierchen, Zungenwürmer von *S. Jaeckel.* 114 Seiten, 36 Abbildungen. 1955. (439)

IV, 1: Krebse von *H. E. Gruner* und *K. Deckert.* 114 Seiten, 43 Abbildungen. 1956. (443)

IV, 2: Spinnentiere (Trilobitomorphen, Fühlerlose) und Tausendfüßler von *A. Kaestner.* 96 Seiten, 55 Abbildungen. 1955. (1161)

IV, 3: Insekten von *H. von Lengerken.* 128 Seiten, 58 Abbildungen. 1953. (594)

V: Weichtiere. Urmollusken, Schnecken, Muscheln und Kopffüßer von *S. Jaeckel.* 92 Seiten. 34 Figuren. 1954. (440)

VI: Stachelhäuter. Tentakulaten, Binnenatmer und Pfeilwürmer von *S. Jaeckel.* 100 Seiten, 46 Abbildungen. 1955. (441)

VII, 1: Manteltiere, Schädellose, Rundmäuler von *Th. Haltenorth.* In Vorbereitung. (448)

VII, 2: Fische von *D. Lüdemann*. 130 Seiten, 65 Abbildungen. 1955. (356)
VII, 3: Lurche (Chordatiere) von *K. Herter*. 143 Seiten, 129 Abbildungen. 1955. (847)
VII, 4: Kriechtiere (Chordatiere) von *K. Herter*. 200 Seiten, 42 Abbildungen. 1960. (447/447a)
VII, 5: Vögel (Chordatiere) von *H.-A. Freye*. 156 Seiten, 69 Figuren. 1960. (869)
VII, 6: Säugetiere (Chordatiere) von *Th. Haltenorth*. In Vorbereitung. (282)

Land- und Forstwirtschaft

Landwirtschaftliche Tierzucht. Die Züchtung und Haltung der landwirtschaftlichen Nutztiere von *H. Vogel*. 139 Seiten, 11 Abbildungen. 1952. (228)
Kulturtechnische Bodenverbesserungen von *O. Fauser*. 2 Bände. 5., verbesserte und vermehrte Auflage.
I: Allgemeines, Entwässerung. 127 Seiten, 49 Abbildungen. 1959. (691)
II: Bewässerung, Ödlandkultur, Flurbereinigung. 159 Seiten, 71 Abbildungen. 1961. (692)
Agrikulturchemie von *K. Scharrer*. 2 Bände.
I: Pflanzenernährung. 143 Seiten. 1953. (329)
II: Futtermittelkunde. 192 Seiten. 1956. (330/330a)

Geologie, Mineralogie, Kristallographie

Geologie von *F. Lotze*. 2., verbesserte Auflage. 178 Seiten, 80 Abbildungen. 1961. (13)
Erzkunde von *H. von Philipsborn*. In Vorbereitung. (1207)
Mineral- und Erzlagerstättenkunde von *H. Huttenlocher †*. 2 Bände. 2. Auflage.
I: 128 Seiten, 34 Abbildungen. In Vorbereitung. (1014)
II: 156 Seiten, 48 Abbildungen. In Vorbereitung. (1015/1015a)
Allgemeine Mineralogie. 11., erweiterte Auflage der „Mineralogie" von *R. Brauns†*, neubearbeitet von *K. F. Chudoba*. 152 Seiten, 143 Textfiguren, 1 Tafel, 3 Tabellen. 1963. (29/29a)
Spezielle Mineralogie. 11., erweiterte Auflage der „Mineralogie" von *R. Brauns †*, bearbeitet von *K. F. Chudoba*. Etwa 170 Seiten, 127 Textfiguren, 4 Tabellen. 1964. (31/31a)
Petrographie (Gesteinskunde) von *W. Bruhns †*. Neubearbeitet von *P. Ramdohr*. 5., erweiterte Auflage. 141 Seiten, 10 Figuren. 1960. (173)
Kristallographie von *W. Bruhns †*. 5. Auflage, neubearbeitet von *P. Ramdohr*. 109 Seiten, 164 Abbildungen. 1958. (210)
Einführung in die Kristalloptik von *E. Buchwald*. 5., verbesserte Auflage. 128 Seiten, 117 Figuren. 1963. (619/619a)
Lötrohrprobierkunde. Mineraldiagnose mit Lötrohr und Tüpfelreaktion von *M. Henglein*. 4., durchgesehene und erweiterte Auflage. 108 Seiten, 12 Figuren. 1962. (483)

Technik

Graphische Darstellung in Wissenschaft und Technik von *M. Pirani*. 3., erweiterte Auflage bearbeitet von *J. Fischer* unter Benutzung der von *I. Runge* besorgten 2. Auflage. 216 Seiten, 104 Abbildungen. 1957. (728/728a)

Technische Tabellen und Formeln von *W. Müller*. 5., verbesserte und erweiterte Auflage von *E. Schulze*. 165 Seiten, 114 Abbildungen, 99 Tafeln. 1962. (579)

Einführung in die Arbeitswissenschaft von *H. H. Hilf*. 164 Seiten, 57 Abbildungen. 1964. (1212/1212a)

Grundlagen der Straßenverkehrstechnik. Theorie der Leistungsfähigkeit von *E. Engel*. 101 Seiten, 55 Abbildungen. 1962. (1198)

Elektrotechnik

Grundlagen der allgemeinen Elektrotechnik von *O. Mohr*. 2., durchgesehene Auflage. 260 Seiten, 136 Bilder, 14 Tafeln. 1961. (196/196a)

Die Gleichstrommaschine von *K. Humburg*. 2 Bände. 2., durchgesehene Auflage.
I: 102 Seiten, 59 Abbildungen. 1956. (257)
II: 101 Seiten, 38 Abbildungen. 1956. (881)

Die Synchronmaschine von *W. Putz*. 92 Seiten, 64 Bilder. 1962. (1146)

Induktionsmaschinen von *F. Unger*. 2., erweiterte Auflage. 142 Seiten, 49 Abbildungen. 1954. (1140)

Die komplexe Berechnung von Wechselstromschaltungen von *H. H. Meinke*. 3. Auflage. 180 Seiten, 120 Abbildungen. 1964. In Vorbereitung. (1156/1156a)

Theoretische Grundlagen zur Berechnung der Schaltgeräte von *F. Kesselring*. 3. Auflage. 144 Seiten, 92 Abbildungen. 1950. (711)

Einführung in die Technik selbsttätiger Regelungen von *W. zur Megede*. 2., durchgesehene Auflage. 180 Seiten, 86 Abbildungen. 1961. (714/714a)

Elektromotorische Antriebe (Grundlagen für die Berechnung) von *A. Schwaiger*. 3., neubearbeitete Auflage. 96 Seiten, 34 Abbildungen. 1952. (827)

Überspannungen und Überspannungsschutz von *G. Frühauf*. Durchgesehener Neudruck. 122 Seiten, 98 Abbildungen. 1950. (1132)

Elektrische Höchstspannungs-Schaltanlagen für Freiluft und Innenanordnung von *G. Meiners* und *K.-H. Wiesenewsky*. 138 Seiten, 58 Abbildungen. 1964. (796/796a)

Transformatoren von *W. Schäfer*. 4., überarbeitete und ergänzte Auflage. 130 Seiten, 73 Abbildungen. 1962. (952)

Maschinenbau

Metallkunde von *H. Borchers.* 3 Bände. 5., ergänzte und durchgesehene Auflage.
- I: Aufbau der Metalle und Legierungen. 120 Seiten, 90 Abbildungen, 2 Tabellen. 1962. (432)
- II: Eigenschaften, Grundzüge der Form- und Zustandsgebung. 182 Seiten, 107 Abbildungen, 10 Tabellen. 1963. (433/433a)
- III: Die metallkundlichen Untersuchungsmethoden von *E. Hanke.* In Vorbereitung. (434)

Die Werkstoffe des Maschinenbaues von *A. Thum †* und *C. M. v. Meysenbug.* 2 Bände.
- I: Einführung in die Werkstoffprüfung. 2., neubearbeitete Auflage. 100 Seiten, 7 Tabellen, 56 Abbildungen. 1956. (476)
- II: Die Konstruktionswerkstoffe. 132 Seiten, 40 Abbildungen. 1959. (936)

Dynamik von *W. Müller.* 2 Bände. 2., verbesserte Auflage.
- I: Dynamik des Einzelkörpers. 128 Seiten, 48 Figuren. 1952. (902)
- II: Systeme von starren Körpern. 102 Seiten, 41 Figuren. 1952. (903)

Technische Schwingungslehre von *L. Zipperer.* 2 Bände. 2., neubearbeitete Auflage.
- I: Allgemeine Schwingungsgleichungen, einfache Schwinger. 120 Seiten, 101 Abbildungen. 1953. (953)
- II: Torsionsschwingungen in Maschinenanlagen. 102 Seiten, 59 Abbildungen. 1955. (961/961 a)

Werkzeugmaschinen für Metallbearbeitung von *K. P. Matthes.* 2 Bände.
- I: 100 Seiten, 27 Abbildungen, 11 Zahlentafeln, 1 Tafelanhang. 1954. (561)
- II: Fertigungstechnische Grundlagen der neuzeitlichen Metallbearbeitung. 101 Seiten, 30 Abbildungen, 5 Tafeln. 1955. (562)

Das Maschinenzeichnen mit Einführung in das Konstruieren von *W. Tochtermann.* 2 Bände. 4. Auflage.
- I: Das Maschinenzeichnen. 156 Seiten, 75 Tafeln. 1950. (589)
- II: Ausgeführte Konstruktionsbeispiele. 130 Seiten, 58 Tafeln. 1950. (590)

Die Maschinenelemente von *E. A. vom Ende †.* 4., überarbeitete Auflage. 184 Seiten, 179 Figuren, 11 Tafeln. 1963. (3/3a)

Die Maschinen der Eisenhüttenwerke von *L. Engel.* 156 Seiten, 95 Abbildungen. 1957. (583/583a)

Walzwerke von *H. Sedlaczek †* unter Mitarbeit von *F. Fischer* und *M. Buch.* 232 Seiten, 157 Abbildungen. 1958. (580/580a)

Getriebelehre von *P. Grodzinski †.* 2 Bände. 3., neubearbeitete Auflage von *G. Lechner.*
- I: Geometrische Grundlagen. 164 Seiten, 131 Figuren. 1960. (1061)
- II: Angewandte Getriebelehre. In Vorbereitung. (1062)

Kinematik von *H. R. Müller.* 171 Seiten, 75 Figuren. 1963. (584/584a)

Gießereitechnik von *H. Jungbluth*. 2 Bände.
I: Eisengießerei. 126 Seiten, 44 Abbildungen. 1951. (1159)

Die Dampfturbinen. Ihre Wirkungsweise, Berechnung und Konstruktion von *C. Zietemann*. 3 Bände.
I: Theorie der Dampfturbinen. 4. Auflage. 139 Seiten, 48 Abbildungen. 1964. In Vorbereitung. (274)
II: Die Berechnung der Dampfturbinen und die Konstruktion der Einzelteile. 4., verbesserte Auflage. 132 Seiten, 111 Abbildungen. 1964. In Vorbereitung. (715)
III: Die Regelung der Dampfturbinen, die Bauarten, Turbinen für Sonderzwecke, Kondensationsanlagen. 3., verbesserte Auflage. 126 Seiten, 90 Abbildungen. 1956. (716)

Verbrennungsmotoren von *W. Endres*. 3 Bände.
I: Überblick. Motor-Brennstoffe. Verbrennung im Motor allgemein, im Otto- und Diesel-Motor. 153 Seiten, 57 Abbildungen. 1958. (1076/1076a)
II: Die heutigen Typen der Verbrennungskraftmaschine. In Vorbereitung. (1184)
III: Die Einzelteile des Verbrennungsmotors. In Vorbereitung. (1185)

Autogenes Schweißen und Schneiden von *H. Niese*. 5. Auflage, neubearbeitet von *A. Küchler*. 136 Seiten, 71 Figuren. 1953. (499)

Die elektrischen Schweißverfahren von *H. Niese*. 2. Auflage, neubearbeitet von *H. Dienst*. 136 Seiten, 58 Abbildungen. 1955. (1020)

Die Hebezeuge. Entwurf von Winden und Kranen von *G. Tafel*. 2., verbesserte Auflage. 176 Seiten, 230 Figuren. 1954. (414/414a)

Wasserbau

Wasserkraftanlagen von *A. Ludin* unter Mitarbeit von *W. Borkenstein*. 2 Bände.
I: Planung, Grundlagen und Grundzüge. 124 Seiten, 60 Abbildungen. 1955. (665)
II: Anordnung und Ausbildung der Hauptbauwerke. 184 Seiten, 91 Abbildungen. 1958. (666/666a)

Verkehrswasserbau von *H. Dehnert*. 3 Bände.
I: Entwurfsgrundlagen, Flußregelungen. 103 Seiten, 53 Abbildungen. 1950. (585)
II: Flußkanalisierung und Schiffahrtskanäle. 94 Seiten, 60 Abbildungen. 1950. (597)
III: Schleusen und Hebewerke. 98 Seiten, 70 Abbildungen. 1950. (1152)

Wehr- und Stauanlagen von *H. Dehnert*. 134 Seiten, 90 Abbildungen. 1952. (965)

Talsperren von *F. Tölke*. 122 Seiten, 70 Abbildungen. 1953. (1044)

Vermessungswesen

Vermessungskunde von *W. Großmann*. 3 Bände.

I: Stückvermessung und Nivellieren. 11., verbesserte Auflage. 144 Seiten 117 Figuren. 1962. (468)

II: Horizontalaufnahmen und ebene Rechnungen. 9., verbesserte Auflage. 136 Seiten, 101 Figuren. 1963. (469)

III: Trigonometrische und barometrische Hohenmessung. Tachymetrie und Absteckungen. 8. Auflage. 136 Seiten, 97 Figuren. 1964. (862)

Kartographie von *V. Heissler*. 213 Seiten, 125 Abbildungen, 8 Anlagen. 1962. (30/30a)

Photogrammetrie von *G. Lehmann*. 189 Seiten, 132 Abbildungen. 1959. (1188/1188a)

Hoch- und Tiefbau

Die wichtigsten Baustoffe des Hoch- und Tiefbaus von *O. Graf †*. 4., verbesserte Auflage. 131 Seiten, 63 Abbildungen. 1953. (984)

Baustoffverarbeitung und Baustellenprüfung des Betons von *A. Kleinlogel*. 2., neubearbeitete und erweiterte Auflage. 126 Seiten, 35 Abbildungen. 1951. (978)

Festigkeitslehre. 2 Bände.

I: Elastizität, Plastizität und Festigkeit der Baustoffe und Bauteile von *W. Gehler †* und *W. Herberg*. Durchgesehener und erweiterter Neudruck. 159 Seiten, 118 Abbildungen. 1952. (1144)

II: Formänderung, Platten, Stabilität und Bruchhypothesen von *W. Herberg* und *N. Dimitrov*. 187 Seiten, 94 Abbildungen. 1955. (1145/1145a)

Grundlagen des Stahlbetonbaus von *A. Troche*. 2., neubearbeitete und erweiterte Auflage. 208 Seiten, 75 Abbildungen, 17 Bemessungstafeln, 20 Rechenbeispiele. 1953. (1078)

Statik der Baukonstruktionen von *A. Teichmann*. 3 Bände.

I: Grundlagen. 101 Seiten, 51 Abbildungen, 8 Formeltafeln. 1956. (119)

II: Statisch bestimmte Stabwerke. 107 Seiten, 52 Abbildungen, 7 Tafeln. 1957. (120)

III: Statisch unbestimmte Systeme. 112 Seiten, 34 Abbildungen, 7 Formeltafeln. 1958. (122)

Fenster, Türen, Tore aus Holz und Metall. Eine Anleitung zu ihrer guten Gestaltung, wirtschaftlichen Bemessung und handwerksgerechten Konstruktion von *W. Wickop †*. 4., überarbeitete und ergänzte Auflage. 155 Seiten, 95 Abbildungen. 1955. (1092)

Heizung und Lüftung von *W. Körting*. 2 Bände. 9., neubearbeitete Auflage.
I: Das Wesen und die Berechnung der Heizungs- und Lüftungsanlagen. 171 Seiten, 29 Abbildungen, 36 Zahlentafeln. 1962. (342/342a)
II: Die Ausführung der Heizungs- und Lüftungsanlagen. 1964. In Vorbereitung. (343)

Industrielle Kraft- und Wärmewirtschaft von *F. A. F. Schmidt* und *A. Beckers*. 167 Seiten, 73 Abbildungen. 1957. (318/318a)

Sammlung Göschen / Bandnummernfolge

1 Langosch, Der Nibelunge Nôt
3/3a v. Ende, Maschinenelemente
10 Jiriczek-Wisniewski, Kudrun- und Dietrich-Epen
13 Lotze, Geologie
18 Maurer, Hartmann von Aue. Der arme Heinrich
19 Altheim, Römische Geschichte I
20 Hofstaetter, Dt. Sprachlehre
22 Maurer, Gottfried von Strassburg
29/29a Brauns-Chudoba, Allgemeine Mineralogie
30/30a Heissler, Kartographie
31/31a Brauns-Chudoba, Spezielle Mineralogie
32 Schneider-Wisniewski, Deutsche Heldensage
35 Treue, Dt. Geschichte von 1648—1740
37/37a Klemm, Anorganische Chemie
38/38a Schlenk, Organische Chemie
39 Treue, Dt. Geschichte von 1713—1806
42 Behn-Hoernes, Vorgeschichte Europas
44 Kresze, Physikalische Methoden in der Organischen Chemie I
45/45a Kresze, Physikalische Methoden in der Organischen Chemie II
47 Fischer-Rohrbach, Arithmetik
51/51a Ringleb, Mathem. Formelsammlung
52 Bieler Röm. Literaturgesch. I
59 Krahe, Indog. Sprachwiss. I
60 Biehle, Stimmkunde
61 Biele, Redetechnik
64 Krahe, Indog. Sprachwiss. II
65/65a Grotemeyer, Analyt. Geometrie
66 Berneker-Vasmer, Russische Grammatik
70 Nestle-Liebich, Gesch. d. griechischen Literatur I
71 Schulze, Allgemeine und physikalische Chemie I
76 Döring, Einf. i. d. th. Physik I
77 Döring, Einf. i. d. th. Physik II
78 Döring, Einf. i. d. th. Physik III
79/79a Hempel, Got. Elementarbuch
80 Weigert, Stilkunde I
81 Schubert-Haussner-Erlebach, Vierstell. Logarithmentafeln
86 Barner, Differential- u. Integralrechnung I
96 Hartmann, Einf. in die allgem. Biologie
99 Hessenberg-Kneser, Ebene und sphär. Trigonometrie
101 v. Wiese, Soziologie
103 Dahrendorf, Industrie- und Betriebssoziologie
104/104a Hofstätter, Sozialpsychologie
111 Hoffmann-Debrunner, Gesch. der griechischen Sprache I
114 Debrunner, Gesch. der griechischen Sprache II
117 Brandenstein, Griechische Sprachwissenschaft I
118/118a Brandenstein, Griechische Sprachwissenschaft II
119 Teichmann, Statik der Baukonstruktionen I
120 Teichmann, Statik der Baukonstruktionen II
122 Teichmann, Statik der Baukonstruktionen III

128/128a Lausberg, Romanische Sprachwissenschaft I
136 Mahler-Graewe, Physikal. Formelsammlung
141 Geitler, Morphologie der Pflanzen
142 Haack, Darst. Geometrie I
143 Haack, Darst. Geometrie II
144 Haack, Darst. Geometrie III
145 Weimer, Gesch. der Pädagogik
148 Kolms, Finanzwissenschaft I
156/156a Landmann, Philosophische Anthropologie
170 Oehlmann, Musik des 19. Jhs.
171/171a Oehlmann, Musik des 20. Jhs.
173 Bruhns-Ramdohr, Petrographie
174 Schlingloff, Religion des Buddhismus I
180 Böhm, Versicherungsmathematik I
184 Blümcke, Textilindustrie I
196/196a Mohr, Grundlagen der allgem. Elektrotechnik
200/200a Gottschald, Dt. Rechtschreibungswörterbuch
210 Bruhns-Ramdohr, Kristallographie
220/220a Moser, Allg. Musiklehre
221/221a Jander-Jahr-Knoll, Maßanalyse
222 Hassak-Beutel-Kutzelnigg, Warenkunde I
223 Hassak-Beutel-Kutzelnigg, Warenkunde II
226/226a Hofmann, Gesch. der Mathematik I
228 Vogel, Landw. Tierzucht
231/231a Ehrlich, Gesch. Israels
238 Krahe, Germ. Sprachwiss. I
243 Mahler-Graewe, Physikal. Aufgabensammlung
247/247a Hofmann-Jander, Qualitative Analyse
250 Lausberg, Romanische Sprachwissenschaft II
252 Vetter, Elektrochemie I
253 Vetter, Elektrochemie II
257 Humburg, Gleichstrommaschine I
264 Lockemann, Gesch. der Chemie I
265/265a Lockemann, Geschichte der Chemie II
270 Kirn, Einführung in die Geschichtswissenschaft
274 Zietemann, Dampfturbinen I
279 Jacob-Hohenleutner, Quellenkunde der deutschen Geschichte I
280 Jacob-Hohenleutner, Quellenkunde der deutschen Geschichte II
281 Leisegang, Einführung in die Philosophie
282 Haltenorth, Säugetiere
284 Jacob-Weden, Quellenkunde der deutschen Geschichte III
318/318a Schmidt-Beckers, Industrielle Kraft- u Wärmewirtschaft
319 Krug, Australien und Ozeanien
329 Scharrer Agrikulturchemie I
330/330a Scharrer, Agrikulturchemie II
335 Klug, Fette und Öle
336 Braun-Klug, Seifenfabrikation
342/342a Körting, Heizung und Lüftung I
343 Körting, Heizung und Lüftung II
344 Moser, Musikästhetik
354/354a Valentiner-König, Vektoren und Matrizen
355 Neger-Münch-Huber, Nadelhölzer
356 Lüdemann, Fische
374 Döring, Einführung in die theoret. Physik IV
375 Preller Geschichte Englands I
389/389a Diels-Mattick, Pflanzengeographie
391 Kolms, Finanzwissenschaft II
394/394a Schilling, Von der Renaissance bis Kant
414/414a Tafel, Hebezeuge
422 Gottschald, Dt. Personennamen
423 Adler-Erlebach, Fünfstellige Logarithmen
432 Borchers, Metallkunde I
433/433a Borchers, Metallkunde II

434 Borchers-Hanke, Metallkunde III
435 Burau, Algebr. Kurven u. Flächen I
436/436a Burau, Algebr. Kurven und Flächen II
439 Jaeckel, Würmer
440 Jaeckel, Weichtiere
441 Jaeckel, Stachelhäuter
442 Hannemann, Schwämme und Hohltiere
443 Gruner-Deckert, Krebse
444 Reichenow, Einzeller
445 Asmus, Physikal.-chem. Rechenaufgaben
447/447a Herter, Kriechtiere
448 Haltenorth, Manteltiere
452 Bahrdt-Scheer, Stöchiometrische Aufgabensammlung
468 Großmann, Vermessungskunde I
469 Großmann, Vermessungskunde II
476 Thum-Meysenbug, Die Werkstoffe des Maschinenbaues I
483 Henglein, Lötrohrprobierkunde
492 Stolz-Debrunner, Geschichte der lateinischen Sprache
499 Niese-Küchler, Autogenes Schweißen
500 Simmel, Hauptprobleme der Philosophie
536 Lehmann, Kant
538 Rumpf, Archäologie I
539 Rumpf, Archäologie II
540 Rumpf, Archäologie III
557 Nestle-Liebich, Gesch. der griech. Literatur II
561 Matthes, Werkzeugmaschinen I
562 Matthes, Werkzeugmaschinen II
564 Behn-Hoernes, Kultur der Urzeit I
565 Behn-Hoernes, Kultur der Urzeit II
566 Behn-Hoernes, Kultur der Urzeit III
571 Lehmann, Philosophie des 19. Jahrhunderts I
576/576a Moser, Gesangskunst
579 Müller-Schulze, Techn. Tabellen
580/580a Sedlaczek-Fischer-Buch, Walzwerke
583/583a Engel, Maschinen der Eisenhüttenwerke
584/584a Müller, Kinematik
585 Dehnert, Verkehrswasserbau I
587 Kalitsunakis-Steinmetz, Neugriech.-dt. Gesprächsbuch
589 Tochtermann, Maschinenzeichnen I
590 Tochtermann, Maschinenzeichnen II
594 v. Lengerken, Insekten
597 Dehnert, Verkehrswasserbau II
601 Mutschmann-Scherer, Engl. Phonetik
619/619a Buchwald, Kristalloptik
665 Ludin-Borkenstein, Wasserkraftanlagen I
666/666a Ludin-Borkenstein, Wasserkraftanlagen II
668 Knopp, Funktionentheorie I
677 Altheim, Röm. Geschichte II
679 Altheim, Röm. Geschichte III
684 Altheim, Röm. Geschichte IV
691 Fauser, Kulturtechn. Bodenverbesserungen I
692 Fauser, Kulturtechn. Bodenverbesserungen II
698/698a Schulze, Allgemeine u. physikalische Chemie II
703 Knopp, Funktionentheorie II
709 Lehmann, Philosophie des 19. Jahrhunderts II
711 Kesselring, Berechnung der Schaltgeräte
714/714a zur Megede, Technik selbsttätiger Regelungen
715 Zietemann, Dampfturbinen II
716 Zietemann, Dampfturbinen III
718 Neger-Münch-Huber, Laubhölzer
728/728a Pirani-Fischer-Runge, Graph. Darstellung in Wissenschaft u. Technik
735 Ekwall, Historische neuengl. Laut- und Formenlehre

746/746a Pfanzagl, Allg. Methodenlehre der Statistik I
747/747a Pfanzagl, Allg. Methodenlehre der Statistik II
756/756a Kalitsunakis, Gramm. d. Neugriech. Volksspr.
763/763a Beer-Meyer, Hebräische Grammatik I
764/764a Beer-Meyer, Hebräische Grammatik II
768/768a Bieberbach, Einführung in die konforme Abbildung
769/769a Beer-Meyer, Hebräisches Textbuch
770 Schlingloff, Religion des Buddhismus II
776 Kolms, Finanzwissensch. III
780 Krahe, Germ. Sprachwiss. II
781 Weigert, Stilkunde II
782 Kolms, Finanzwissensch. IV
786 Schulze, Molekulbau
796/796a Meiners-Wiesenewsky, Elektr. Höchstspannungs-Schaltanlagen
807 Kropp, Erkenntnistheorie
809 Moser, Harmonielehre I
810 Moser, Harmonielehre II
826 Koch, Philosophie d. Mittelalters
827 Schwaiger, Elektromotorische Antriebe
831 Erismann, Allg. Psychologie I
832/382a Erismann, Allg. Psychologie II
833 Erismann, Allg. Psychologie III
834/834a Erismann, Allg. Psychologie IV
837 Baumgartner, Gruppentheorie
845 Lehmann, Philosophie im ersten Drittel des 20. Jhs. I
847 Herter, Lurche
850 Lehmann, Philosophie im ersten Drittel des 20. Jhs. II
851/851a Moede, Psychologie des Berufs- und Wirtschaftslebens
857 Capelle, Griech. Philosophie I
858 Capelle, Griech. Philos. II
859 Capelle, Griech. Philos. III
862 Großmann, Vermessungskunde III
863 Capelle, Griech. Philos. IV
866 Bieler, Röm. Literaturgeschichte II
869 Freye, Vögel
875 Hofmann, Geschichte der Mathematik II
877 Knopp Aufgabensammlung zur Funktionentheorie I
878 Knopp. Aufgabensammlung zur Funktionentheorie II
881 Humburg, Gleichstrommaschine II
882 Hofmann, Geschichte der Mathematik III
883 Stuloff, Mathematik der neuesten Zeit
893 Treue, Dt. Geschichte von 1806—1890
894 Treue, Dt. Geschichte von 1890 bis zur Gegenwart
902 Müller, Dynamik I
903 Müller, Dynamik II
910 Jaeger, Afrika I
911 Jaeger Afrika II
915 Sperber-Fleischhauer, Gesch. der Deutschen Sprache
917/917a Böhm, Versicherungsmathematik II
920 Hoheisel, Gewöhnliche Differentialgleichungen
921 Jantzen-Kolb, W. v. Eschenbach. Parzival
929 Schirmer-Mitzka, Dt. Wortkunde
930 Krull, Elementare und klassische Algebra I
931 Hasse, Höhere Algebra I
932 Hasse, Höhere Algebra II
933 Krull, Elementare und klassische Algebra II
936 Thum-Meysenbug, Werkstoffe d. Maschinenbaues II
952 Schäfer, Transformatoren
953 Zipperer, Techn. Schwingungslehre I
961/961a Zipperer, Techn. Schwingungslehre II
965 Dehnert, Wehr- und Stauanlagen
970 Baldus-Löbell, Nichteuklidische Geometrie

978 Kleinlogel, Baustoffverarbeitung und Baustellenprüfung d. Betons
984 Graf, Baustoffe des Hoch- und Tiefbaues
999/999a Kamke, Mengenlehre
1000 Jaspers, Geistige Situat. der Zeit
1003 Hoheisel, Partielle Differentialgleichung
1008/1008a Mellerowicz, Allgem. Betriebswirtschaftslehre I
1009 Bechert-Gerthsen-Flammersfeld Atomphysik I
1014 Huttenlocher, Mineral- und Erzlagerstättenkunde I
1015/1015a Huttenlocher, Mineral- u. Erzlagerstättenkunde II
1017 Döring, Einführung in die theoret. Physik V
1020 Niese-Dienst, Elektrische Schweißverfahren
1031/1031a Apel-Ludz, Philosophisches Wörterbuch
1033 Bechert-Gerthsen-Flammersfeld, Atomphysik II
1034 Kranefeldt-Jung, Therapeutische Psychologie
1035 Altheim, Röm. Religionsgeschichte I
1039 Dovifat, Zeitungslehre I
1040 Dovifat, Zeitungslehre II
1044 Tölke, Talsperren
1045 Schubert, Technik des Klavierspiels
1051/1051a Stolberg-Wernigerode, Gesch. d. Vereinigten Staaten
1052 Altheim, Röm. Religionsgeschichte II
1057 Roth, Thermochemie
1059/1059a Hoheisel, Aufgabenslg. z. d. gew. u. part. Differentialgl.
1061 Grodzinski-Lechner, Getriebelehre I
1062 Grodzinski-Lechner, Getriebelehre II
1065 Haller-Dannenbauer, Von d. Karolingern zu den Staufern
1070 Sauter, Differentialgleichungen der Physik
1074 Koschmieder, Variationsrechnung I
1075 Koschmieder, Variationsrechnung II
1076/1076a Endres, Verbrennungsmotoren I
1077 Haller-Dannenbauer, Von den Staufern zu den Habsburgern
1078 Troche, Stahlbetonbau
1082 Hasse-Klobe, Aufgabensammlung zur höheren Algebra
1085 Lietzmann-Aland, Zeitrechnung
1086 Müller, Dt. Dichten und Denken
1088 Preller, Gesch. Englands II
1092 Wickop, Fenster, Türen, Tore
1094 Hernried, System. Modulation
1096 Viëtor, Dt. Dichten und Denken
1099 Hoheisel, Integralgleichungen
1105 Hartung, Dt. Geschichte im Zeitalter der Reformation
1108 de Boor-Wisniewski, Mittelhochdeutsche Grammatik
1109 Knopp, Elemente der Funktionentheorie
1111/1111a Naumann-Betz, Althochdt. Elementarbuch
1113/1113a Strubecker, Differentialgeometrie I
1114 Schubel, Engl. Literaturgeschichte I
1115 Ranke, Altnord. Elementarbuch
1116 Schubel, Engl. Literaturgeschichte II
1117 Haller-Dannenbauer, Eintritt der Germanen in die Geschichte
1121 Naumann, Dt. Dichten u. Denken
1122 Feist, Sprechen und Sprachpflege
1123/1123a Bechert-Gerthsen-Flammersfeld, Atomphysik III

1124 Schubel, Engl. Literaturgeschichte III
1125 Lehnert, Altengl. Elementarbuch
1127 Hartmann, Geschlecht u. Geschlechtsbestimmung im Tier- und Pflanzenreich
1128 Buchner, Symbiose der Tiere
1130 Dibelius-Kümmel, Jesus
1131 Scholz-Schoeneberg, Einführung in die Zahlentheorie
1132 Frühauf, Überspannungen
1134 Kuckuck, Pflanzenzüchtung I
1135 Lehnert, Beowulf
1137 Heil, Entwicklungsgesch. d. Pflanzenreiches
1138 Hämmerling, Fortpflanzung im Tier- und Pflanzenreich
1140 Unger, Induktionsmaschine
1141 Koller, Hormone
1142 Meissner-Lehnert, Shakespeare
1144 Gehler-Herberg, Festigkeitslehre I
1145/1145a Herberg-Dimitrov, Festigkeitslehre II
1146 Putz, Synchronmaschine
1147 v. Waltershausen, Kunst d. Dirigierens
1148 Pepping, Der polyphone Satz I
1152 Dehnert, Verkehrswasserbau III
1153/1153a Mellerowicz, Allgem. Betriebswirtschaftslehre II
1154/1154a Mellerowicz, Allgem. Betriebswirtschaftslehre III
1155 Schwartz, Mikrobiologie I
1156/1156a Meinke, Komplexe Berechnungen v. Wechselstromschaltungen
1157 Schwartz, Mikrobiologie II
1158 Mayrhofer, Sanskrit-Grammatik
1159 Jungbluth, Gießereitechnik I
1160 Dibelius-Kümmel, Paulus
1161 Kaestner, Spinnentiere
1162 Seidel, Entwicklungsphysiologie der Tiere I
1163 Seidel, Entwicklungsphysiologie der Tiere II
1164/1164a Pepping, Der polyphone Satz II
1165/1165a Bechert-Gerthsen-Flammersfeld, Atomphysik IV
1169 Paulsen, Allgemeine Volkswirtschaftslehre I
1170 Paulsen, Allgemeine Volkswirtschaftslehre II
1171 Paulsen, Allgemeine Volkswirtschaftslehre III
1172 Paulsen, Allgemeine Volkswirtschaftslehre IV
1173 Hamann-Funke-Hermann, Chemie der Kunststoffe
1176/1176a Lorenzen, Form. Logik
1178/1178a Kuckuck, Pflanzenzüchtung II
1179/1179a Strubecker, Differentialgeometrie II
1180/1180a Strubecker, Differentialgeometrie III
1181 Franz, Topologie I
1182 Franz, Topologie II
1183/1183a Nicolas, Finanzmathematik
1184 Endres, Verbrennungsmotoren II
1185 Endres, Verbrennungsmotoren III
1186/1186a Mellerowicz, Allgem. Betriebswirtschaftslehre IV
1187 Lau, Luther
1188/1188a Lehmann, Photogrammetrie
1189/1189a Päsler, Mechanik
1190 Stupperich, Melanchthon
1191/1191a Bräuer, Slav. Sprachwissenschaft I
1193 Fürstenberg, Wirtschaftssoziologie
1194 Wendt, Gesch. d. Volkswirtschaftslehre
1195 Ohm, Allgem. Volkswirtschaftspolitik I
1196 Ohm, Allgem. Volkswirtschaftspolitik
1197/1197a Onasch, Einf. in die Konfessionskunde der orthodoxen Kirchen
1198 Engel, Straßenverkehrstechnik

1199 Lausberg, Romanische Sprachwissenschaft III, 1. Teil

1200/1200a Lausberg, Romanische Sprachwissenschaft III, 2. Teil

1201/1201a Dehn, Versuche zur allgem. u. phys. Chemie

1202/1202a Nagel, Gesch. des christl. Gottesdienstes

1203 Wendland, Sozialethik

1204 Scheurig, Zeitgeschichte

1205/1205a Hofmann, Ideengeschichte d. soz. Bewegung

1206/1206a Langen, Lineare Programmierung

1207 Philipsborn, Erzkunde

1208 Lausberg, Romanische Sprachwissenschaft IV

1209/1209a Bock, Therm. Verfahrenstechnik I

1210/1210a Bock Therm. Verfahrenstechnik II

1211/1211a Bock, Therm. Verfahrenstechnik III

1212/1212a Hilf, Arbeitswissenschaft

1213 Kosiol, Buchhaltung und Bilanz

1216 Bauer, Wahrscheinlichkeitstheorie I

1217 Bauer, Wahrscheinlichkeitstheorie II

1218 Brandenstein, Griechische Sprachwissenschaft III

Autorenregister

120 / I / 64

MIX
Papier | Fördert gute Waldnutzung
FSC® C083411

Zeitfracht Medien GmbH
Ferdinand-Jühlke-Straße 7
99095 Erfurt, Deutschland
produktsicherheit@kolibri360.de